11
1964

Faserforschung und Textiltechnik

Erstes Tagungsheft
„Die Feinstruktur der Hochpolymeren"

WISSENSCHAFTLICH-TECHNISCHE ZEITSCHRIFT
FÜR DIE CHEMIEFASER- UND TEXTILINDUSTRIE

BEGRÜNDET VON
ERICH CORRENS UND WALTER FRENZEL

HERAUSGEGEBEN VON ERICH CORRENS – WOLFGANG BOBETH – HANS BÖHRINGER – HERMANN KLARE

AUS DEM INHALT

AKADEMIE-VERLAG BERLIN

Faserforsch. u. Textiltechn. · 15. Jahrg. · Heft 11 · Seiten 511–574 · Berlin im November 1964

T 154

Faserforschung und Textiltechnik

11
1964

WISSENSCHAFTLICH-TECHNISCHE ZEITSCHRIFT FÜR DIE CHEMIEFASER- UND TEXTILINDUSTRIE

BEGRÜNDET VON
ERICH CORRENS UND WALTER FRENZEL

HERAUSGEGEBEN VON E. CORRENS – W. BOBETH – H. BÖHRINGER – H. KLARE

SCHRIFTLEITER J. BRÄMER

INHALT

Die Zeitschrift „Faserforschung und Textiltechnik" erscheint monatlich in Heften zu 48 Textseiten im Format A 4. Der Preis für das Einzelheft beträgt MDN 9,–, für den Vierteljahrbezug MDN 27,– zuzügl. Bestellgeld. Die Berechnung erfolgt zu Beginn eines Vierteljahrs für 3 Hefte. Bestellungen aus dem Gebiet der Deutschen Demokratischen Republik an ein Postamt, eine Buchhandlung oder den Verlag, aus der Deutschen Bundesrepublik an eine Buchhandlung oder die Auslieferungsstelle Kunst und Wissen, Erich Bieber, Stuttgart S, Wilhelmstraße 4–6, aus dem Ausland an eine Importbuchhandlung, den Deutschen Buch-Export und -Import, GmbH., Leipzig C 1, Postschließfach 276, oder den Akademie-Verlag GmbH., Berlin W 8, Leipziger Str. 3–4 (Fernruf: 220441; Telex-Nr. 011773; Postscheckkonto 35021) erbeten. Bestellnummer dieses Heftes: 1014/15/11. Alleinige Anzeigenannahme DEWAG-WERBUNG, Berlin C 2, Rosenthaler Str. 28/31, und alle DEWAG-Betriebe in den Bezirksstädten der DDR.
Bestellungen in der UdSSR nehmen entgegen: Städtische Abteilungen von „SOJUZPECHATJ" bzw. Postämter und Postkontore.
Herausgeber und verantwortlich für den Inhalt: Prof. Dr. Erich Correns, Institut für Faserstoff-Forschung der Deutschen Akademie der Wissenschaften zu Berlin. Teltow-Seehof, Fernruf: Teltow 4431; Prof. Dr.-Ing. habil. Wolfgang Bobeth, Institut für Technologie der Fasern der Deutschen Akademie der Wissenschaften zu Berlin. Dresden A 1, Hohe Str. 6, Fernruf: Dresden 44721: Prof. Dr.-Ing. Hans Böhringer, Institut für Textiltechnologie der Chemiefasern Rudolstadt. Fernruf: Rudolstadt 2031; Prof. Dr. Hermann Klare, Institut für Faserstoff-Forschung der Deutschen Akademie der Wissenschaften zu Berlin, Teltow-Seehof, Fernruf: Teltow 4431. Schriftleiter: Joachim Brämer, Teltow-Seehof, Kantstr. 55. Verlag: Akademie-Verlag GmbH., Berlin W 8, Leipziger Str. 3–4. Satz und Druck: Druckhaus „Maxim Gorki", Altenburg. — Veröffentlicht unter der Lizenznummer 1280 des Presseamtes beim Vorsitzenden des Ministerrates der Deutschen Demokratischen Republik.
Manuskriptsendungen von chemischen Beiträgen sind an die Herren Prof. Dr. Correns oder Prof. Dr. Klare, von technologischen Beiträgen an die Herren Prof. Dr. Bobeth oder Prof. Dr. Böhringer zu richten. Für Inhalt und Form gelten die „Richtlinien für die Annahme und Abfassung von Beiträgen", erhältlich von der Schriftleitung. Die Verfasser größerer wissenschaftlicher Arbeiten erhalten außer dem Honorar ein Heft und 50 Sonderdrucke ihrer Arbeit unentgeltlich.

ELEKTRISCHE
ROHRHEIZKÖRPER
FÜR LUFT- u. FLÜSSIGKEITSERWÄRMUNG
IN
VERSCHIEDENEN
FORMEN
UND
GRÖSSEN
SERIEN-
ANFERTIGUNGEN
BEVORZUGT
GÄRTNER
GÄRTNER & CO K.G.
ELEKTROWÄRMETECHNIK
DRESDEN N.6

Faserforschung und Textiltechnik

WISSENSCHAFTLICH-TECHNISCHE ZEITSCHRIFT FÜR DIE CHEMIEFASER- UND TEXTILINDUSTRIE

Band 15 November 1964 Heft 11

2. Erweitertes Colloquium „Die Feinstruktur der Hochpolymeren“

vom 8. bis 10. Juni 1964 in Berlin und Teltow-Seehof

DK 061.3.055.1(430.2—2.1):539.26:678

Das Institut für Faserstoff-Forschung der Deutschen Akademie der Wissenschaften zu Berlin hatte vom 8.bis 10. Juni 1964 nach Berlin und Teltow-Seehof zum 2. Erweiterten Colloquium über „Die Feinstruktur der Hochpolymeren“ eingeladen. Organisation und Durchführung des Colloquiums lagen in den Händen der Abteilung Physik des Instituts unter Leitung von Dr. *Christian Ruscher.*

Das Ziel des Colloquiums war, in einem größeren Kreis der auf diesem Gebiet arbeitenden Wissenschaftler den gegenwärtigen Stand der Methodik und Problematik bei der Untersuchung der Feinstruktur der Hochpolymeren zu diskutieren. Weiter sollten die persönlichen Kontakte mit den Fachkollegen in anderen Ländern gefördert werden. Im persönlichen Gespräch lassen sich viele Mißverständnisse vermeiden und beseitigen, die leicht entstehen können, wenn sehr unterschiedliche Ansichten vertreten werden, wie das bei der übermolekularen Struktur der Hochpolymeren besonders der Fall ist.

Die erste Veranstaltung dieser Art wurde 1961 in Teltow-Seehof durchgeführt. Damals hatten sich etwa 30 Teilnehmer aus sechs Ländern zum 1. Erweiterten Colloquium eingefunden. Der sehr erfolgreiche und nützliche Verlauf dieser Tagung regte dazu an, das Colloquium in einem größeren Rahmen zu wiederholen.

Zum 2. Erweiterten Colloquium waren über 90 Teilnehmer aus 14 Ländern erschienen, darunter folgende 33 Gäste von außerhalb der DDR:

Bundesrepublik Deutschland und Westberlin: Dr. *Angerer*, Hanau; Dr. *H. Dolmetsch*, Stuttgart-Wangen: Frau Dr. *Hilde Dolmetsch*, Stuttgart-Wangen; Doz. Dr. *E. W. Fischer*, Mainz; Prof. Dr. *R. Hosemann*, Berlin-Dahlem; Dr. *G. H. Kilian*, Marburg; Dr. *W. Meskat*, Leverkusen; Dr. *A. Prietzschk*, Dormagen und Dr. *W. Wilke*, Berlin-Dahlem.

Ausland: Dr. *F. J. Baltá-Calleja*, Madrid/Spanien; Dipl.-Ing. *J. Bircš*, Prag/ČSSR; Dr. *G. Bodor*, Budapest/Ungarn; Dr. *M. Bohdanecký*, Prag/ČSSR; Dr. *G. Challa*, Utrecht/Holland; Dr. *I. Diačik*, Svit/ČSSR; Frau Dr. *D. Doskočilová*, Prag/ČSSR; Dr. *Ø. Ellefsen*, Oslo/Norwegen; Dipl.-Phys. *M. Grell*, Budapest/Ungarn; Dr. *P. H. Hermans*, Breda-Ginneken/Holland; Prof. Dr. *M. Kantola*, Turku/Finnland; Prof. Dr. *A. J. Kennedy*, Cranfield/England; Dr. *S. Maričic*, Zagreb /Jugoslawien; Dr. *V. Mašura*, Bratislava/ČSSR; Dr. *M. Pašteka*, Bratislava/ČSSR; Dipl.-Phys. *W. Przygocki*, Łodź/Polen; Dr. *W. Ruland*, Brüssel/Belgien; Doz. Dr. *J. Schurz*, Graz/Österreich; Dr. *E. Treiber*, Stockholm/Schweden; Frau Prof. Dr. *E. Turska*, Łodź/Polen; Dr. *G. Urbanczyk* Łodź/Polen; Frau Dr. *L. Valtasuari*, Helsinki/Finnland; Dr. *A. Visapää*, Helsinki/Finnland.

Der Direktor des Instituts für Faserstoff-Forschung und Vizepräsident der DAW, Prof. Dr. *H. Klare*, begrüßte die Teilnehmer im Plenarsaal der DAW mit folgenden Worten:

„Meine Damen und Herren!

Es ist mir eine angenehme Pflicht und ein besonderes Anliegen, Sie im Namen des Institutes für Faserstoff-Forschung hier in den Räumen unserer Akademie zu Beginn des 2. Colloquiums über die Feinstruktur der Hochpolymeren herzlich willkommen zu heißen und zu begrüßen. Wir haben uns sehr gefreut, daß sich so viele Fachkollegen aus dem In- und Ausland an diesem Colloquium interessiert zeigten und unserer Einladung folgten, ja wir waren sogar zeitweise sehr in Nöten, da wir nicht alle Wünsche auf Teilnahme erfüllen konnten. Wie Sie sehen, stand und steht uns nur ein relativ kleiner Saal zur Verfügung, und wir wünschten ihn uns auch gar nicht größer, weil wir glaubten, nur in einem begrenzten Rahmen die richtige Atmosphäre für ein derartiges spezielles Colloquium schaffen zu können. Es ist doch eine allgemeine Erfahrung, daß nur im kleinen Raum und mit einer begrenzten Teilnehmerzahl eine wirklich ergiebige wissenschaftliche Diskussion möglich ist. Wenn also die Bezeichnung „Colloquium“ ihren Sinn behalten sollte, dann waren uns gewisse Grenzen gesteckt. Ich sage das gleich hier zur Begrüßung, weil wir verschiedentlich gefragt wurden, warum der Kreis der Teilnehmer nicht größer gewählt sei.

Es liegt mir fern, durch eine zu lange (und damit sicher auch langweilige) Begrüßungsrede die Zeit zu vergeuden, die wir besser und nützlicher mit dem Anhören der angekündigten Vorträge und mit der Diskussion über die darin mitgeteilten Probleme verbringen können; denn ich darf auch oder gerade als Chemiker wohl sagen, daß es trotz der zahlreichen und raschen Fortschritte in dem heute und morgen hier zur Behandlung stehenden Gebiet noch mehr als genug Probleme gibt, deren Lösung uns nicht nur in der Erkenntnis, sondern auch in der technischen Anwendung dieser Erkenntnis voranbringen wird.

Erlauben Sie mir deshalb, daß ich in unser aller Interesse meine Rede zu Ihrer Begrüßung beende, allerdings nicht ohne ein Wort des Dankes an alle Mitarbeiter unseres Institutes und der Akademiezentrale, die sich um Vorbereitung und Ablauf dieses Colloquiums bemüht haben, das ich damit eröffnen darf.“

An den ersten beiden Tagen wurden 24 Vorträge gehalten, die in vier Sektionen gegliedert waren. Nach einem Einführungsvortrag von *Ch. Ruscher* (Teltow-Seehof), folgten fünf Vorträge zum Thema der Sektion I *„Der Ordnungszustand von Hochpolymeren“* von *R. Hosemann* und *W. Wilke* (Berlin-Dahlem), *G. Bodor*,

M. Grell und *A. Kalló* (Budapest), *W. Ruland* (Brüssel), *H. G. Kilian* (Marburg) und *Ch. Ruscher* und *J. Dechant* (Teltow-Seehof).

In der Sektion II „*Die Kristallisation von Hochpolymeren*" sprachen *E. W. Fischer* (Mainz), *A. J. Kennedy* (Cranfield/England), *F. J. Baltá-Calleja* (Madrid) und *E. Turska* und *W. Przygocki* (Łódź).

Am zweiten Tage folgte die Sektion III „*Strukturbestimmungen an Hochpolymeren im festen Zustand*" mit Vorträgen von *A. Visapää* (Helsinki), *Ø. Ellefsen* (Oslo), *M. Kantola* (Turku/Finnland) und *M. Jambrich* und *I. Diačik* (Svit/ČSSR).

Den Abschluß bildeten die Vorträge zur Sektion IV „*Die Struktur der Lösungen von Hochpolymeren*" von *J. Schurz* (Graz), *M. Bohdanecký* (Prag), *J. Biroš*, *K. Šolc* und *J. Pouchly* (Prag), *D. Doskočilova* (Prag), *H. Dolmetsch* (Stuttgart), *E. Treiber* (Stockholm), *Ch. Ruscher* und *H. Dautzenberg* (Teltow-Seehof) und *Ch. Ruscher* und *H. Zuchold* (Teltow-Seehof).

Für die Hauptvorträge war eine Redezeit von 50 min vorgesehen, die übrigen Vorträge dauerten etwa 15 bis 20 min. Es wurde eine Fülle interessanter Ergebnisse vorgetragen, aber auch auf die ungelösten Probleme hingewiesen, die noch gründlicher Untersuchung bedürfen.

Dabei erwies sich als sehr vorteilhaft, daß kein fester Zeitplan aufgestellt worden war, denn auf diese Weise entwickelte sich nach jedem Vortrag eine z. T. sehr umfangreiche Fachdiskussion. Von allen Teilnehmern wurde gerade diese Form als besonders wertvoll empfunden, da im Gegensatz dazu bei den meisten Tagungen die Aufnahmefähigkeit und damit der Wirkungsgrad infolge der unter stetem Zeitdruck häufig in Parallelsitzungen abgewickelten Vortragsserien stark gemindert wird. Äußerlich drückte sich die Nützlichkeit darin aus, daß die Teilnehmerzahl vom ersten bis zum letzten Vortrag konstant blieb. In den Tagungspausen wurde ausgiebig von der Gelegenheit Gebrauch gemacht, die Diskussionen im kleineren Kreis bei einem kleinen Imbiß fortzusetzen.

Die Vorträge und der wesentliche Inhalt der anschließenden Diskussionen werden in diesem und dem nächsten Heft unserer Zeitschrift wiedergegeben. Die zum Teil recht lebhaft verlaufene Diskussion wurde aus Tonbandaufzeichnungen von Dr. *J. Dechant* zusammengestellt, soweit es die Qualität der Aufnahmen gestattete. Der Vortrag von Prof. *Kennedy* ist in englischer Sprache gehalten worden sowie auch die Diskussion zu einigen Vorträgen. Um dem rein deutschsprachigen Charakter dieser Zeitschrift zu entsprechen, werden hier die jeweiligen Übersetzungen abgedruckt. Bei der Bearbeitung der englischsprachigen Diskussion war dankenswerterweise Herr Dr. *Baltá-Calleja* behilflich.

Am dritten Tag wurden die Tagungsteilnehmer zu einer Besichtigung der physikalischen und physikalisch-chemischen Einrichtungen in das Institut für Faserstoff-Forschung in Teltow-Seehof eingeladen. Der stellvertretende Institutsdirektor Dr. habil. *B. Philipp* begrüßte die Gäste und berichtete in einem kurzen Vortrag über Geschichte, Struktur und Aufgaben des Institutes. Anschließend gab der Leiter der Abteilung Physik des Institutes, Dr. *Ch. Ruscher*, einen Überblick über den Aufbau und die Arbeiten seiner Abteilung. Vor der Besichtigung erklärte Dipl.-Phys. *M. Teichgräber* noch die im Institut gebauten analog und digital arbeitenden Rechenautomaten.

Ein Hauptteil der technischen und organisatorischen Arbeit zu diesem Colloquium wurde von Dipl.-Phys. *E. Walenta* und Fräulein *Karin Ziegenhagen* ausgeführt.

Ein im Rahmen der gesellschaftlichen Veranstaltungen durchgeführter Besuch der von *Felsenstein* inszenierten Aufführung „Othello" in der Komischen Oper, Berlin, fand besonders bei den auswärtigen Gästen großen Anklang. Am Abend des zweiten Tages gab die Deutsche Akademie der Wissenschaften im Gästehaus der Regierung einen Empfang für die Teilnehmer am 2. Erweiterten Colloquium, der Gelegenheit gab, die persönlichen Kontakte zu erweitern und zu vertiefen.

Herr Dr. *P. H. Hermans* aus Holland dankte im Namen aller Gäste für die lückenlose Organisation des Colloquiums und die großzügige Betreuung der Teilnehmer. Er hob den erfolgreichen Verlauf und den wissenschaftlichen Nutzen der Tagung hervor und gab der Hoffnung Ausdruck, daß dem 2. Erweiterten Colloquium weitere Veranstaltungen dieser Art in nicht zu großen Zeitabständen folgen mögen.

Den Abschluß der Tagung bildete bei schönstem Sommerwetter eine Dampferfahrt auf den Havelseen bei Potsdam.

Die Feinstruktur der Hochpolymeren

Einführungsvortrag zum 2. Erweiterten Colloquium über dieses Thema vom 8. bis 10. Juni 1964 in Berlin und Teltow-Seehof

Christian Ruscher

Deutsche Akademie der Wissenschaften zu Berlin, Institut für Faserstoff-Forschung in Teltow-Seehof, Abteilung Physik

DK 678.7:539.26:548.734

Neben einem groben historischen Überblick über die Strukturbestimmungen an Hochpolymeren wird auf die Problematik dieser Untersuchungen hingewiesen. Es werden die methodischen Untersuchungen an Modellsubstanzen mit Idealstrukturen den in der Praxis vorliegenden Realstrukturen gegenübergestellt. Während man sich für Realstrukturen z. Z. meist noch mit relativen Maßzahlen zufrieden geben muß, lassen sich für Idealstrukturen bereits einige Strukturparameter bestimmen. Zum Schluß wird der mit verschiedenen physikalischen Methoden erreichte gegenwärtige Stand der Strukturbestimmungen für hochpolymere Festkörper und Flüssigkeiten umrissen.

Тонкая структура высокополимеров

После краткого исторического обзора по вопросу изучения структуры высокополимеров рассматривается проблематика этого рода исследований. Методические исследования модельных соединений с идеальной структурой сопоставляются с реальными структурами высокополимеров. В то время, как для реальных структур еще приходится довольствоваться относительными показателями, для идеальных структур уже возможно определять некоторые параметры структуры. В заключение приводится обзор современного состояния знаний относительно структуры высокополимеров в твердом и жидком виде, полученных при помощи различных физических методов.

The Fine Structure of High Polymers

A condensed historical review of structural determination on high polymers is connected with indications to the problems of these investigations. The methodical investigations on model substances of ideal structure are compared with real structures occuring in the practice. While the real structure up to now are to be satisfied only by relative data, the ideal structure can be characterized by some structural parameters. Finally, the present knowledge in structural determination of high polymeric solids and liquids reached by physical methods is outlined.

Seit jeher hat der Wissensdurst des Menschen danach gestrebt, den Feinbau, d. h. die Struktur der Materie kennenzulernen. Aber erst seit den Röntgeninterferenzversuchen von *v. Laue*, *Friedrich* und *Knipping* [1] ist es möglich, experimentell Daten über die Anordnung der Atome und Moleküle in den Substanzen zu erhalten. Während für regelmäßig aufgebaute Körper, wie die Kristalle, die Methodik in den letzten Jahrzehnten soweit entwickelt worden ist, daß man für die meisten Substanzen sogar die Elektronendichteverteilung zwischen den Atomen bestimmen kann und auch die Molekülgruppenlagen für so kompliziert gebaute Stoffe wie Eiweiße, gibt es dagegen für die Untersuchung nichtkristalliner oder partiellkristalliner Stoffe noch sehr viele offene Probleme. Der Informationsgehalt der experimentellen Daten ist bei Anwendung der bisher bekannten Theorien noch zu klein, um weitgehende Aussagen über die komplizierteren, unregelmäßig gebauten Substanzen zu erhalten.

Die Strukturaufklärung hat aber nicht nur akademische Bedeutung, um die Neugier des Menschen zu befriedigen, sondern es steht ein sehr großes praktisches Interesse dahinter. Da die Eigenschaften der Stoffe in starkem Maße von ihrer Feinstruktur abhängen, muß es auch das Ziel der industriellen Forschung sein, die Struktur der Produkte kennenzulernen und sie durch geeignete Herstellungsmethoden zu beeinflussen mit dem Ziele, die Eigenschaften der Stoffe in der gewünschten Richtung zu verändern.

Leider sind wir auf dem Wege der Strukturaufklärung von Hochpolymeren noch sehr am Anfang, da man dieses Gebiet im Anfangsstadium der Kunststoffentwicklung zugunsten chemischer und technologischer Fragen vernachlässigt hat. In den letzten Jahren hat der Einsatz physikalischer Methoden jedoch stark zugenommen, und es ist eine Reihe sehr interessanter Ergebnisse bekannt geworden. Ziel unseres Colloquiums soll es sein, im kleinen Fachkollegenkreise durch kritische Diskussion bei der Lösung offener Fragen ein wenig mitzuwirken.

Schon bald nach der Entdeckung der Röntgeninterferenzen wurden auch Untersuchungen an orientierten Fasern angestellt, die infolge ihres Texturdiagrammes Aussicht auf eine Strukturbestimmung boten. Aber

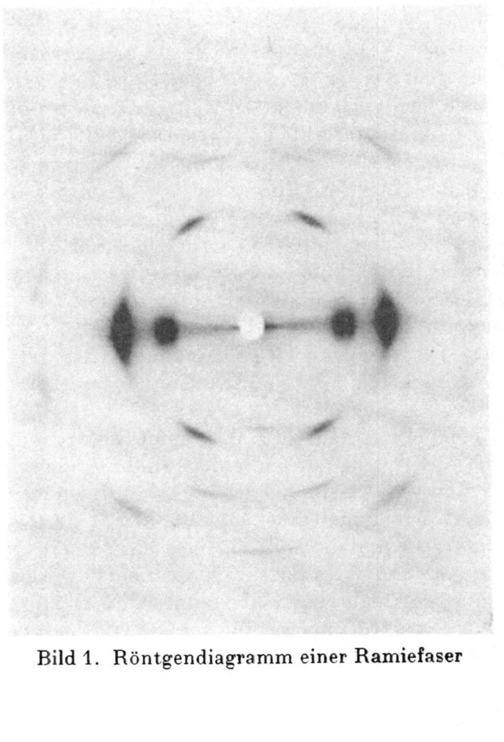

Bild 1. Röntgendiagramm einer Ramiefaser

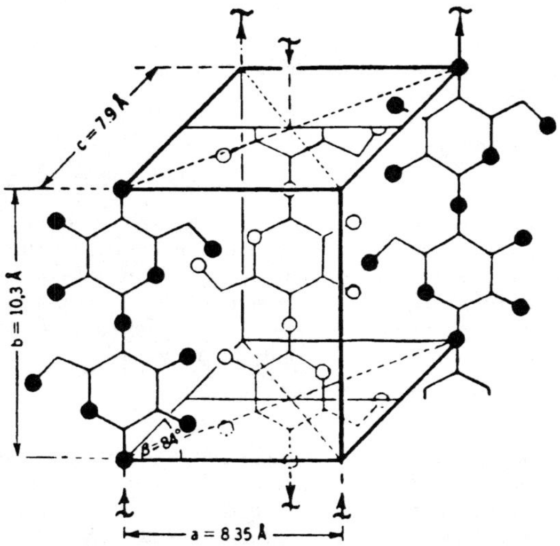

Bild 2. Elementarzelle von Cellulose I nach *Meyer* und *Misch* [2]

trotz des relativ reflexreichen Röntgenbildes von Cellulosefasern, wie z. B. Ramiefaser (Bild 1) dauerte es sehr lange, bis *Meyer* und *Misch* [2] ein einigermaßen befriedigendes Modell mit Elementarzelle und Lage der Kettenmoleküle in dieser Zelle errechnet hatten (Bild 2). Wir werden im Laufe unseres Colloquiums im Vortrag von Herrn Dr. *Ellefsen* [3] sehen, daß aber selbst nach fast fünfzigjähriger Untersuchung auf diesem Gebiet bis heute eine vollständige Strukturanalyse an Cellulose noch nicht gelungen ist.

Die Hauptproblematik liegt darin, daß die Meßergebnisse von einer ganzen Reihe von Strukturparametern beeinflußt werden, die nicht ohne weiteres voneinander zu trennen sind. In einem Röntgendiagramm überlagern sich beispielsweise Interferenzeffekte, die von folgenden Abständen herrühren: Elektronen im Atom, gegenseitige Lage der Atome im Molekül, Anordnung der Moleküle in der nächstgrößeren Baueinheit, wie z. B. Elementarzelle eines Kristallits, Kristallitgröße, gegenseitige Anordnung der Kristalle, eventuell vorhandene andere Baueinheiten, wie z. B. amorphe Bereiche u. a. m.; schließlich liegt noch die an der Luft gestreute Strahlung und ein inkohärenter Anteil mit vor. Das heißt, das Röntgendiagramm stellt *eine* Gleichung mit *mehreren* Unbekannten dar. Liegt ein Einkristall vor, dann fallen eine Reihe von Unbekannten heraus, denn die Lage der Punktreflexe liefert die Elementarzelle, und das Vorhandensein oder Fehlen bestimmter Reflexe führt schließlich nach Symmetriebetrachtungen auf eine Atomanordnung in einer der 230 möglichen Raumgruppen. Voraussetzung ist nur, daß möglichst viele Reflexe vorliegen; dann ist die Strukturanalyse eines Einkristalls z. T. Routinearbeit.

Bei Hochpolymeren sind aber keineswegs genügend Reflexe vorhanden, und außerdem sind sie meist sehr verwaschen. Trotzdem gingen die Hauptbemühungen der ersten Zeit dahin, möglichst aus den Reflexen eine Elementarzelle und die Moleküllagen darin zu ermitteln.

Jeder weiß, daß es natürlich aussichtslos ist, eine Gleichung mit mehreren Unbekannten exakt zu lösen. Für eine Strukturuntersuchung von Hochpolymeren sind danach folgende Wege möglich:

1. Es müssen andere Gleichungen gesucht werden, um schließlich das Gleichungssystem mit mehreren Unbekannten lösen zu können. Praktisch bedeutet das, daß man andere Untersuchungsmethoden mit heranziehen muß, in deren Meßergebnissen die unbekannten Strukturparameter in anderem Zusammenhang vorliegen als z. B. beim Röntgendiagramm. Das ist einer der Gründe, weshalb gerade bei Hochpolymeren die verschiedensten Methoden angewandt werden, wie z. B. Resonanzspektroskopie, Ultrarotspektroskopie, Elektronenmikroskopie, Differentialthermoanalyse, Lichtzerstreuung, Relaxationsmessungen, Suszeptibilitätsmessungen, physikochemische Methoden u. a. m. Durch Vergleich der Meßergebnisse untereinander wird ihr Informationsgehalt wesentlich größer, als er es bei der Summe der einzelnen ist.

2. Es muß versucht werden, die Anzahl der Unbekannten zu reduzieren. Das gelingt erstens durch geeignete Versuchsspezialisierung und zweitens durch Modellbetrachtungen. Dabei kann man durch Variation eines oder mehrerer Strukturparameter Kurvenscharen berechnen und mit dem experimentellen Ergebnis vergleichen. Schließlich kann man sich auch Modellsubstanzen herstellen, für die man jeweils bereits einige Strukturparameter kennt oder vermuten kann. In diesem Falle kann man zwar die Strukturuntersuchung relativ weit treiben, aber es liegen *Idealstrukturen* vor, wogegen praktisch meist die Struktur von Substanzen mit *Realstrukturen* von Bedeutung ist.

Daraus ergibt sich, daß man abwechselnd oder parallel a) methodische Untersuchungen, b) Modellbetrachtungen, c) Untersuchungen an Modellsubstanzen und d) schließlich die Anwendung durch Untersuchungen an technischen Produkten durchführen muß.

Während sich die physikalische Grundlagenforschung auf dem Gebiet der Hochpolymeren überwiegend mit den Untersuchungen nach a) bis c) zu befassen hat, drängen notwendig die praktischen Probleme in der Industrie auf unmittelbar verwertbare Ergebnisse, also auf Anwendung.

Nun ist es aber in der Praxis meist nicht notwendig, die Feinstruktur der Substanzen bis ins kleinste genau zu kennen. Es genügt oft, Unterschiede in den Eigenschaften irgendwie strukturell zu deuten oder auch nur zu charakterisieren: Es genügen relative Maßzahlen. Diese Maßzahlen sollte man dann allerdings so kennzeichnen, daß sie nicht mit echten Strukturparametern verwechselt werden können.

Eine Hauptaufgabe bei Strukturuntersuchungen scheint mir zu sein, die Problematik vorher genau abzugrenzen. Man findet in der Literatur leider sehr oft Arbeiten, die Röntgendiagramme, Ultrarotspektren oder elektronenmikroskopische Aufnahmen enthalten, die aber mit der eigentlichen Problematik der Arbeit in keinerlei Zusammenhang stehen. Andererseits findet man Arbeiten, in denen eine Strukturanalyse sehr weit getrieben worden ist, bei deren Problemstellung jedoch einfache Relativuntersuchungen völlig ausgereicht hätten. Man weiß dann manchmal nicht mehr recht, was der Kern solcher Arbeiten sein soll, bei denen völlig unterschiedliche Problemkreise durch mehr oder weniger gelungene Erklärungssätze zusammengeflickt

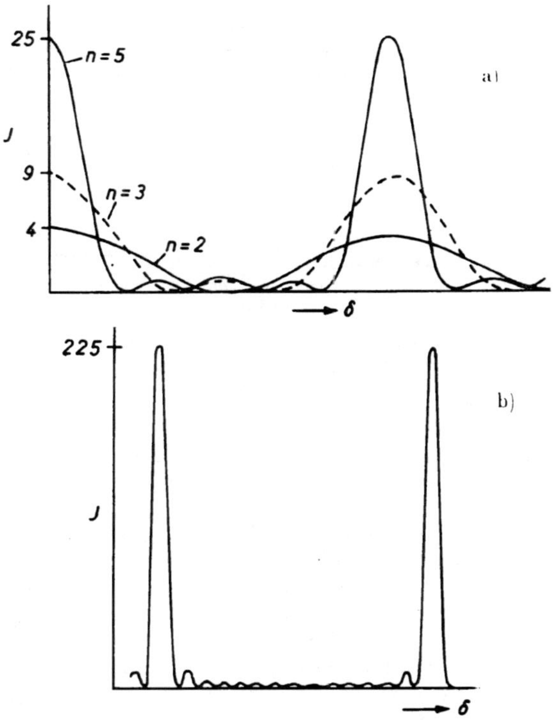

Bild 3. Interferenzkurven für n Streuzentren
a) $n = 2, 3, 5$; b) $n = 15$ [6]

worden sind. Es scheint zuweilen so, als ob Feinstrukturuntersuchungen als Modeartikel unbedingt verwendet werden müßten, um die Wissenschaftlichkeit der Arbeit zu beweisen.

Richtig angewendet, haben die Relativuntersuchungen jedoch sehr große Bedeutung. Zur Charakterisierung von Unterschieden in den Strukturen von Proben gleicher chemischer Zusammensetzung verwendete man zuerst die verschieden große Sichellänge, woraus man nach *Polanyi* [4] die Kristallitorientierung bestimmen konnte. Weiterhin wendete man die Ergebnisse von *v. Laue* [5] an, der nachgewiesen hatte, wie die Kristallitgröße von der Linienbreite abhängt. Aus Bild 3 ist zu ersehen, daß größere Kristallite scharfe Linien erzeugen und kleine Kristallite verbreiterte. Da aber auch die Wärmeschwingung der Atome und die Baugüte der Kristallite einen Beitrag zur Linienbreite liefern, ist eine derartige Berechnung bei Hochpolymeren aus einer Interferenzlinie allein nicht möglich.

Außerdem wissen wir meist gar nicht, ob wirklich Kristallite vorliegen, denn bereits dicht gepackte und parallel gelagerte Moleküle ergeben auch ohne Kristallisation mehr oder weniger scharfe Reflexe im Röntgendiagramm, die auch Textur aufweisen [6].

Es können außer völlig regelloser, amorpher Anordnung einerseits und idealgeordneter, kristalliner Zustände andererseits eine Reihe sogenannter mesomorpher Anordnungen auftreten, wie man sie von den kristallinen Flüssigkeiten her kennt (Bild 4). Auch kann man sich die Kettenmoleküle einfach dicht gepackt vorstellen, wie es von *Kitaigorodski* [8] beschrieben wurde (Bild 5). In diesem Falle ist es durchaus möglich, daß Ketten mit gleichem Querschnitt auch bei fast gleich dichter Packung unterschiedlich aneinander gelagert sind.

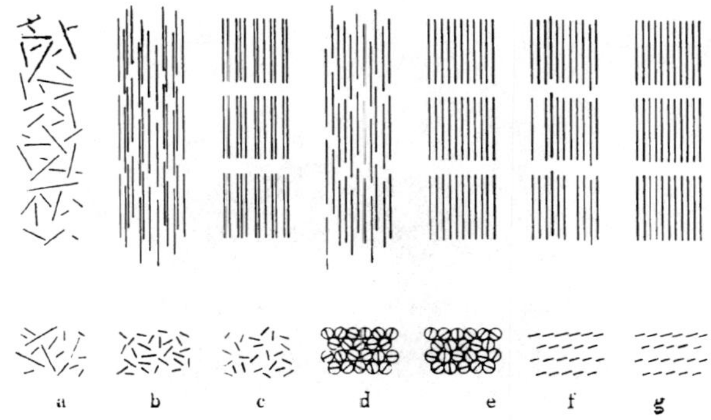

Bild 4. Schematische Darstellung von Kettenmolekülanordnungen. a) amorph; b) nematisch; c) smektisch; d) nematisch-hexagonal; e) smektisch-hexagonal; f) fehlgeordnetkristallin; g) ideal-kristallin (nach *Ruscher*, *Gröbe* und *Versäumer* [7])

Bei Polycaprolactam hat man nachweisen können, daß die Kettenmoleküle tatsächlich in mehreren Anordnungen vorliegen können. Aus dem Röntgendiagramm im Bild 6a kann man ablesen, daß eine kristallin-monokline Form auftritt, wie sie schematisch in Bild 6d dargestellt ist. (Die Elementarzelle dürfte etwa stimmen, die richtige Molekülanordnung ist jedoch noch nicht geklärt.) Eine pseudohexagonale, mesomorph-smektische Anordnung, wie sie schematisch

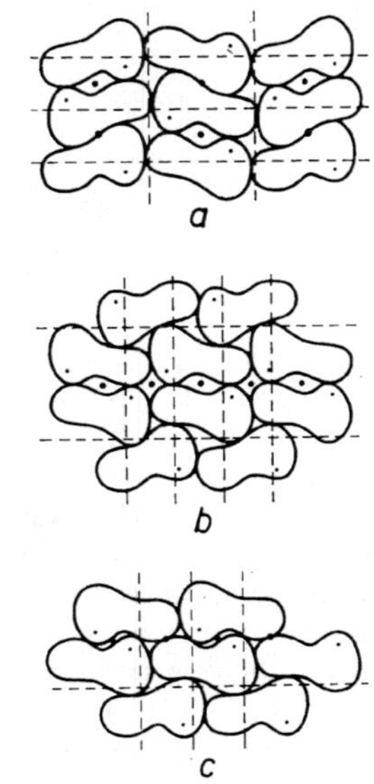

Bild 5. Dichte Molekülpackungen nach *Kitaigorodski* [8]

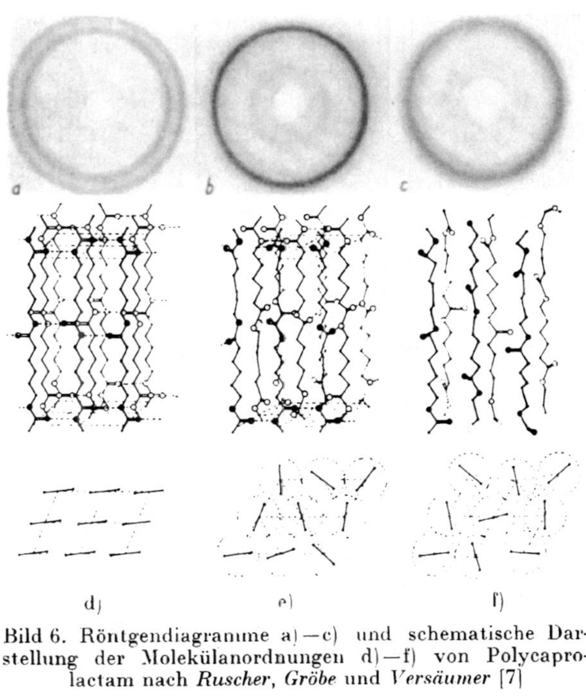

Bild 6. Röntgendiagramme a)—c) und schematische Darstellung der Molekülanordnungen d)—f) von Polycaprolactam nach *Ruscher*, *Gröbe* und *Versäumer* [7]

a)

b)

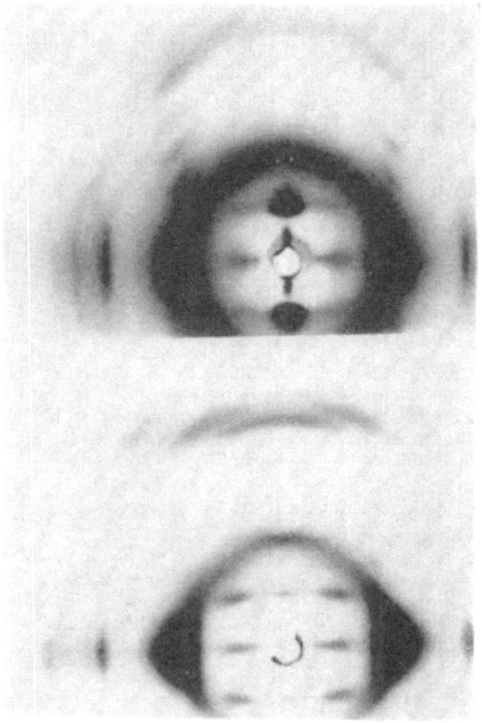

Bild 7. Röntgendiagramme von gutorientierten Polycaprolactamproben; a) hexagonal; b) monoklin

in Bild 6e skizziert ist, läßt sich aus dem Röntgenbild 6b ableiten sowie eine noch schlechter geordnete, mesomorph-nematische Phase wie in Bild 6f aus dem Röntgendiagramm 6c. Nach neueren Untersuchungen kann man auch annehmen, daß neben der mesomorph-smektischen Anordnung eine kristalline hexagonale Struktur auftritt, was man aus dem Röntgendiagramm Bild 7a zu folgern hätte.

An den bisher bei Polycaprolactam gefundenen Ergebnissen läßt sich zeigen, wie problematisch Strukturuntersuchungen an Hochpolymeren sein können.

Es war erwähnt worden, daß die Halbwertsbreite einer Interferenz zur Bestimmung der Kristallitgröße herangezogen wird. In Anbetracht der Tatsache, daß dies sicher keine eindeutige Bestimmung ist, wurde von uns schon früher vorgeschlagen [9], diese Größe nur als Maßzahl zu verwenden und entsprechend zu kennzeichnen; wir hatten den Ausdruck „Teilchengrößenäquivalent" eingeführt, man könnte es auch als „Teilchengrößenindex" bezeichnen.

Ein wesentlicher Schritt vorwärts auf dem Wege der Strukturbestimmungen wurde mit den Arbeiten von *Hermans* und *Weidinger* [10] sowie von *Goppel* und *Arlmann* [11] und anderen Forschern getan. Diese Forscher zerlegten die Röntgenstreukurve, wobei sie die sich hervorhebenden Reflexe einem kristallinen und den Untergrund einem amorphen Anteil zuordneten. Ebenfalls zogen sie die von der Luft und der inkohärenten Streuung herrührenden Teile ab und brachten eine Vergleichsinterferenz zur Standardisierung verschiedener Aufnahmen an (Bild 8).

Mit Hilfe der Aufteilung der Streuanteile wurde der sogenannte „Kristallinitätsgrad" eingeführt, der eine Zweiphasenstruktur der Hochpolymeren voraussetzt.

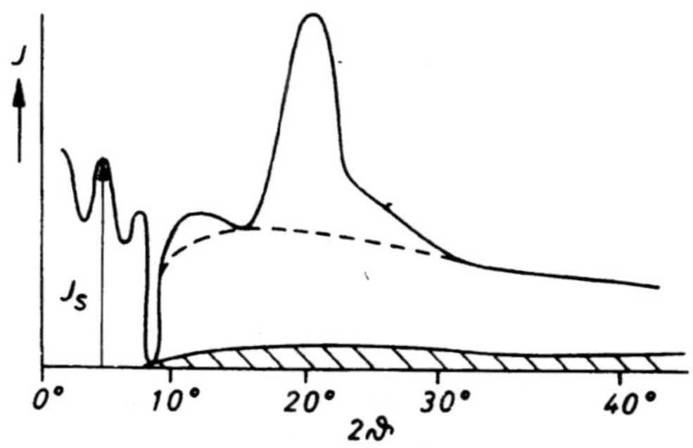

Bild 8. Zerlegung der Röntgenstreukurve von Hochpolymeren nach *Hermans* u. *Weidinger*

Damit erhielt man eine Meßgröße in die Hand, die etwas über den Ordnungszustand in Hochpolymeren aussagt und Ordnungsänderungen quantitativ nachzuweisen erlaubt.

Für Polyäthylen wurde von *Krimm* und *Tobolsky* [12] die Streukurve einer 100% amorphen Probe als Vergleichskurve gewählt und in die Streukurven von partiellkristallinen Proben der Form nach eingezeichnet. Damit wurde ebenfalls eine Aufteilung herbeigeführt (Bild 9).

In den darauffolgenden Jahren wurde auch mit anderen Methoden, wie z. B. Dichtebestimmung, Sorptionsmessung, Ultrarotspektroskopie u. a. m. der „Kristallinitätsgrad" bestimmt. Anfangs — und leider z. T. auch bis heute noch — war man bemüht, die mit verschiedenen Methoden erhaltenen Meßergebnisse in Übereinstimmung zu bringen; und es ist darauf sehr viel Zeit verwendet worden. Man ging dabei von der durchaus richtigen Auffassung aus, daß es für eine

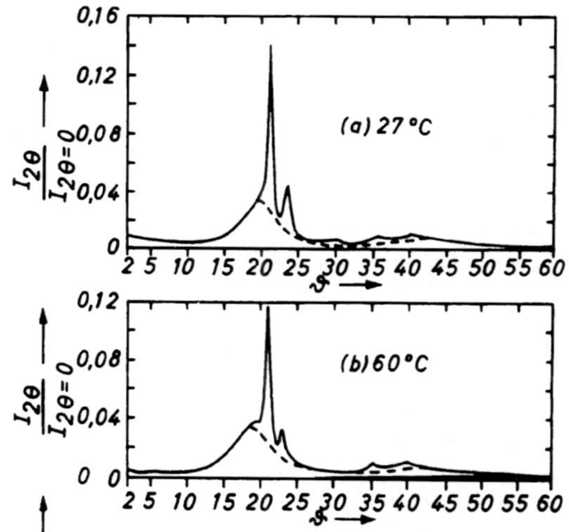

Bild 9. Röntgendiagramm von Polyäthylen mit verschiedenem Ordnungszustand bei verschiedener Temperatur nach *Krimm* und *Tobolsky* [12]

Probe nur einen Kristallinitätsgrad als echten Strukturparameter gibt. Denn im Wort „Kristallinitätsgrad" ist begrifflich enthalten: Zweiphasenstruktur — Anteil kristalliner Substanz zu Gesamtsubstanz.

Daß die Meßergebnisse voneinander abweichen, liegt daran, daß die verschiedenen Methoden auf verschiedene Effekte ansprechen. Den wirklichen „Kristallinitätsgrad" wird man mit all den Methoden kaum messen können, sondern nur jeweils eine Maßzahl, die in meist unbekannter Weise mit dem wirklichen Kristallinitätsgrad zusammenhängt. Bezeichnet man die Meßwerte richtiger mit „Ordnungsgrad nach *Hermans* und *Weidinger*" oder — wenn man schon nicht auf den Ausdruck Kristallinität verzichten will — als „Kristallinitätsindex nach *Hermans* und *Weidinger*" oder „...aus Dichtemessungen", dann ist der mögliche Unterschied in den Meßwerten auch begrifflich eindeutig gekennzeichnet, und niemand wird sie mehr zahlenmäßig gleichsetzen.

Es wurde von uns schon vor einiger Zeit darauf hingewiesen [13], daß sich Versuche lohnen müßten, den Zusammenhang zwischen den verschieden erhaltenen Ordnungsindices aufzuklären, wobei man z. B. die Ursache der Sorptionsmessungen mittels Röntgenmessungen deuten könnte.

Den Zusammenhang der verschiedenen Methoden kann man wie in Gleichung (1) ausdrücken:

$$O_\alpha = f(\alpha, \beta) \cdot O_\beta \tag{1}$$

mit den Bedeutungen O_α, O_β = Ordnungsgrad nach der Methode α bzw. β; $f(\alpha, \beta)$ = funktioneller Zusammenhang zwischen der Methode α und β.

Daß keineswegs nur ein linearer Zusammenhang zwischen den Meßwerten zweier Methoden vorliegen muß, konnten wir durch Messungen an zwei Polyäthylenterephthalatproben A und B finden. Die aus Dichtemessungen und aus Röntgenbestimmungen nach *Hermans* und *Weidinger* erhaltenen Werte sind folgende:

Probe	Ordnungsgrad nach *H.* u. *W.*	Ordnungsgrad aus Dichte
A	0,075	0,34
B	0,215	0,58

Es weichen hier nicht nur die absoluten Zahlenwerte voneinander ab, sondern es besteht auch kein linearer Zusammenhang.

Auch *Farrow* [14] fand ein analog zu deutendes Ergebnis. Je eine unverstreckte und eine verstreckte amorphe Faserprobe von Polyäthylenterephthalat und Polyäthylenmethylterephthalat wiesen zwar unterschiedliche Dichtewerte, aber keine unterschiedliche Röntgenstreukurve auf (Bild 10).

Aber nicht nur beim Vergleich der Meßwerte von verschiedenen Methoden hat man nach Übereinstimmung gesucht, sondern auch bei Röntgenmethoden mittels verschiedener Auswertung. In Bild 11a bis g sind z. B. verschiedene Auswertungsverfahren für die Röntgenstreukurven von Polyäthylenterephthalat zusammengestellt. *Falkai* und *Bodor* [15] trennen einen Untergrund ab und rechnen unmittelbar mit den aufgeteilten Flächen (Bild 11a). *Johnson* [16] ermittelt die Streukurve einer 100% amorphen Probe (Bild 11b) und gleicht diese Kurve in einem größeren Winkelbereich an die Kurve einer partiell-kristallinen Probe an. Er verwendet dann allerdings nicht einfach die Flächenteile, sondern spaltet analytisch auf und rechnet über ein Gleichungssystem (Bild 11c). *Kilian, Halboth* und *Jenckel* [17] gleichen ihre „amorphe" Streukurve so an (Bild 11d), daß das Maximum mit dem Minimum zwischen den „kristallinen" Interferenzen zusammenfällt. Bei großen Winkeln finden sie keine Angleichung und wählen als Integrationsbereich $2\vartheta_1 = 10°$ bis $2\vartheta_2 = 35°$, und dann rechnen sie unmittelbar mit den Flächen.

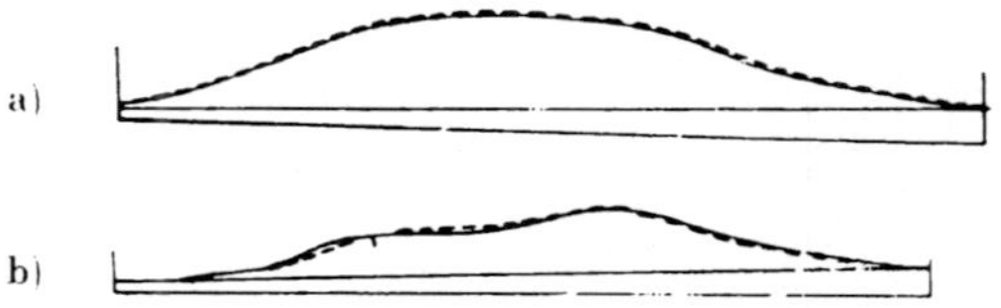

Bild 10. Röntgenstreukurven von amorphen Proben nach *Farrow* [14]; a) Polyäthylenterephthalat: — - - - amorphe Probe, Dichte = 1,335 g/cm³; ··········· Leicht verstrecktes Garn (V = 2,0), unorientiert, Dichte = 1,348 g/cm³; b) Polyäthylenmethylterephthalat: – - – —— amorphe Probe, Dichte = 1,170 g/cm³; ··········· Verstrecktes amorphes Garn, unorientiert, Dichte = 1,199 g/cm³

Schuhmann und *Holze* [18] verfahren ebenfalls wie *Kilian, Halboth* und *Jenckel*, wählen aber als Integrationsbereich $2\vartheta_1 = 15°$ und $2\vartheta_2 = 30°$ und rechnen dann auch unmittelbar mit den Flächen (Bild 11e). Es ist leicht einzusehen, daß die nach *Schuhmann* u. a. und nach *Kilian* u. a. erhaltenen Ergebnisse nicht übereinstimmen können. Ebenso müssen die Werte von *Falkai* u. a. und von *Johnson* voneinander abweichen. Wenn nun doch Übereinstimmung gefunden wird, dann nur, indem man willkürlich die Integrationsgrenzen verändert, bis man auf die gewünschten Werte kommt!

Es ist übrigens unverständlich, warum man unmittelbar aus den Flächenverhältnissen den „Kristallinitätsindex" bestimmen will, nachdem bereits *Hermans* und *Weidinger* in ihren ersten Arbeiten die damit verbundenen Fehler, die u. a. auch durch die Integrationsgrenzen hereinkommen, ausgeschaltet haben. Die Streuintensität des geordneten Anteils F_0 ist proportional der Menge des geordneten Anteils x und dem Streufaktor des geordneten Anteils S_0 im betreffenden Winkelbereich; entsprechendes gilt für den ungeordneten Anteil:

$$F_0 \approx x \cdot S_0 \quad \text{und} \quad F_u \approx (1 - x) \cdot S_u. \tag{2}$$

Das sind zwei Gleichungen mit drei Unbekannten. Nach *Hermans* und *Weidinger* kann man die beiden Unbekannten S_0 und S_u herauswerfen, wenn man zwei Proben mit unterschiedlichem Ordnungsgrad x_1 und x_2 ins Verhältnis setzt:

$$\frac{F_{01}}{F_{02}} = \frac{x_1}{x_2} \quad \text{und} \quad \frac{F_{u1}}{F_{u2}} = \frac{1 - x_1}{1 - x_2}. \tag{3}$$

Berücksichtigt man das nicht, so setzt man von vornherein die Streufaktoren S_0 gleich S_u und macht damit einen mehr oder weniger großen Fehler, da dieses nur für den gesamten reziproken Raum gilt, nicht unbedingt jedenfalls für Teilbereiche. Eine vereinfachte Auswertung mittels der Flächen direkt (wie nach Gleichung (4)) bedeutet daher prinzipiell nur eine Näherung:

$$x = \frac{F_0}{F_0 + F_u} = \frac{1}{1 + F_u/F_0}. \tag{4}$$

Statton [19] berechnet einen Kristallinitätsindex für Polyäthylenterephthalat, indem er die Kurve der unbekannten Substanz zwischen zwei extreme Standardkurven einordnet und Flächenvergleiche über und unter der Standardamorphkurve durchführt (Bild 11f).

Alle diese Methoden haben aber trotz ihres unterschiedlichen physikalischen Inhalts eine gewisse Berechtigung, wenn man sie zur Bestimmung beliebiger Ordnungsindices benutzt und nicht unmittelbar miteinander vergleichen will.

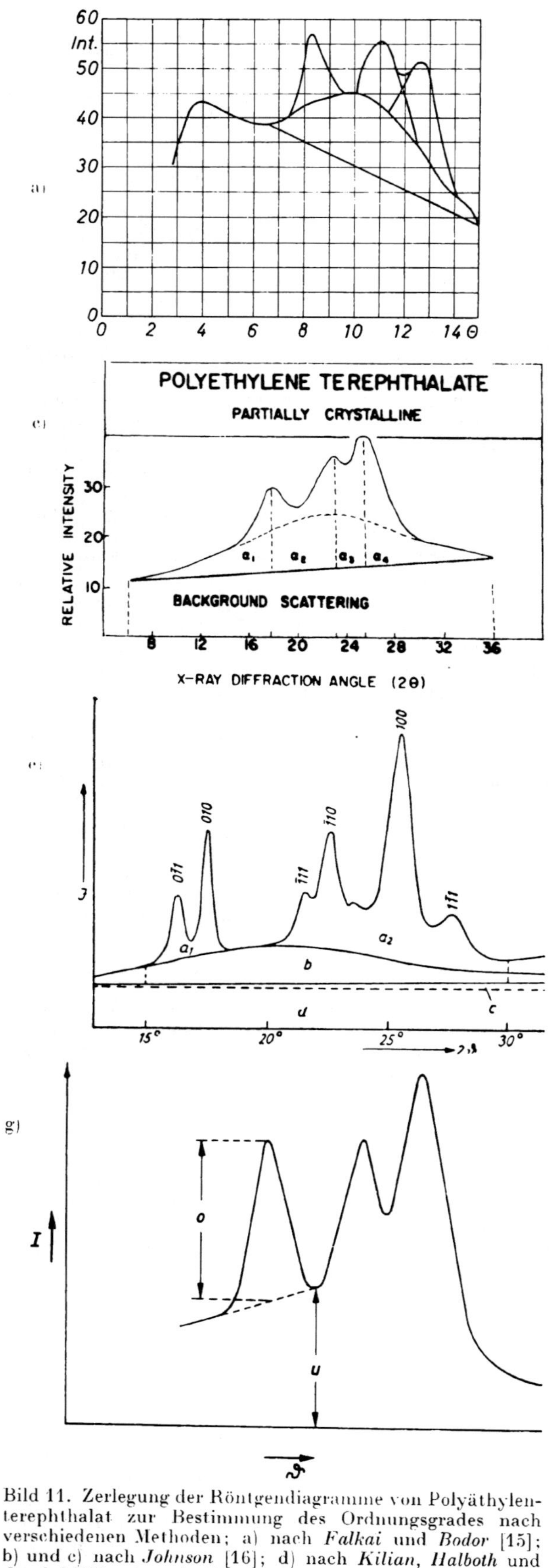

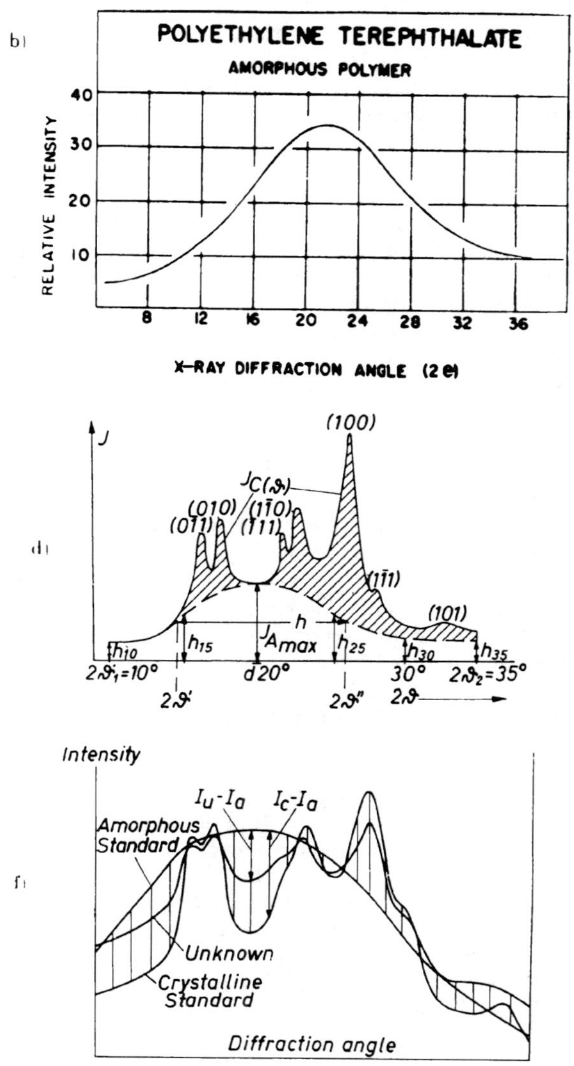

Bild 11. Zerlegung der Röntgendiagramme von Polyäthylenterephthalat zur Bestimmung des Ordnungsgrades nach verschiedenen Methoden; a) nach *Falkai* und *Bodor* [15]; b) und c) nach *Johnson* [16]; d) nach *Kilian, Halboth* und *Jenckel* [17]; e) nach *Schuhmann* und *Holze* [18]; f) nach *Statton* [19]; g) neuer Vorschlag

Man erhält mit allen Methoden nur eine relative Maßzahl, aber keinen Kristallinitätsgrad.

Eine derartige Maßzahl erhält man aber auch, ohne all die mehr oder weniger umfangreichen Methoden anzuwenden, wenn man einfach die Intensität der ersten Interferenz O mißt, die sicher vom geordneten Anteil herrührt, und das erste Minimum u, das man als Maximum des ungeordneten Anteils annimmt (Bild 11g). Nach unseren Erfahrungen erhält man dann nach Gleichung (5)

$$O = \frac{O}{O + u} \tag{5}$$

einen Ordnungsindex, der zahlenmäßig gar nicht einmal sehr von den nach *Hermans* und *Weidinger* erhaltenen Ergebnissen abweicht.

Ein ähnliches einfaches Verfahren wurde auch von *Ant-Wuorinen* und *Visapää* [20] für Cellulose vorgeschlagen (Bild 12).

Einen anderen Weg beschreitet *Ruck* [22]. Er kalkuliert die von der Teilchengröße abhängige Absorption im Kleinwinkelgebiet ein und errechnet über einen „Kleinwinkelzusatzabsorptionskoeffizienten" Werte für den „Kristallinitätsgrad". Er findet dabei für native und regenerierte Cellulose etwa den gleichen Wert von

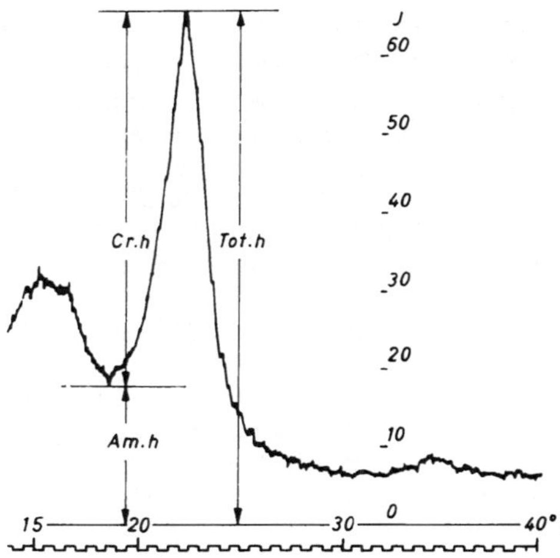

Bild 12. Zur Bestimmung des „Kristallinitätsindexes" von Cellulose nach *Ant-Wuorinen* und *Visapää* [20]

ca. 40%, wogegen man nach *Hermans* und *Weidinger* bekanntlich für native Cellulose ca. 70% und für regenerierte Cellulose etwa 40% erhält.

Wesentlich weiter als die bisherigen Methoden geht ein Vorschlag von *Ruland* [21]. Er berücksichtigt, daß ein Teil der von Kristallen herrührenden Streustrahlung infolge der Fehlordnungen durch Wärmeschwingungen und Baufehler in den „amorphen" Untergrund versinkt. Durch Einführung einer „Unordnungsfunktion" berücksichtigt er diesen Anteil und kann nicht nur einen wirklichen Kristallinitätsgrad, sondern auch noch den Charakter der Unordnung bestimmen. Auf die experimentell jedoch nicht ganz einfache Methode soll nicht näher eingegangen werden, da wir darüber im Colloquium noch einen Vortrag hören werden.

Die Bestimmung des Ordnungszustandes in Hochpolymeren hat noch andere Schwierigkeiten. Zuletzt habe ich immer nur von einer Zweiphasenstruktur gesprochen. Dabei war schon im Bild 4 gezeigt worden, daß wahrscheinlich viel mehr Molekülanordnungen in der Probe vorliegen. Auch dürfte die Größe und Verteilung der mit unterschiedlicher Molekülanordnung vorliegenden Bereiche von großem Interesse sein. Ziel einer Untersuchung des Ordnungszustandes müßte es danach sein, eine Art „Ordnungsspektrum" oder „Ordnungsverteilung" nach Art der Molekulargewichtsverteilung zu finden. Bis dahin dürfte jedoch noch eine ganze Menge Kleinarbeit zu leisten sein. Eine andere Frage dabei ist es auch, ob die hochpolymeren Proben überhaupt z. T. kristallisiert sind. So vertreten z. B. *Kargin* u. a. [23] seit langem den Standpunkt, daß Cellulose und auch einige andere Hochpolymere gar nicht kristallin sind, sondern nur amorph. Er leitet diese Behauptung aus thermodynamischen und elektronenmikroskopischen Untersuchungen ab. In diesem Falle würde ein „Kristallinitätsgrad" gegenstandslos, obwohl er sich formal nach den erwähnten Methoden berechnen läßt.

Einen anderen Weg bei der Strukturaufklärung geht *Hosemann*. Er hat einen „Parakristall" definiert, der die Ordnungsverhältnisse wesentlich vielseitiger zu charakterisieren gestattet. Danach können Abstände und Richtungen von einer Baueinheit zur nächsten schwanken (Bild 13), was man mit Gitterstatistik kenn-

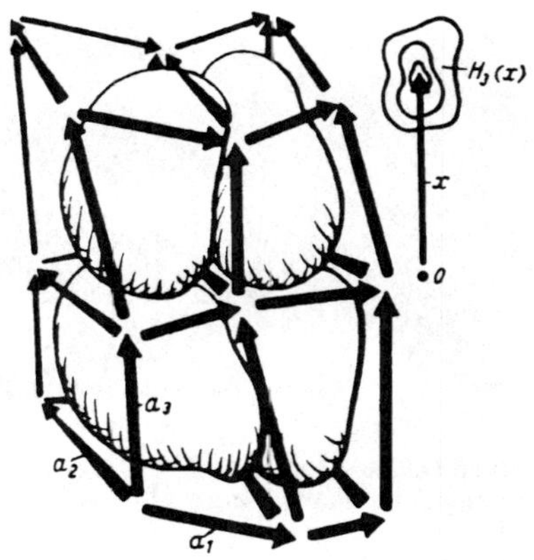

Bild 13. Modell eines Parakristalls mit vier Gitterbausteinen nach *Hosemann* [24]

zeichnen kann. Die sehr umfangreichen Arbeiten von *Hosemann* und Mitarbeitern sind kürzlich in einem Buch zusammengefaßt worden [25]. Bei Hochpolymeren kommen wir nun aber mit der Beschreibung durch einen einfachen Parakristall auch noch nicht aus, da nach *Ruland* [26] bei einer Probe mit Fehlordnung, für die man einen scheinbaren Kristallinitätsgrad von weniger als 80% errechnet, keine homogene Struktur mehr vorliegen kann, sondern daß dann „Entmischung" eingetreten sein muß. Wir kommen also bei den in der Praxis vorliegenden Hochpolymeren nicht mit nur einer Gitterstatistik aus.

Während die Anwendungsmöglichkeit des Parakristalls in den geordneten (kristallinen) Bereichen noch zu beweisen sein wird, liegen für die Anwendung auf den übermolekularen Bau — dem Anwendungsfeld der Röntgenkleinwinkelstreuung — schon Ergebnisse vor.

Heß und *Kießig* [27] hatten für die übermolekulare Struktur aus Langperiodeninterferenzen der Kleinwinkelstreuung ein Strukturmodell vorgeschlagen, das in Bild 14a wiedergegeben ist. Es enthält abwechselnd gutgeordnete und schlechtgeordnete Bereiche. *Hosemann* und *Bonart* [28] haben an einer Matrize, die nur die Löcherstruktur des Modells (Bild 14b) anzeigt, nachgewiesen, daß dieses Modell mit der Kleinwinkelstreuung nicht übereinstimmen kann. Daraufhin haben

a) b)

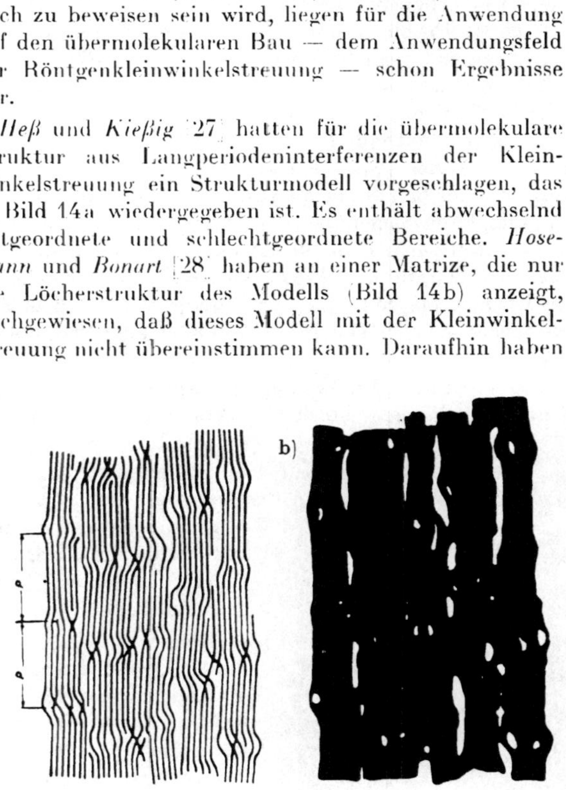

Bild 14. Modell von verstrecktem Polyäthylen: a) nach *Heß* und *Kiessig* [27]; b) Matrize von a) nach *Bonart* und *Hosemann* [28]

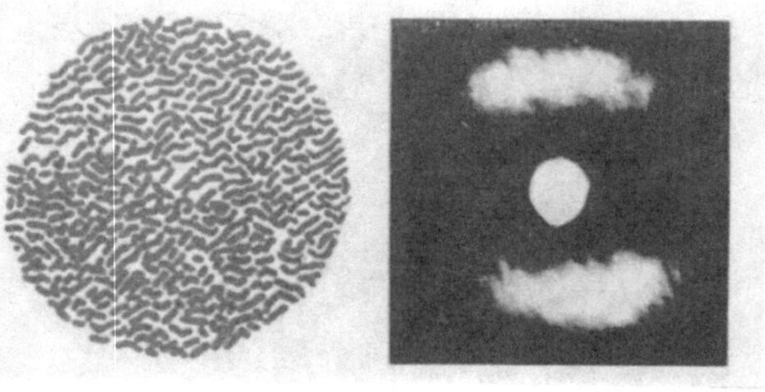

Bild 15. Heißverstrecktes Polyäthylen: a) Modell; b) Fraunhofer-Beugungsbild; nach *Bonart* und *Hosemann* [28]

sie mit Hilfe ihrer Parakristallvorstellung ein neues Modell vorgeschlagen (Bild 15).

Anläßlich unseres 1. Colloquiums 1961 nahm *E. W. Fischer* kritisch zu diesem neuen Modell Stellung, indem er darauf hinwies, daß man derartige geforderte Querstrukturen im Elektronenmikroskop nie gefunden hat, dagegen längliche Fibrillen. In der Diskussion wurde dann der Modellvorschlag gemacht, daß wahrscheinlich die geordneten Bereiche in benachbarten Fibrillen nicht ganz unabhängig voneinander jede beliebige Lage einnehmen können, sondern daß sie „in Phase" liegen. Später wurde von *Bonart* und *Hosemann* [29] das Modell von Bild 16 veröffentlicht, was den Einwänden von *Fischer* Rechnung trägt und dem gegenwärtigen Stand unserer Kenntnisse der Überstruktur von Hochpolymeren entsprechen dürfte. —

Dieser Vortrag kann natürlich die Ergebnisse der Feinstrukturforschung an Hochpolymeren nur streifen und einige Probleme andeuten. Zusammenfassend läßt sich sagen, daß man die Molekülstruktur mit Elementarzelle von Hochpolymeren in den Ausnahmefällen ungefähr bestimmen kann, in denen das Röntgendiagramm viele Reflexe enthält. Für die übermolekulare Struktur gibt es sehr viele Ansätze, man wird aber noch ein Stück Weg zu gehen haben, ehe man die Ordnungsverteilung bestimmen kann. Gegenüber einer möglichst weitgehenden Strukturaufklärung an Idealstrukturen kann man sich aber bei den in der Praxis vorliegenden Proben mit Realstrukturen mit der Ermittlung von Maßzahlen begnügen, wie z. B. Teilchengrößenindex oder Ordnungsgrad.

Wenn auch in dem Vortrag die Ergebnisse der Röntgenuntersuchungen stark im Vordergrund standen, so soll doch noch darauf hingewiesen werden, daß auch die eingangs erwähnten Methoden viel zur Strukturaufklärung der Hochpolymeren beigetragen haben.

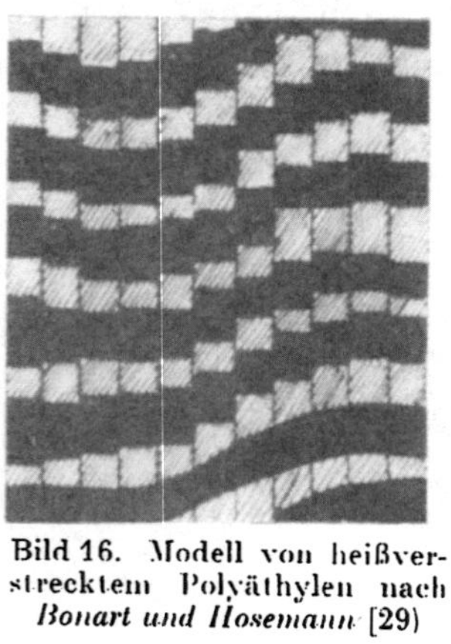

Bild 16. Modell von heißverstrecktem Polyäthylen nach *Bonart und Hosemann* [29]

Besonders seien noch die elektronenmikroskopischen Ergebnisse erwähnt. Es wurden vor allem die Strukturen der morphologischen Bauelemente, wie die Sphärolithe und besonders die Einkristalle mit den Kettenfaltungen gefunden, die unsere Kenntnisse wesentlich bereichert haben (*Keller* [30], *Fischer* [31]).

Zum Schluß soll noch kurz auf den Lösungszustand der Hochpolymeren eingegangen werden. Bei der Untersuchung von Lösungen standen bisher ganz andere Methoden im Vordergrund, da man mit Röntgenbeugung und Elektronenmikroskopie einerseits noch keine richtigen theoretischen Grundlagen hatte und andererseits die Präparationstechnik noch ungenügend war. Es wurden bisher hauptsächlich die Lichtzerstreuung, Viskosimetrie, Osmometrie u. a. eingesetzt. Allerdings konnten in letzterer Zeit auch aus Röntgenkleinwinkeluntersuchungen interessante Ergebnisse über den Lösungszustand von Hochpolymeren beigetragen werden, wofür z. B. die Arbeiten von *Kratky* [32] erwähnt seien.

Der gegebenen Problematik entsprechend haben wir in unserem Colloquium vorgesehen, daß wir in den beiden ersten Themen I. „Ordnungszustand" und II. „Kristallisation" mehr über die methodische Seite sprechen wollen und im III. Thema: „Strukturbestimmungen" über Anwendungen. Das IV. Thema soll sich dann mit der „Struktur der Lösungen" befassen.

Literatur

[1] *v. Laue, M.*, *Friedrich, W.*, und *Knipping, P.*, Bayer. akad. Ber. 1912, S. 303; Ann. Physik **41** (1913) S. 971.
[2] *Meyer, K. H.*, und *Misch, L.*, Helv. chim. Acta **20** (1937) S. 232.
[3] *Ellefsen, Ø.*, Faserforsch. u. Textiltechn. **15** (1964) 12, im Druck.
[4] *Polanyi, M.*, Z. Physik **7** (1921) S. 149.
[5] *v. Laue, M.*, und *Tank, F.*, Ann. Physik **41** (1913) S. 1003.
[6] *Ruscher, Ch.*, Dissertation Rostock 1961.
[7] *Ruscher, Ch.*, *Gröbe, V.*, und *Versäumer, H.*, Über die Feinstruktur der Polyamide. III. Faserforsch. u. Textiltechn. **12** (1961) S. 214—222.
[8] *Kitaigorodski, A. I.*, Organic Chemical Crystallography Consultants Bureau, New York 1961.
[9] *Ruscher, Ch.*, Über die röntgenographische Bestimmung der Teilchengröße. Faserforsch. u. Textiltechn. **9** (1958) 11, S. 485—487.
[10] *Hermans, P. H.*, und *Weidinger, A.*, J. appl. Physics **19** (1949) S. 491.
[11] *Goppel, J. M.*, und *Arlman, J. J.*, Appl. sci. Res. (A) **1** (1947) S. 462.
[12] *Krimm, S.*, und *Tobolsky, A. V.*, J. Polymer Sci. **7** (1951) S. 57—76.
[13] *Ruscher, Ch.*, Zur Bestimmung des Ordnungsgrades in Hochpolymeren. Vortrag auf der Hauptjahrestagung der Chem. Ges. in Leipzig, Nov. 1962. Z. Chemie **3** (1963) 3, S. 118.
[14] *Farrow, G.*, Crystallinity in Drawn Fibres of Polyethylene Terephthalate. J. appl. Polymer Sci. **3** (1960) 9, S. 365.
[15] *Falkai, B.*, und *Bodor, G.*, Röntgenographische Untersuchungen an Fasern aus modifizierten aromatischen Polyestern. Faserforsch. u. Textiltechn. **8** (1957) 3, S. 114—119.
[16] *Johnson, J. E.*, X-Ray Diffraction Studies of the Crystallinity in Polyethylene Terephthalate. J. appl. Polymer Sci. **2** (1959) 5, S. 205—209.
[17] *Kilian, H. A.*, *Halboth, H.*, und *Jenckel, E.*, Röntgenographische Untersuchungen über das Schmelz- und Kristallisationsverhalten von Polyterephthalsäureglykolester. Kolloid.-Z. **172** (1960) 2, S. 166—177.
[18] *Schuhmann, H.*, und *Holze, W.*, Röntgenographische Kristallinitätsbestimmungen an Polyterephthalsäureglykolester. Z. physik. Chemie **219** (1962) S. 159—167.

[19] *Statton, W. O.*, An X-Ray Crystallinity Index Method with Application to Poly (Ethylene Terephthalate). J. appl. Polymer Sci. **7** (1963) S. 803—815.
[20] *Ant-Wuorinen, O.*, und *Visapää, A.*, Diffractometric Method for the Evaluation of the Crystallinity of Cellulose. Paper and Timber **43** (1961) 3, S. 105—110.
[21] *Ruland, O. W.*, X-Ray Determination of Crystallinity and Diffuse Disorder Scattering. Acta crystallogr., Copenhagen **14** (1961) S. 1180—1185.
[22] *Ruck, H.*, Röntgenabsorptionsmessungen an nativen und regenerierten Cellulosefasern. Faserforsch. u. Textiltechn. **14** (1963) S. 146—149, 171—179, 233—238.
[23] *Michajlov, N. V.*, *Elinek, V. I.*, und *Kargin, V. A.*, Berichte der 6. Konferenz über Hochpolymere. Verlag Akad. Wiss. UdSSR 1949.
[24] *Hosemann, R.*, Der statistische Charakter der Feinstruktur hochmolekularer und kolloider Stoffe. Vortrag in „Zur Struktur und Materie der Festkörper", Berlin: Springer 1952, S. 127—222.
[25] *Hosemann, R.*, und *Bagchi, S. N.*, Direct Analysis of Diffraction by Matter. Amsterdam: North-Holland Publ. Comp. 1962.
[26] *Ruland, O. W.*, Crystallinity and Disorder Parameters in Nylon 6 and Nylon 7. Polymer, London **5** (1964) 2, S. 89—102.
[27] *Heß, K.*, und *Kiessig, H.*, Z. physik. Chemie **193** (1944) S. 196.
[28] *Bonart, R.*, und *Hosemann, R.*, Z. Elektrochemie, Ber. Bunsen-Ges. physik. Chemie **64** (1960) S. 314.
[29] *Bonart, R.*, und *Hosemann, R.*, Fibrillarstruktur in kaltverstrecktem linearem Polyäthylen. Kolloid. Z. **186** (1962) 1, S. 16—29.
[30] *Keller, A.*, Phil. Mag. **2** (1957) S. 1171.
[31] *Fischer, E. W.*, Z. Naturforschung **12a** (1957) S. 753.
[32] *Kratky, O.*, Das Studium gelöster Fadenmoleküle mittels der Röntgenkleinwinkelmethode. Kolloid-Z. **182** (1962) 1/2, S. 7—14.

Die parakristalline Struktur des Polyäthylens[1]

Rolf Hosemann und Wolfgang Wilke
Fritz Haber-Institut der Max-Planck-Gesellschaft, Berlin-Dahlem

DK 678.742.2:548.734:54—144:548.737

Die Idee des parakristallinen Gitters und seine Bedeutung für die quantitative Beschreibung der statistischen Nahordnung in Hochpolymeren wird erläutert. Über röntgenographische Messungen an hochverstrecktem linearem Polyäthylen wird berichtet. Die Kleinwinkelstreuung ergibt die Existenz von Ultrafibrillen mit 100 Å Durchmesser und von Fibrillarsträngen mit 200 und 300 Å Durchmesser. Aus der Analyse der Weitwinkelreflexe folgen Aussagen über die parakristallinen Störungen innerhalb der „kristallinen" Bereiche und innerhalb des Makrogitters der Ultrafibrillen, ebenso wie über die Größe dieser Bereiche.

Паракристаллическая структура полиэтилена

Обсуждаются представления о паракристаллической решетке и ее значении для количественного описания статистического близкого порядка в высокополимерах. Приводятся результаты рентгенографических исследований линейного полиэтилена с высокой степенью вытяжки. Рассеяние лучей под малым углом свидетельствует о наличии ультрафибрилл диаметром в 100 Å и пучков фибрилл диаметром в 200 и 300 Å. На основании анализа рефлексов под большим углом можно сделать выводы о паракристаллических дефектах внутри „кристаллических" областей и макрорешетки ультрафибрилл, а также о размерах „кристаллических" областей.

The Paracrystalline Structure of Polyethylene

The idea of the paracrystalline lattice and its importance for the quantitative description of the statistical small range order in high polymers is illustrated. X-ray measurements on highly stretched linear polyethylene are reported. The small angle scattering gives evidence of ultrafibrills with diameter 100 Å and of fibrills with diameters 200 and 300 Å. The analysis of the wide angle reflections gives evidence of the paracrystalline distortion within the "crystalline" regions and within the macrolattice of the ultrafibrills and of the size of the lattices.

Einleitung

In „Polymer" **3** (1962) S. 349 wurde ein neues Strukturmodell für lineares Polyäthylen vorgeschlagen, das gestattet, die verschiedenen beobachteten Beugungsdiagramme einheitlich zu erklären (Bild 1). Die sogenannte „kristalline Phase" besteht danach aus Parakristalliten, die über sogenannte „amorphe Bereiche", in denen starke flüssigkeitsstatistische Störungen vorliegen, über Hauptvalenzketten miteinander verbunden sind. Diese Parakristallite bilden wiederum ein Makrogitter, jetzt in kolloiden Dimensionen, das ebenfalls durch die Theorie des Parakristalls [1] quantitativ beschrieben werden kann. Je nach Streckgeschwindigkeit, Verstreckungsgrad und Tempertemperatur treten verschiedene Typen solcher parakristalliner Makrogitter auf, von Schichtgittern bis zu nematischen Assoziaten. Über die Struktur dieser Makrogitter und ihre Kleinwinkeldiagramme ist bereits an anderer Stelle [2 bis 5] berichtet worden. Insbesondere ergab sich, daß kaltverstrecktes lineares Polyäthylen zu ca. $20 \cdot x\%$ aus isolierten Ultrafibrillen mit etwa 100 Å Durchmesser besteht, zu einem Teil ($35 \cdot x\%$) aus Fibrillarsträngen aus 4 Ultrafibrillen mit etwa 200 Å Durchmesser und zu einem weiteren Teil (ca. $45 \cdot x\%$) aus Fibrillarstängen aus 16 Ultrafibrillen mit etwa 400 Å Durchmesser (vgl. [5], Abb. 42). Es verbleibt ein z. Z. noch nicht analysierbarer Rest von $(1 - x)$ % aus noch dickeren Fibrillarsträngen.

In dieser Arbeit wird über weitere Untersuchungen an linearem Polyäthylen berichtet, bei denen außer der Kleinwinkelstreuung auch Weitwinkelreflexe herangezogen wurden. Es wird so eine Aussage über die parakristallinen Störungen innerhalb der „kristallinen" Bereiche möglich.

Theoretische Grundlagen

Den weiteren Betrachtungen wird das Modell eines idealen Parakristalls zugrunde gelegt, d. h. die einzelnen Gitterzellen sind Parallelepipede statistisch schwankender Form und Größe (Bild 2). Außer reinen Abstandsschwankungen um die Gleichgewichtslage (z. B. thermischen Störungen) sollen keine weiteren Gitterstörun-

[1]) Vorgetragen auf dem 2. Erweiterten Colloquium über „Die Feinstruktur der Hochpolymeren", Berlin und Teltow-Seehof, 8. bis 10. Juni 1964.

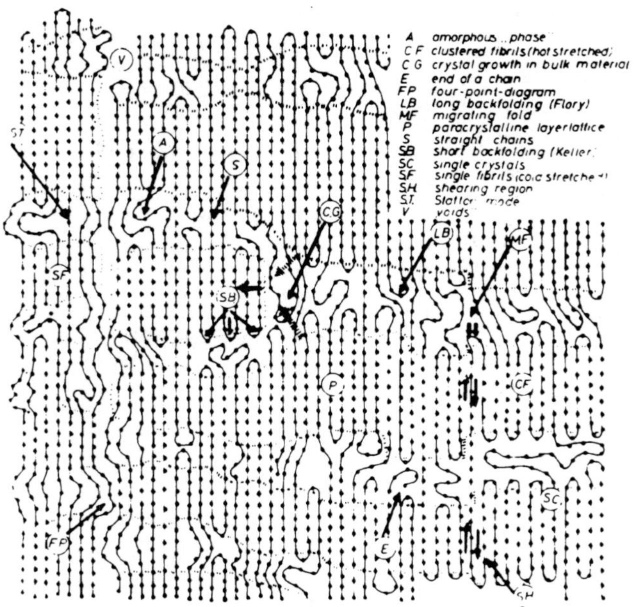

Bild 1. Modell des linearen Polyäthylens

A = amorphe „Phase", CF = zusammengebackene Fibrillen (heißverstreckt, CG = Kristallwachstum im Festzustand, E = Ende einer Hauptvalenzkette, FP = Vierpunktdiagramm, LB = Zurückfaltung mit längeren Schleifen (Flory), MF = wandernde Schleife, P = Parakristallines Schichtgitter, S = gerade durchlaufende Ketten, SB = Zurückfaltung mit kurzen Schleifen (Keller), SC = Einzelkristalle, SF = einzelne Fibrillen (kaltverstreckt), SH = Gebiet der Scherung zweiter Art, ST = Modell nach Statton, V = sogenannte „Hohlräume"

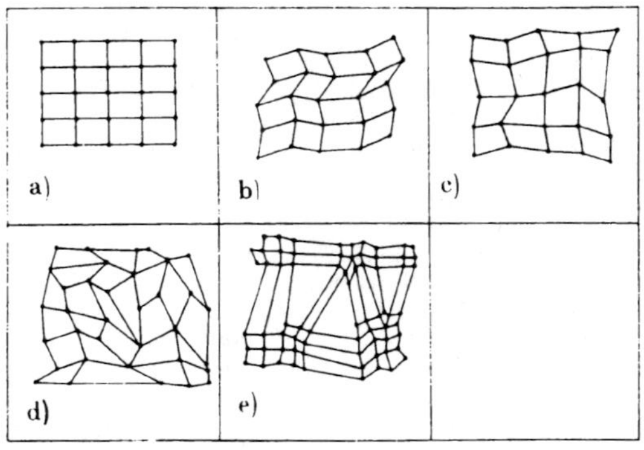

Bild 2. Verschiedene Gitter: a) kristallin, b) ideal parakristallin, c) parakristallin, d) amorph, e) Clusterbildung

gen erster Art ([1], S. 239) vorhanden sein. Die Bausteine dieses Gitters können selbst wieder Parakristallite sein. Im Fall des Polyäthylens heißt dies, daß wir ein Makrogitter, gebildet aus den einzelnen „kristallinen" Bereichen, betrachten. Für die Intensitätsfunktion einer solchen Struktur gilt ([1], S. 246):

$$\bar{I}(b) = \bar{N}_c\,|\bar{f}_c|^2(1 - |D_c|^2) + \frac{1}{v_c}\,|D_c|^2\,|\bar{f}_c|^2(\widehat{Z_c\,|S|^2}), \quad (1)$$

$$|\bar{f}_c|^2(b) = \bar{N}_r\,|\bar{f}_r|^2\,(1 - |D_r|^2) + \frac{1}{v_r}\,|D_r|^2|\bar{f}_r|^2(\widehat{Z_r\,|S_c|^2}). \quad (2)$$

Hierin bedeutet der Bogen $\frown$ die Faltung[2]) der Funktionen Z und $|S|^2$.

$\bar{N}_r$, $\bar{N}_c$: mittlere Zahl der Gitterzellen des parakristallinen Gitters bzw. Makrogitters,

v_r, v_c: mittleres Volumen der Gitterzellen des Gitters bzw. des Makrogitters,

$|S|^2$, $|S_c|^2$: Gestaltfaktor des betreffenden Gitters. Die Gestaltamplitude $S(b)$ ist die Fouriertransformierte der Gestaltfunktion $s(x)$ des Gitters ([1], S. 96):

$$S(b) = \int s(x)\cdot e^{-2\pi i b x}\,dv_x = \mathfrak{F}\,s(x). \quad (3)$$

Für die integrale Breite der zweidimensionalen Projektion $|S_{23}|^2$ von $|S|^2$ auf die b_1-Achse erhält man ([1], S. 111):

$$\delta_{23}^2\,|S|^2 = \frac{\int |S_{23}^2|\,db_1}{|S_{23}^2(0)|} = \frac{1}{\bar{L}_{23}} = \frac{\bar{L}}{\bar{L}^2}, \quad (4)$$

$$\bar{L}_{23} = \frac{1}{v}\int \overset{2}{s}(x_1, 0, 0)\,dx_1\left(v = \int s(x)\,dv_x\right).$$

$L(x_2, x_3)$ ist dabei der Abstand der Begrenzung von $s(x)$ parallel zu x_1.

$|D_r|^2$, $|D_c|^2$: Verrückungsfaktor („displacement factor"). D ist die Fouriertransformierte der Verrückungsstatistik: $D(b) = \mathfrak{F}\,h(x)$ ([1], S. 245). $h(x)$ beschreibt die Verrückung der Bausteine aus der Gleichgewichtslage. Im Falle thermischer Störungen heißt $|D|^2$ *Debye*-Faktor.

$|\bar{f}_r|^2$, $|\bar{f}_c|^2$: Bausteinfaktor, gibt die Intensitätsfunktion eines einzelnen Gitterbausteins an. Im Falle des idealen Kristallgitters entspricht er dem Strukturfaktor.

Z_r, Z_c: Gitterfaktor bzw. Makrogitterfaktor. $Z(b)$ ist die Fouriertransformierte der Abstandsstatistik $z(x)$ des Gitters: $Z(b) = \mathfrak{F}\,z(x)$ ([1], S. 216, 236). Im Falle eines Gitters ohne parakristalline Störungen entartet $Z(b)$ in die Gitterpunktfunktion der Kristalle. Für einen idealen Parakristall ist der Gitterfaktor gegeben durch ([1], S. 310):

$$Z^{1/v_r}(b) = \frac{1}{v_r}P(b-0) + \prod_{k=1}^{3} K_k(b)$$
$$= \frac{1}{v_r}P(b-0) + \prod_{k=1}^{3} Re\,\frac{1+F_k}{1-F_k}$$
$$= \frac{1}{v_r}P(b-0) +$$
$$+ \prod_{k=1}^{3}\frac{1-|F_k|^2}{1-2|F_k|\cos(2\pi b\bar{a}_k)+|F_k|^2}. \quad (5)$$

$P(b-0)$ ist eine Punktfunktion ([1], S. 160) am Orte $b = 0$.

[2]) Die Faltung zweier Funktionen $f(x)$ und $g(x)$ ist definiert als ([1], S. 40) $\widehat{f(x)\,g(x)} = \int f(y)\,g(x-y)\,dv_y$. Speziell ist das Faltungsquadrat $\widehat{f(x)f}(-x) = \overset{2}{f}(x) = \int f(y)f(x+y)\,dv_y$.

$|b| = \frac{l\sin\vartheta}{\lambda}$ 2ϑ Streuwinkel, λ Röntgenwellenlänge.

Die Statistikfaktoren F_k sind die Fouriertransformierten der Koordinationsstatistik $H_k(x)$ ([1], S. 306), welche die statistische Häufigkeit für einen Zellenkantenvektor a_k der Vektorgröße $a_k = x$ beschreiben. Da die Vektoren a_k die Ruhelagen der Bausteine verbinden, sind die $H_k(x)$ von den Verrückungen, also z. B. thermischen Störungen, unabhängig. Für $|F_k(b)|$ kann in guter Näherung ([1], S. 308)

$$|F_k(b)| \approx \exp(-2\pi^2(bT_kb)) \tag{6}$$

geschrieben werden. T_k ist der Schwankungstensor der Koordinationsstatistik H_k

$$T_k = (\Delta_{ij}^2)_k, \tag{7}$$

$$(\Delta_{ij}^2)_k = \int x_i x_j \cdot H_k(x + \bar{a}_k)\, dv_x. \tag{8}$$

Durch eine Hauptachsentransformation erhalten die drei Tensoren T_k die einfache Form:

$$T_k = \begin{pmatrix} \Delta_1^2 & 0 & 0 \\ 0 & \Delta_2^2 & 0 \\ 0 & 0 & \Delta_3^2 \end{pmatrix}_k. \tag{9}$$

Die $(\Delta_i^2)_k = \int x_i^2 H_k(x + \bar{a}_k)\, dv_x$ sind die Hauptschwankungsquadrate der Koordinatenstatistiken. Damit folgt aus (6)

$$|F_k(b)| = \exp(-2\pi^2 \sum_{i=1}^{3} (\Delta_i^2)_k b_i^2)$$

$$= \exp(-2\pi^2 \sum_{i=1}^{3} g_{ik}^2 \bar{a}_k^2 b_i^2). \tag{10}$$

Jeder der $K_k(b)$-Faktoren in (5) liefert eine Schar von Scheibchen, die orthogonal auf $\bar{a}_k$ stehen ([1], S. 322) und deren integrale Breite mit wachsendem $|b|$ zunimmt. Der Durchschnitt aller drei K_k-Faktoren gibt die parakristallinen Reflexe im b-Raum. Nach Subtraktion des diffusen parakristallinen Untergrundes erhält man für die integrale Breite von $K_k(b)$ ([1], S. 325)

$$\delta\beta_k = \frac{1}{2\,|\bar{a}_k|}(1 - |F_k|). \tag{11}$$

Experimentelles

Zur Untersuchung wurde lineares Polyäthylen (HOSTALEN G) bei ca. 70 °C um etwa 600% verstreckt, anschließend auf ca. 120 °C erhitzt und bis zu einem Gesamtstreckverhältnis von 1:60 weiter verstreckt. Die so erhaltenen Proben sind undurchsichtig, rein weiß und ähneln im Aussehen sehr dem kaltverstreckten Material. Temperaturunterschiede um ± 5 grd beim Verstrecken der Proben haben, ebenso wie verschiedene Streckgeschwindigkeiten, innerhalb der Meßgenauigkeit keinen Einfluß auf die Ergebnisse.

Die Kleinwinkelaufnahmen wurden in einer Streukammer nach *Hess* und *Kiessig* [6] (punktförmiger Kollimator) mit Ni-gefilterter CuK_α-Strahlung hergestellt. Der Abstand Präparat — Film betrug 400 mm, die Auswertung der Äquatorstreuung war bis $|b| = 2 \cdot 10^{-3}$ Å^{-1} möglich.

Die Weitwinkelaufnahmen wurden in einer Guinier-Doppelkammer nach *Jagodzinski* (Hersteller AEG) [9] mit monochromatischer $CuK_{\alpha 1}$-Strahlung gewonnen. Das Auflösungsvermögen dieser Kammer beträgt 3000 Å.

Ergebnisse der Kleinwinkelstreuung

Die Ergebnisse der Kleinwinkelstreuung ähneln stark denen für kaltverstrecktes Polyäthylen, die in [4] mitgeteilt sind; es soll deshalb hier nicht nochmals näher auf diese Fragen eingegangen werden. Man findet auch bei den hochverstreckten Proben eine relativ starke Äquatorstreuung neben einer schwächeren Schichtlinie 1. Ordnung. Die Langperiode der Proben beträgt etwa 320 Å. Für den Durchmesser der Ultrafibrillen ergibt sich $(D_1 = (91 \pm 20)$ Å, für die Durchmesser der Fibrillarstränge $D_2 = (192 \pm 30)$ Å und $D_3 = (309 \pm \pm 30)$ Å. Es lagern sich offenbar 4 bzw. 9 Ultrafibrillen zu den Fibrillarsträngen zusammen, während es beim kaltverstreckten Material 4 bzw. 16 waren. Ein weiterer Anteil noch dickerer Fibrillarstränge kann z. Z. experimentell nicht erfaßt werden.

Ergebnisse der Weitwinkelstreuung

Um Aussagen über die parakristallinen Störungen innerhalb der „kristallinen Bereiche" zu bekommen, wurden die Weitwinkelreflexe (110), (220) und (330) von linearem verstrecktem Polyäthylen untersucht. Diese drei Reflexe sind im Weitwinkeldiagramm gut zu beobachten, während bei Benutzung anderer Ebenen die Reflexe höherer Ordnung entweder zu schwach sind oder mit anderen Reflexen zusammenfallen.

Im folgenden werden die allgemeinen Beziehungen des theoretischen Teils auf die Richtung senkrecht zu den (110)-Ebenen spezialisiert und im h-Raum ([1], S. 82), d. h. als Funktion der dimensionslosen Größe $b \cdot a_{110} = h$, geschrieben.

Für die integralen Breiten (gemessen im h-Maß)

$$\delta\beta(h) = \frac{\int I(b)\, db}{I(0)} \cdot a_{110}, \qquad |b| = \frac{2 \sin\vartheta}{\lambda} \tag{12}$$

($b = 0$ im Linienmaximum
a_{110} = Abstand der (110)-Ebenen = 4,1 Å)

erhält man also drei Werte entsprechend den Reflexen erster, zweiter und dritter Ordnung.

Um einen ersten Überblick zu erhalten, kann man annehmen, daß ein einfaches parakristallines Gitter vorliegt. Für den Gitterfaktor $Z(h)$ gilt dann (vgl. (5))

$$Z(h) = \frac{1 - |F|^2}{(1 - |F|)^2 + 4\,|F| \sin^2(\pi h)}. \tag{13}$$

Mit der integralen Breite $\delta\beta(h)$ ist $|F|$ durch die Beziehung (vgl. (11))

$$\delta\beta(h) = \frac{1 - |F|}{2} \tag{14}$$

verknüpft. In guter Näherung gilt (vgl. (10))

$$|F| \approx \exp(-2\pi^2 g^2 h^2) \tag{15}$$

mit

$$g = \frac{\sqrt{\Delta^2}\, a_{110}}{|\bar{a}_{110}|}, \tag{16}$$

der relativen Schwankung der Gittervektoren in 110-Richtung. Es zeigt sich, daß die gemessenen $|F|$-Werte im $\ln|F| - h^2$-Diagramm nicht auf einer Geraden liegen, d. h. man muß eine inhomogene Statistik annehmen:

$$|F| = A\,|F_1| + (1 - A)\,|F_2|$$
$$= A \exp(-2\pi^2 g_1^2 h^2) + (1 - A) \exp(-2\pi^2 g_2^2 h^2). \tag{17}$$

Es ist $A = 0{,}929$, $g_1 = 0{,}007 = 0{,}7\%$,
$(1 - A) = 0{,}071$, $g_2 = 0{,}24 = 24\%$.

Das bedeutet, daß das Gitter einen g-Wert von 0,7% aufweist, aber nach im Mittel $N = \frac{1}{0{,}071} = 14{,}1$ Netzebenenabständen, d. h. nach 58 Å, eine sehr große Schwankung entsprechend $g_2 = 24\%$ folgt. Hiernach würde also der mittlere Fibrillendurchmesser 58 Å betragen, wobei die Durchmesser aber nach einer *Boltzmann*-Statistik außerordentlich schwanken.

Um weitergehende Aussagen machen zu können, wurden außer den integralen Breiten auch die Linienprofile untersucht. Dabei zeigte sich, daß sich die Reflexe als Summe von zwei *Gauß*-Termen ähnlich Gl. (17) darstellen lassen (Bild 3)[3]:

$$I_h(b) = I_{h1}(b) + I_{h2}(b) \qquad (18)$$

($h = 0, 1, 2, 3,\ \ h = 0$: Kleinwinkelreflex).

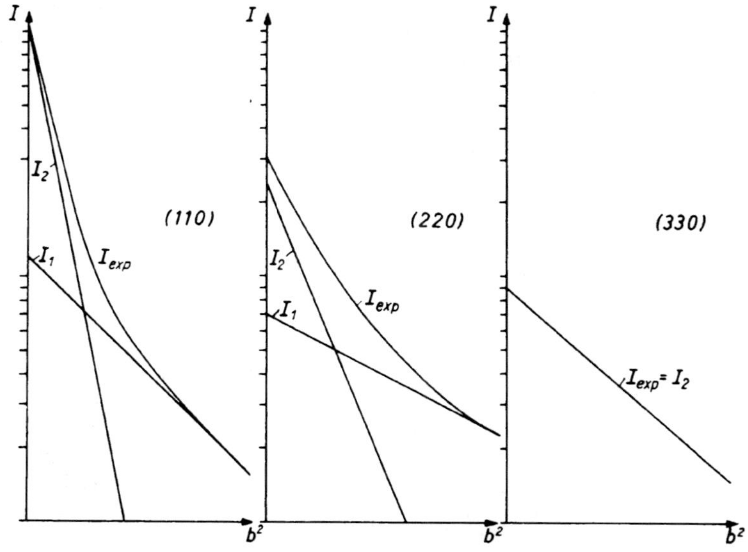

Bild 3. Zerlegung der Reflexe (110), (220), (330) in *Gauss*-Terme (lineares Polyäthylen, heißverstreckt ~ 1 : 60)

Die Vergrößerung der integralen Breiten mit wachsendem h kommt durch Verschiebung der Gewichte der beiden Anteile zustande. Für den Reflex (330) tritt nur noch der zweite Term auf, der erste Term ist unbeobachtbar breit geworden.

Um diesen Befund, zusammen mit den Ergebnissen der Kleinwinkelstreuung, zu deuten, wird folgende Intensitätsfunktion zugrunde gelegt (vgl. (1), (2)):

$$I(b) = (1 - B)\,[(1 - |D_c|^2)\,\overline{N}_c\,|\overline{f_c}|^2 + \frac{1}{v_c}\,|\overline{f_c}|^2\,|D_c|^2(\widehat{Z_c\ S^2})] + B\,|\overline{f_c}|^2. \qquad (19)$$

Die ersten beiden Terme beschreiben den Streuanteil der Parakristallite in Ultrafibrillen, die ein Makrogitter mit dem Gitterfaktor Z_c und dem Gestaltfaktor $|S|^2$ bilden. Die thermische Schwingung dieser Ultrafibrillen gegeneinander wird durch den *Debye*-Faktor $|D_c|^2$ berücksichtigt. Der dritte Term beschreibt den Streuanteil der Parakristallite in isoliert vorliegenden Ultrafibrillen. Über die Größe von B können z. Z. noch keine Angaben gemacht werden, da der absolute Anteil an isolierten Ultrafibrillen unbekannt ist.

Die integralen Breiten $\delta\beta_1(h)$ $(h = 0 \ldots 3)$ von I_{h1} werden durch den ersten und dritten Term bestimmt, dabei liefert die thermische Störung keinen Anteil zur integralen Breite.

Die integrale Breite von Z_r ist (vgl. (10), (11))

$$\delta\beta_1'(h) = (\pi g_1 h)^2, \qquad (20)$$

diejenige von $|S_c|^2$ (vgl. (4))

$$\delta\beta_1'' = \frac{1}{N_1}. \qquad (21)$$

N_1 ist die mittlere Zahl der Netzebenen in einem Parakristallit mit der Gitterstörung g_1, $N_1 \cdot a_{110}$ ist also der mittlere Durchmesser einer einzelnen Ultrafibrille.

Analog gilt für die integralen Breiten von Z_c und $|S|^2$

$$\delta\beta_2'(h) = (\pi g_2 h)^2,$$

$$\delta\beta_2'' = \frac{1}{N_2}. \qquad (22)$$

[3]) Anm. b. d. Korrektur: Die Darstellung durch ein *Lorentz*-Profil $\frac{A}{1 + k^2 b^2}$ ist nicht möglich.

$N_2 \cdot a_{110}$ ist jetzt der Durchmesser eines Fibrillenpaketes und g_2 die relative Abstandsschwankung der Schwerpunkte der Ultrafibrillen des Fibrillenpaketes.

Für die gemessenen integralen Breiten $\delta\beta_1(h)_{\exp}$ von I_{h1} und $\delta\beta_2(h)_{\exp}$ von I_{h2} $(h = 0 \ldots 3)$ gilt unter der Voraussetzung von *Gauß*-Profilen[4])

$$\delta\beta_1^2(h)_{\exp} = \frac{1}{N_1^2} + (\pi g_1 h)^4, \qquad (23)$$

$$\frac{1}{\delta\beta_2^2(h)_{\exp}} = \frac{1}{\delta\beta_1^2(h)_{\exp}} + \frac{1}{\frac{1}{N_2^2} + (\pi g_2 h)^4}. \qquad (24)$$

Daraus folgt

$$\delta\beta_2'^2(h)_{\exp} = \frac{1}{\frac{1}{\delta\beta_2^2(h)_{\exp}} - \frac{1}{\delta\beta_1^2(h)_{\exp}}} = \frac{1}{N_2^2} + (\pi g_2 h)^4. \qquad (25)$$

Trägt man die gemessenen $\delta\beta_1^2(h)_{\exp}$ bzw. $\delta\beta_2'^2(h)_{\exp}$ gegen h^4 auf, so sollte sich jeweils eine Gerade ergeben. Bild 4 zeigt, daß dies recht gut der Fall ist. Aus dem Ordinatenabschnitt ergibt sich N_1 bzw. N_2 und aus dem Anstieg g_1 bzw. g_2. Man erhält

$$g_1 = 0{,}032 = 3{,}2\%, \qquad N_1 = 20{,}2,$$
$$g_2 = 0{,}022 = 2{,}2\%, \qquad N_2 = 42{,}7.$$

Für den Durchmesser $N_1 \cdot a_{110}$ der einzelnen Ultrafibrillen ergibt sich somit 83 Å, für den Durchmesser der Fibrillenpakete 175 Å. Die Störung ist für beide Gitter in der gleichen Größe; da der g-Wert jedoch die relative Schwankung angibt, ist die absolute Abstandsschwankung im Makrogitter mit $g_2 = 2{,}2\%$ wesentlich größer als die Abstandsschwankung der Ketten innerhalb der Parakristallite mit $g_1 = 3{,}2\%$. Die Abstandsschwankung g benachbarter Hauptvalenzketten, die zu zwei verschiedenen Ultrafibrillen gehören, erhält man, falls die Grenzschicht aus einer Kettenlage besteht, aus der Beziehung (D_1 ist gleichzeitig der Abstand der

[4]) Anm. b. d. Korrektur: Unter der Voraussetzung von *Lorentz*-Profilen folgt $g_1 \sim 2\%$ und $g_2 \sim 3\%$.

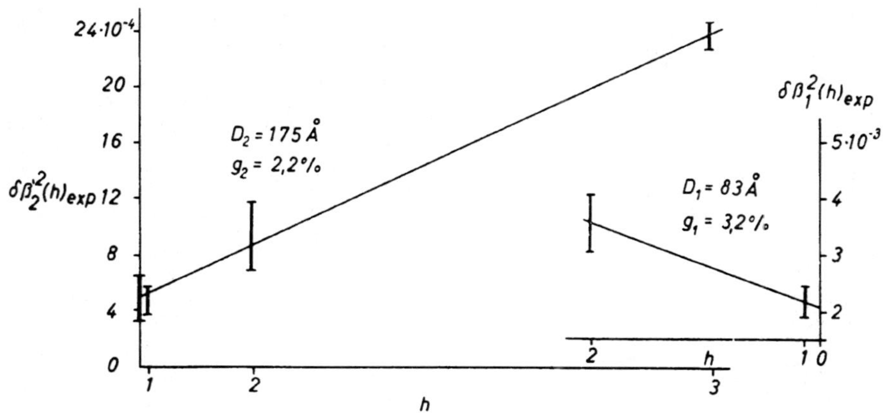

Bild 4. Abhängigkeit der integralen Breiten $\delta\beta(h)$ der beiden Reflexanteile von der Ordnung h der Reflexe (lineares Polyäthylen, heißverstreckt 1:60)

Gitterpunkte des Makrogitters, da die Ultrafibrillen seitlich dicht gepackt sind)

$$\frac{D_1}{a_{110}} \cdot a_{110}^2 g_1^2 + 1 \cdot a_{110}^2 g^2 = D_1^2 \cdot g_2^2 \tag{26}$$

zu $g = 42\%$.

Besonders bemerkenswert ist die Übereinstimmung der Durchmesser der Ultrafibrillen bzw. Fibrillarstränge, die man aus dieser Analyse der Weitwinkelreflexe gewinnt, mit den Ergebnissen der Kleinwinkelstreuung. Dieses Ergebnis spricht doch sehr dafür, daß die hier gegebene Auswertung im wesentlichen den Kern der Sache trifft.

Der Vergleich der hier gefundenen Ergebnisse mit dem zuerst angegebenen Auswerteverfahren (einfacher Parakristall mit inhomogener Abstandsstatistik) zeigt, daß jenes Verfahren zwar eine etwas grobe Abschätzung der Werte g und N ergibt; doch der auf diese Weise gefundene mittlere Fibrillendurchmesser stimmt größenordnungsmäßig, ebenso wie die starke statistische Schwankung $g_2 = 24\%$ des Anteiles $(1 - A)$ der inhomogenen Statistik.

Es ist noch zu klären, warum im Weitwinkeldiagramm des verstreckten Polyäthylens nichts von dem im Kleinwinkeldiagramm gefundenen Anteil von Fibrillarsträngen mit einem Durchmesser von ca. 300 Å gefunden wird. Eine mögliche Erklärung hierfür wäre, daß die Lage der (110)-Netzebenen zwar bei Zusammenlagerung von 4 Ultrafibrillen noch korreliert ist, bei Zusammenlagerung von 9 Ultrafibrillen jedoch nicht mehr.

Zum Schluß sei darauf hingewiesen, daß von *M. Mori* und *K. Doi* [7] an unverstreckten Proben von linearem Polyäthylen (Marlex 6000—2) eine Kristallitgrößenverteilung mit Maxima bei 123 Å, 258 Å und 410 Å gefunden wurde. Dieser Befund stimmt mit dem hier mitgeteilten doch immerhin so gut überein, daß die Existenz von ca. 100 Å dicken Ultrafibrillen als Elementarbausteinen der kolloiden Struktur als gesichert gelten kann. Die Frage nach den Ursachen für das Auftreten gerade dieser Größe kann leider noch nicht beantwortet werden. Uns scheint aber, daß die hier gefundene Querstruktur des Polyäthylens, bestehend aus parakristallin gestörten Gitterbereichen, die durch Gebiete mit merklich größerer Störung voneinander getrennt sind, ein interessantes Modell einer Flüssigkeitsstruktur darstellt, das sich gut in den Rahmen der Vorstellungen einfügt, die Flüssigkeiten von der Seite der gestörten Kristallgitter her zu behandeln [8].

Für die Hilfe bei den Messungen und der Auswertung möchten wir Frau *K. Wegener* herzlich danken.

Der Deutschen Forschungsgemeinschaft danken wir für die Bereitstellung von Mitteln für diese Untersuchungen.

Literatur

[1] *Hosemann, R.*, und *Bagchi, S. N.*, Direct Analysis of Diffraction by Matter. Amsterdam: North-Holland Publ. Comp. 1962.
[2] *Hosemann, R.*, Polymer **3**, (1962) S. 349—392; Chemiefasern **13** (1963) 1, S. 34—41; 2, S. 123—124; 3, S. 174 bis 178; 4, S. 284—285; 5, S. 369—374.
[3] *Bonart, R.*, und *Hosemann, R.*, Z. Elektrochemie/Ber. Bunsenges. physik. Chemie **64** (1960) S. 314—321.
[4] *Bonart, R.*, und *Hosemann, R.*, Kolloid-Z. **186** (1962) S. 16—29.
[5] *Hosemann, R.*, J. appl. Physics **34** (1963) S. 25—41.
[6] *Kiessig, H.*, Kolloid-Z. **98** (1942) S. 213—221.
[7] *Mori, M.*, und *Doi, K.*, Japanese J. appl. Physics **3** (1964) S. 112.
[8] *Frenkel, J.*, Kinetic Theory of Liquids. Dover Publ. Inc. 1955.
[9] *Glocker, R.*, Materialprüfung mit Röntgenstrahlen. Springer 1958, S. 191.

Eingegangen am 26. Juni 1964

Diskussion

Dr. *H. G. Kilian*, Marburg: Haben Sie auch an unverstreckten oder niedrig verstreckten Polyäthylenen solche Messungen durchgeführt? Wir haben bei Polytetrafluoräthylen die Erfahrung gemacht, daß bei einer Kaltverstreckung eine laterale Gitteraufweitung auftritt, die wir in einem ersten Ansatz einer Zunahme der Störungen im Kristallgitter zuschreiben. Daher würde ich, bevor Sie es nicht nachgeprüft haben, annehmen, daß Sie hier spezielle Parameter für das hochverstreckte Polyäthylen ermitteln, das möglicherweise senkrecht zu den Ketten größere Störungen aufweist als Proben, die aus der Schmelze unter vorsichtigen Bedingungen kristallisierten.

Dr. *W. Wilke*: Das wäre denkbar, darüber kann ich noch nichts sagen. Wir haben vor, auch weniger stark verstrecktes Material zu untersuchen. Das ist etwas schwieriger, weil man dort die Reflexe nicht so gut auflösen kann. Doch wir haben eine sehr hoch auflösende *Guinier*-Doppelkammer, und ich glaube, damit können wir noch einiges tun.

Prof. Dr. *W. Holzmüller*, Leipzig: Hat man neben dem gefalteten Modell auch schon einmal an ein Stufenmodell gedacht? Stellt man sich den Kohlenstofftetraeder im

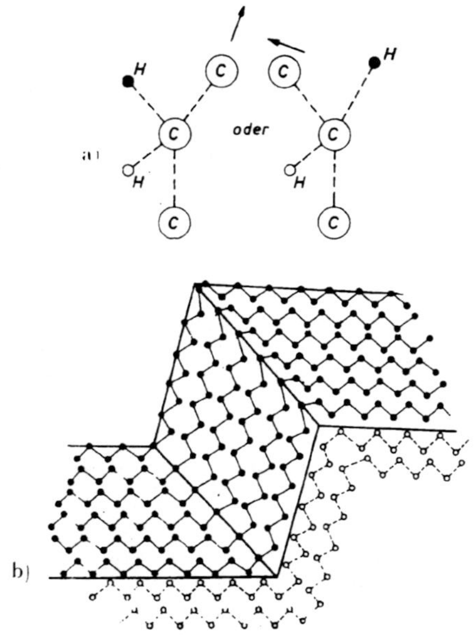

Bild 1. a) Richtungsänderung an den Kanten
b) Stufenmodell des Polyäthylens (Schichten unter der Oberfläche gestrichelt.

Fadenmolekül vor, so kann man, statt in der Kettenrichtung weiterzugehen, auch mit gleicher Wahrscheinlichkeit einen Winkel von 110° einschlagen, wodurch Stufen entstehen, die vielleicht nach 30 oder 40 Einzelgliedern wieder in die alte Richtung umschlagen (Bild 1). Gemeint sind Stufen im unverstreckten Material von der Größenordnung 100 Å bei gleichzeitiger Richtungsänderung der benachbarten Kettenmoleküle. Hat man so etwas schon beobachtet?

Prof. Dr. *R. Hosemann*: Solche Sachen treten sicher auf, wenn man vom kristallinen Bereich zum amorphen geht. Dort treten Rückfaltungen nach *Keller-Fischer* auf, oder nach *Flory*, wo sie 10 oder 20 Monomereinheiten umfassen, oder auch Ketten, die sich mehr Zeit lassen, so wie Sie es gezeigt haben.

Holzmüller: Man braucht gar nicht an amorphe Bereiche zu denken.

Hosemann: Ich möchte auf den Vortrag von Prof. *Kennedy* aufmerksam machen, der über Stufenversetzungen in Nylon berichten wird.

Doz. Dr. *E. W. Fischer*, Mainz: Ich bin sehr erstaunt, daß man aus der Analyse der Reflexform durch Trennung in die beiden *Gauß*-Kurven so schöne Ergebnisse erhält. Nun möchte ich eine Art Gewissensfrage stellen: Wenn Sie einmal die Übereinstimmung mit den Kleinwinkelreflexen völlig vergessen, welchen Wahrheitsgehalt würden Sie dann der Auftrennung in die beiden *Gauß*-Kurven zuerkennen? Sind da nicht zuviel Annahmen über die wirkliche Reflexform hineingesteckt worden?

Wilke: Nein. Dazu möchte ich folgendes sagen: Eine solche *Gauß*analyse ist natürlich mit einer gewissen Willkür behaftet. In der historischen Reihenfolge ist es so gewesen, daß wir zwar wußten, wir haben es mit Ultrafibrillen und Lamellenpaketen zu tun, doch kannten wir zunächst nicht die Kleinwinkelergebnisse. Die Kleinwinkelaufnahmen wurden hinterher angefertigt; sie erfordern eine viel längere Belichtungszeit. Unabhängig von den Kleinwinkelergebnissen haben wir aus den Weitwinkelreflexen schon diese Werte für die Fibrillendurchmesser erhalten. Sie lagen allerdings bei den ersten orientierenden Versuchen um etwa 10 bis 15 Å höher. Das hat uns überhaupt erst ermutigt, die Analyse der Weitwinkelreflexe weiterzuverfolgen.

Fischer: Eine Frage zum Experimentellen: Die Verschmierungen durch die Aufnahmetechnik sind Ihnen hinreichend bekannt, so daß die Verformungen der *Gauß*-Kurven, darum handelt es sich doch, nicht dadurch hereinkommen können?

Wilke: Nein, zumindest nur in einem so geringen Ausmaß, daß es innerhalb unserer Fehlergrenzen keinen Einfluß hat.

Hosemann: Zur letzten Frage möchte ich noch sagen, daß unsere *Guinier*-Kammer ein Auflösungsvermögen von 3000 Å hat. Zu der ersten Frage ist noch zu sagen: Es gibt einen allgemeinen Zusammenhang zwischen integraler Breite und diesem Statistikfaktor. Nimmt man zunächst an, es gibt einen Statistikfaktor, so muß man diesen notwendigerweise aus zwei verschiedenen Statistiken zusammensetzen. Das hat mit Willkür nichts zu tun.

Fischer: Haben Sie die Untersuchungen an verschiedenen vorbehandelten Proben durchgeführt oder nur an einer Probe und einer Aufnahme?

Wilke: Es wurden verschiedene Proben untersucht, die alle in gleicher Weise vorbehandelt wurden. Die Strecktemperatur und Streckgeschwindigkeit kann in den einzelnen Fällen etwas verschieden gewesen sein. Die Proben wurden einzeln ausgewertet, und es wurde keine systematische Abhängigkeit von diesen Größen gefunden. Deshalb wurde für das Gesamtresultat über alle Einzelwerte gemittelt.

Fischer: Die Streuungen, die Sie angegeben hatten, waren also Streuungen über die Proben und nicht über die Auswertung.

Wilke: Sowohl, als auch.

Hosemann: Es ist so, durch die Willkür in der Auswertung kommt man zu einem Fehler von der gleichen Größenordnung, wie die Streuung der Proben untereinander ausmacht. Es ist aber durchaus möglich, daß durch sehr sorgfältiges Arbeiten die Streuung verringert werden kann, so daß die Probenunterschiede erkennbar werden.

Kilian: Nach unseren Erfahrungen haben Streckgeschwindigkeit und Strecktemperatur einen ganz entscheidenden Einfluß auf die Struktur.

An der Diskussion beteiligten sich ferner Prof. Dr. *G. Becherer*, Rostock, Dr. *G. Bodor*, Budapest, und Dr. *W. Ruland*, Brüssel.

Faserforschung und Textiltechnik 15 (1964) Heft 11

Untersuchung des Zustandes von Polypropylen — Vorschlag zur Bestimmung der Kristallinität des Polypropylens[1)]

Geza Bodor, Mihaly Grell und Aranka Kalló
Forschungsinstitut für die Kunststoffindustrie, Budapest

DK 678.742.3:539.26:548.734

Die Röntgenstreukurven von abgeschrecktem und getempertem Polypropylen verschiedener Isotaktizität lassen sich nach Abtrennung des amorphen Untergrundes durch eine Überlagerung von Gauß-Linien darstellen. Die Form der amorphen Streukurve wird mitgeteilt. Beim Tempern ändert sich die Kristallinität höchstens um einige Prozent. Die Veränderungen im Röntgendiagramm werden durch die Veränderungen der kristallinen Teilchengröße verursacht.

Изучение структуры полипропилена — Предложение к определению кристалличности полипропилена

Рентгенограммы закаленного и отожженного полипропилена с различной изотактичностью после элиминации аморфного фона могут быть изображены наложением гауссовских линий. Приводятся данные о форме аморфной кривой рассеяния. При отжиге кристалличность изменяется максимально на несколько процентов. Изменения рентгенограмм вызваны изменением размеров кристаллических частиц.

Investigation of the State of Polypropylene — Proposition for the Determination of the Crystallinity of Polypropylene

The x-ray scattering curves of quenched and tempered polypropylene with different isotacticity can be represented by a superposition of Gauss lines after separation of the amorphous background. The shape of the amorphous scattering curve is presented. At tempering the crystallinity changes only by a few percent. The changes in the x-ray diagram are caused by changes of the crystalline particle size.

Schon früher [1] haben wir die für die Bestimmung der Kristallinität des Polypropylens bisher ausgearbeiteten Untersuchungsmethoden überprüft und festgestellt, daß das Ergebnis dieser Methoden [2, 3, 4] stark von der kristallinen Teilchengröße abhängt. Wir haben eine allgemeine Gleichung, die auch die kristalline Teilchengröße mit in Betracht zieht, zur Beschreibung des Röntgendiagramms der α-Modifikation des Polypropylens aufgestellt (siehe Anhang).

In der vorliegenden Arbeit haben wir die Anwendbarkeit dieses Gleichungssystems zur Beschreibung des Röntgendiagramms „smektischer" Polypropylenproben von verschiedener Isotaktizität geprüft, da die sogenannte smektische Modifikation des Polypropylens eine entscheidende Rolle in der Entwicklung der Eigenschaften der Polypropylenfasern spielt [5].

Der Isotaktizitätsindex der untersuchten Proben wurde durch Extraktion festgestellt und hatte folgende Werte:

Probe Nr. 1	10,4%,
Probe Nr. 2	17,8%,
Probe Nr. 3	20,4%,
Probe Nr. 4	36,0%,
Probe Nr. 5	100,0%.

Die Röntgenaufnahmen wurden mit Hilfe eines Müller-Mikro-111-Röntgendiffraktometers bei 40 kV Spannung und 20 mA Intensität hergestellt.

Die einzelnen Proben wurden erst geschmolzen und durch rasches Abkühlen in den „smektischen" Zustand gebracht, sodann nach der Röntgenaufnahme 10 min bei 50, 77,5, 100, 130 und 160°C einer Wärmebehandlung unterworfen.

Auf Grund der Versuche ***Rulands*** [6] und der allgemein angenommenen Ansicht haben wir eine Änderung der Kristallinität erwartet und hofften mit Hilfe unserer Methode auch die Änderung der kristallinen Teilchengröße erfassen zu können.

Zur Bestimmung des amorphen und des kristallinen Gebietes der Röntgenaufnahmen benutzten wir folgende Methode: Das Einziehen des Untergrundes wurde zwischen den minimalen Schwärzungswerten zwischen 3° und 34° ausgeführt. Das Einziehen des Untergrundes auf diese Weise bedeutet kein prinzipielles Abweichen von den allgemeinen üblichen Bestimmungen des Untergrundwertes, jedoch kann mit dessen Hilfe die Bestimmung des amorphen Gebietes auf eine verläßlichere Weise durchgeführt werden als durch das bisher übliche Einziehen zwischen 9° und 31°. Der Verlauf der amorphen Kurve wurde mittels einer Probe mit hoher kristalliner Teilchengröße und kleiner Kristallinität bestimmt, wobei der Verlauf ohne Schwierigkeiten erkennbar war. Diese amorphe Kurve unterscheidet sich von der durch *Natta* [2] angegebenen amorphen Kurve und enthält das zuerst von *Mencik* [7] beschriebene separate Gebiet. Die Daten der von uns gemessenen amorphen Kurve sind in Tabelle 1 zusammengefaßt. Wir geben diese Kurve an, damit auch andere Laboratorien sie zur Bestimmung der Kristallinität benutzen können.

Ein genaues Einzeichnen der amorphen Kurve kann nur durch die Annäherungsmethode durchgeführt werden. Zuerst wird die Höhe der Deckungskurve bei 23,5° gemessen und der gefundene Wert der Höhe mit der oben angegebenen Standardkurve ins Verhältnis gesetzt, wonach man den ganzen Verlauf der amorphen Kurve konstruiert. Die Richtigkeit des kristallinen Gebietes oberhalb der amorphen Kurve muß mit Hilfe der in unserer vorangehenden Mitteilung angegebenen Methode [1] kontrolliert werden. Falls

Tabelle 1. Daten der relativen Intensität der amorphen Kurve als Funktion des 2 θ-Streuungswinkels

2 θ [Grad]	Relative Intensität	2 θ [Grad]	Relative Intensität
3	0	17	39,0
4	0,3	18	36,5
5	0,5	19	33,0
6	2,8	20	29,0
7	4,0	21	24,0
8	6,0	22	20,0
9	7,5	23	15,8
10	9,8	23,5	14,2
11	12,2	24	12,5
12	17,0	25	10,0
13	24,7	26	8,0
14	31,2	27	6,0
15	36,0	28	3,5
16	39,0	29	2,5
		30	2,0

[1)] Vorgetragen auf dem 2. Erweiterten Colloquium über „Die Feinstruktur der Hochpolymeren", Berlin und Teltow-Seehof, 8. bis 10. Juni 1964, von *G. Bodor*.

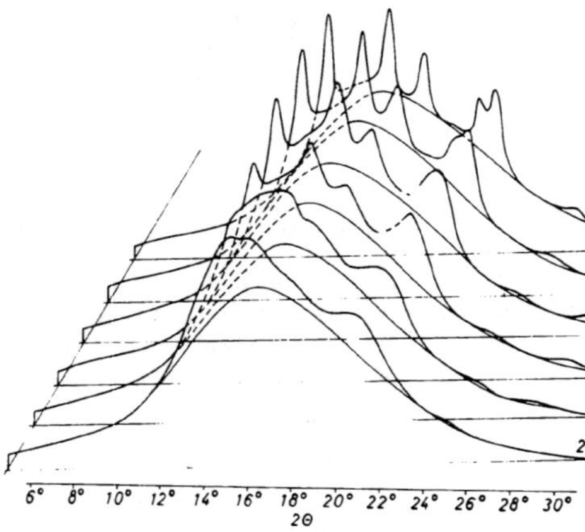

Bild 1. Die Änderung des Röntgenbildes einer smektischen Polypropylenprobe von 20,4% Isotaktizität infolge der Wärmebehandlung

der kristalline Anteil durch das Gleichungssystem nicht genau beschrieben werden kann, muß die Höhe der amorphen Kurve proportional korrigiert werden, bis das kristalline Gebiet gut dargestellt wird. Gemäß unserer praktischen Erfahrungen geschieht das gleich nach der ersten Korrektur. Als Beispiel führen wir hier das von der Probe Nr. 3 erhaltene Röntgendiagramm an, zusammen mit den nach den obigen dazu gehörenden amorphen Gebieten (Bild 1).

Es war zu erwarten, daß wenn gleiche Substanzmengen unter gleichen Versuchsbedingungen untersucht werden, das Gesamtgebiet der Schwärzung konstant sein wird. Die Untersuchungsergebnisse bestätigten diese Annahme. Es war jedoch überraschend, daß in den Grenzen der Versuchsfehler auch die Werte des amorphen Gebietes konstant blieben; folglich hat sich die Kristallinität der Proben während der Wärmebehandlung nur wenig oder überhaupt nicht geändert. Es war auch bemerkenswert, daß die Röntgendiagramme sowohl bezüglich des Gesamtgebietes als auch des Ortes der einzelnen Interferenzlinien außerordentlich empfindlich auf die Höhe des Präparates in dem Probebehälter reagierten. Dies spiegelt sich in der in Tabelle 2 bei 160 °C sich zeigenden Veränderung des Gebietes wider, die sich aus der Verschiebung der Höhe des Präparates infolge partiellen Schmelzens ergab.

In der Tabelle geben wir die aus dem Verhältnis des kristallinen zum gesamten Gebiet berechneten Kristallinitätsprozente an, deren Zusammenhang mit durch andere Methoden gemessenen Kristallinitätswerten den Gegenstand einer selbständigen Untersuchung bilden muß.

Tabelle 2. Gebietsdaten und Kristallinitätswerte der Röntgenaufnahme einer smektischen Polypropylenprobe von 20,4% Isotaktizität als Funktion der Wärmebehandlung

Temperatur der Wärmebehandlung [°C]	Gesamtgebiet	Amorphes Gebiet	Kristallines Gebiet	% Kr	$\varnothing = \frac{Kr_{Neu}}{Kr_{Natta}}$
20	188,5	162	26,5	14,0	1,69
50	193,0	162	31,0	16,1	1,68
77,5	193,5	162	31,5	16,3	0,935
100	194,0	162	32,0	16,5	0,825
130	191,0	159	32,0	16,8	0,716
160	172,0	142	30,0	17,4	0,728

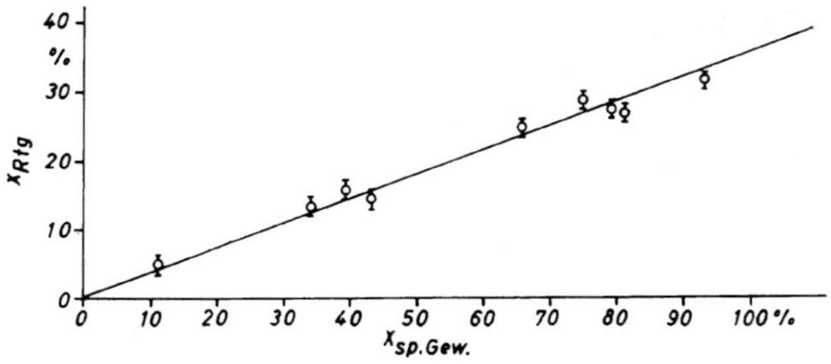

Bild 2. Zusammenhang zwischen der auf Grund des Röntgenbildes und der Messung des spezifischen Volumens bestimmten Kristallinität des Polypropylens

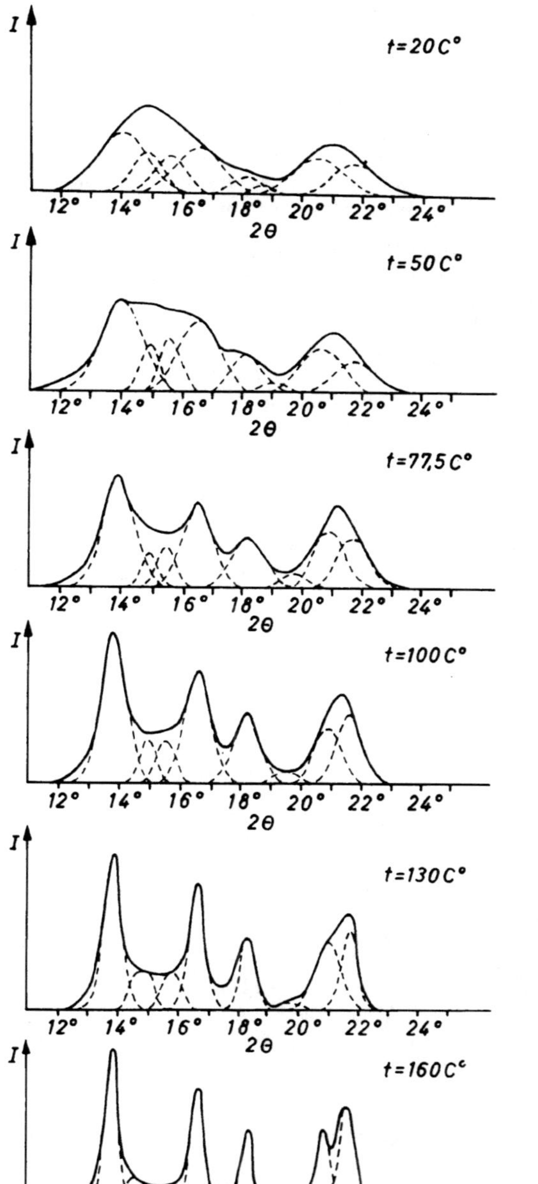

Bild 3. Die kristallinen Interferenzlinien in der Röntgenaufnahme einer smektischen Polypropylenprobe von 20,4% Isotaktizität als Funktion der Wärmebehandlung

Wir haben auch die aus dem Verhältnis des mit Hilfe der Dreieckmethode von *Natta* [2] bestimmbaren amorphen und kristallinen Gebietes berechnete Kristallinität bestimmt, wobei wir auch das Einziehen des Untergrundes gemäß *Nattas* Methode durchführten, um genau vergleichbare Ergebnisse zu erhalten. Der Quotient der beiden Kristallinitäten (Φ) ist auch in Tabelle 2 angeführt.

Die Änderung der Kristallinität bzw. der Dichte wurde mit Hilfe eines ein Gemisch von Wasser und Äthylalkohol enthaltenden Dichtegradientenrohres kontrolliert. Der Zusammenhang zwischen den aus dem spezifischen Volumen berechneten und aus der Röntgenaufnahme festgestellten Kristallinitätswerten wurde ebenfalls mittels des Dichtegradientenrohres bestimmt. Bild 2 enthält die Ergebnisse. Dieser Zusammenhang (berechnet auf Grund der Werte $V_{am} = 1{,}1765$ ml/g und $V_{kr} = 1{,}0684$ ml/g) kann durch folgende Gleichung ausgedrückt werden:

$$X_{Dichte} = 2{,}85\, X_{Röntgen}.$$

Nach der Bestimmung der amorphen Kurve haben wir das kristalline Gebiet analysiert. Die zurückbleibenden kristallinen Gebiete und ihre Auflösung gemäß der Interferenzlinien sind in Bild 3 dargestellt. Die mit ausgezogener Linie gezeichneten Teile der Abbildung bedeuten die in der Praxis gefundene Gesamtstreukurve, die punktierten Linien die aus den berechneten Interferenzlinien erhaltene Summenkurve und die gestrichelten Linien die einzelnen Interferenzlinien.

Der Ort, die Intensität und die Linienbreite der einzelnen Interferenzlinien und die aus dieser berechnete kristalline Teilchengröße sind in Tabelle 3 zusammengefaßt. Die kristalline Teilchengröße wird unter Berücksichtigung der Apparatebreite aus der Linienverbreiterung mittels folgender Gleichung berechnet:

$$d_{Å} = \frac{\lambda_{Å}}{\sqrt{\beta_m^2 - \beta_{App}^2}\,\cos\theta}$$

($\lambda_{Å}$ die Wellenlänge der zur Untersuchung benutzten Röntgenstrahlung (1,54 Å),
θ *Bragg*scher Winkel,
β_m die experimentell gefundene Halbwertsbreite,
β_{App} die sogenannte Apparatebreite).

Unter den angewendeten Versuchsbedingungen ergab sich für die Apparatebreite $5{,}0 \times 10^{-3}$ Radian.

Für die Linienbreite β_m und die in Graden ausgedrückte Halbwertsbreite B^0 der einzelnen Interferenzlinien besteht folgende Gleichung:

$$\beta_m = \frac{\pi}{180} B^0 = 1{,}745 \cdot 10^{-2}\, B^0.$$

Wie aus der Abbildung ersichtlich, können die Interferenzlinien mittels des die *Gauß*schen Kurven enthaltenden Gleichungssystems gut beschrieben werden. Eine gewisse Abweichung zeigte sich für die bei hohen Temperaturen behandelten Proben mit hochkristalliner Teilchengröße, deren Interferenzlinien zweckmäßiger durch die von *Wyckoff* vorgeschlagene *Cauchy*-Funktion

$$y = \frac{a}{1 + \left(\dfrac{2(x - x_0)}{B^0}\right)^2}$$

beschrieben werden können.

Tabelle 3. Daten der aus dem Röntgenbild einer „smektischen" Polypropylenprobe von 20,4% Isotaktizität erhaltenen kristallinen Interferenzlinien als Funktion der Wärmebehandlung

	Temperatur der Wärmebehandlung [°C]					
	20	50	77,5	100	130	160
Erste Linie						
Maximale Intensität	11	16	20	26	27,2	28
Halbbreite [Grad]	1,8	1,54	1,2	1,0	0,7	0,5
Å	52	60	78	97	144	226
2 θ	14	14	13,9	13,8	13,8	13,9
Zweite Linie						
Maximale Intensität	8	12,4	15	19,4	22,5	21,0
Halbbreite [Grad]	1,8	1,54	1,2	1,0	0,64	0,56
Å	52	60	78	97	160	190
2 θ	16,5	16,5	16,5	16,6	16,6	16,7
Dritte Linie						
Maximale Intensität	3	6,2	8,5	12	13	14
Halbbreite [Grad]	6	6	6	5	3	2,5
Å	78	78	78	97	174	226
2 θ	18,1	18,1	18,1	18,2	18,3	18,4
Vierte Linie						
Maximale Intensität	6,5	7,8	10	10	12	14
Halbbreite [Grad]	9	8	6	5	5	3
Å	52	58	78	97	97	174
2 θ	20,5	20,6	20,9	20,9	21	20,9
Fünfte Linie						
Maximale Intensität	5,5	5,5	9	12	14	18
Halbbreite [Grad]	1,7	1,6	1,2	1,0	0,6	0,6
Å	53	58	78	97	174	174
2 θ	21,7	21,7	21,7	21,6	21,7	21,7

In dieser Funktion bedeutet y die Intensität der Interferenz am Ort x und a die maximale Intensität der Interferenz am Ort x_0.

Es ist aus der Abbildung klar ersichtlich, daß im Röntgendiagramm der „smektischen" Modifikation alle für die Alphamodifikation charakteristischen Interferenzlinien vorzufinden sind. Infolge der durch kleine kristalline Teilchengröße verursachten Linienverbreiterung — die zu verschwommenen Linien führt —, ferner durch das Erscheinen neuer Interferenzlinien ist dies jedoch nicht erkennbar. Die bei $2\theta = 14{,}9$, 15,5 und 19,8° (5,94; 5,71 und 4,48 Å) erschienenen Interferenzlinien konnten nicht mit den bisher beschriebenen Polypropylenmodifikationen identifiziert werden.

In unserer früheren Arbeit haben wir angenommen, daß die Fläche der einzelnen Interferenzlinien sich durch die Linienverbreiterung nicht ändert. Bezüglich des kristallinen Gesamtgebietes ist unsere Annahme richtig, jedoch nehmen die Flächen der einzelnen Interferenzlinien durch die Erscheinung neuer Interferenzlinien ab. Bei der Untersuchung aller Proben konnte eine beträchtliche Änderung der kristallinen Teilchengröße festgestellt werden, während die Änderung der Kristallinität einige Prozente nicht überschritt. Im Falle der oben als Beispiel beschriebenen Probe wird die Änderung der kristallinen Teilchengröße und der Kristallinität in Bild 4 gezeigt. Wie aus der Abbildung ersichtlich, ändert sich bei der Wärmebehandlung zuerst die kristalline Teilchengröße, folglich ist nicht die Kristallinität, sondern die kristalline Teilchengröße der für die Eigenschaftsänderungen verantwortliche Faktor.

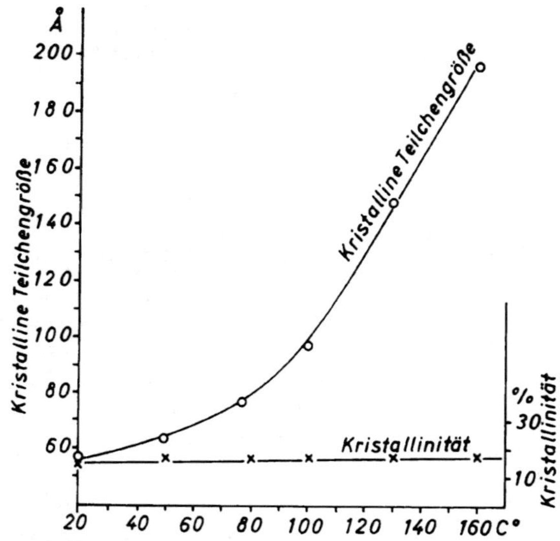

Bild 4. Änderung der kristallinen Teilchengröße und der Kristallinität einer smektischen Polypropylenprobe als Funktion der Wärmebehandlung

Sowohl wegen der infolge der kristallinen Teilchengröße verschwommenen Linien als auch wegen des Erscheinens neuer Interferenzlinien führt das mit Hilfe des bei $2\,\theta = 15{,}6°$ eingezogenen Höhenwertes bestimmte amorphe Gebiet zu falschen Kristallinitätswerten. Bild 5 gibt eine gute Illustration der Abweichung zwischen der durch solche Methode bestimmten Kristallinität und der Kristallinität, bei deren Bestimmung das reelle amorphe Gebiet berücksichtigt wurde. In Bild 5 wurde der Quotient der reellen Kristallinität und der durch die früher vorgeschlagenen Methoden bestimmbaren Kristallinität als Funktion der kristallinen Teilchengröße dargestellt.

Zusammenfassung

Es wurden Polypropylenproben von verschiedener Isotaktizität im sogenannten smektischen Zustand hergestellt. Die Änderung des Röntgenbildes unter der Wirkung der Wärmebehandlung wurde untersucht. Es wird eine Methode zur Bestimmung der Kristallinität vorgeschlagen, und der Zusammenhang zwischen der durch diese Methode bestimmten Kristallinität mit Werten, die nach anderen Methoden erhalten werden, wird bestimmt. Die Methode der Verfasser liefert von der kristallinen Teilchengröße unabhängige Ergebnisse. Aus der Röntgenuntersuchung der wärmebehandelten Proben konnte festgestellt werden, daß die Wärmebehandlung in erster Linie nicht die Kristallinität, sondern die kristalline Teilchengröße beeinflußt.

Literatur

[1] *Bodor, G., Kalló, A.,* und *Grell, M.,* Vortrag auf der Tagung „Chemie und Technologie der Hochpolymeren", Leipzig 1963. Kolorisztikai Értesitő, **5** (1963) S. 294—308.
[2] *Natta, G., Corradini, R.,* und *Cesari, H.,* Atti della Acc. Naz. dei Linzei, **22** (1957) 1, S. 11—17.
[3] *Weidinger, A.,* und *Hermans, P. H.,* Makromol. Chemie **50** (1962) S. 98—115.
[4] *Farrow, G.,* Polymer, London **2** (1961) S. 409—417.
[5] *Compostella, M., Coen, A.,* und *Bertinotti, F.,* Angew. Chemie **74** (1962) S. 618—624.
[6] *Ruland, W.,* Acta crystallogr., Copenhagen **14** (1961) S. 1180—1185.
[7] *Mencik, Z.,* Chem. Prům., Prag **13** (1963) S. 321—325.
[8] *Wyckoff, H. W.,* J. Polymer Sci. **62** (1962) S. 83—114.

Eingegangen am 9. Juni 1964

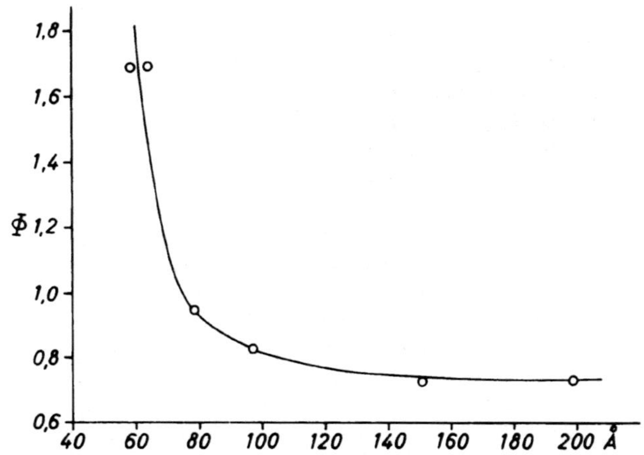

Bild 5. Der Quotient der durch bisher übliche Methoden und der durch von uns vorgeschlagenen Methode bestimmten Kristallinität einer „smektischen" Polypropylenprobe als Funktion der kristallinen Teilchengröße

Anhang [1])

Methode nach Bodor, Grell und Kalló

In zwei früheren Arbeiten wurde von *Bodor* u. Mitarb. [1, A1) eine neue Methode beschrieben, den „Kristallinitätsgrad" von Polypropylen unter Berücksichtigung der kristallinen Teilchengröße zu berechnen. Da diese Arbeiten nur in ungarischer Sprache vorliegen, sollen hier zum besseren Verständnis des voranstehenden Vortrages die wichtigsten Gedanken der neuen Methode zusammengefaßt wiedergegeben werden.

In die experimentell erhaltene Streukurve wird die von *Natta* u. Mitarb. [2] gefundene Streukurve für „amorphes" Polypropylen durch Angleichung an den experimentellen Kurvenverlauf bei $2\vartheta = 9°$ und $2\vartheta = 31°$ eingezeichnet (Bild A1). (Im voranstehenden Vortrag wurde dagegen eine selbsterhaltene und in Tabelle 1 zahlenmäßig wiedergegebene Streukurve verwendet.) Diese Kurve vom „amorphen" Anteil läßt sich als Summe von zwei *Gauß*kurven beschreiben. Nach Abzug des Untergrundes und dieses vom „amorphen" Teil herrührenden Streuanteils wird die Differenzkurve erneut aufgezeichnet. Diese Differenzkurve wird in 5 *Gauß*kurven zerlegt, deren Maximalagen mit denen der bekannten 5 Hauptinterferenzen übereinstimmen.

Die Gesamtstreukurve wird dargestellt durch eine Summe von sieben *Gauß*kurven (von *Bodor* als Gleichungssystem bezeichnet):

$$Y = \sum_{i=1}^{7} y_i = \sum_{i=1}^{7} a_i\, e^{-b_i(x - x_{0,i})^2} \qquad \text{(A 1)}$$

mit den Bedeutungen:

Y = Intensität der Gesamtstreukurve im Punkt x,
y = Intensität der einzelnen Interferenzkurve im Punkt x,
$x_{0,i}$ = Lage des Maximums der Interferenz i,
a_i = jeweils maximale Intensität der Interferenz i,
b_i = den Verlauf der Interferenzkurve charakterisierende Größe.

Die Halbwertsbreite der Interferenzen errechnet sich danach zu

$$B = \frac{1{,}67}{\sqrt{b}} \qquad \text{(A 2)}$$

Bei allen Berechnungen wird die Korrektur der Halbwertsbreiten, wie sie auch in dem voranstehenden Vortrag angegeben wird, berücksichtigt.

[1]) Von *Ch. Ruscher*, Teltow-Seehof.

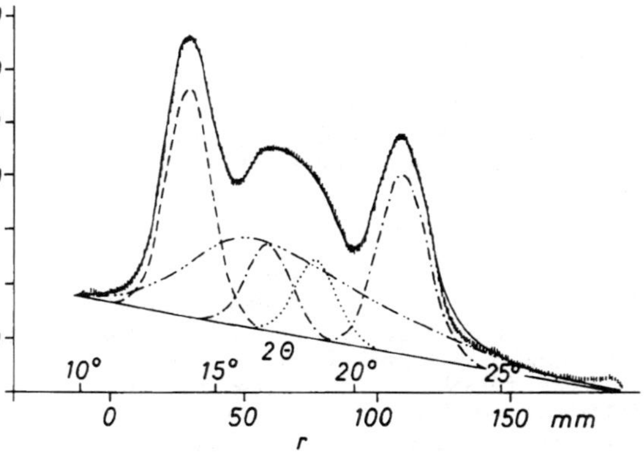

Bild A1. Experimentell erhaltene Streukurve (|||||) und berechnete Summenkurven (—) der Gaußkurven einer unverstreckten Polypropylenfaser (nach *Bodor* u. a. [1])

Im Falle einer willkürlich als Standard gewählten, gut kristallisierten Probe wurden die in Tabelle A1 enthaltenen Werte für die fünf kristallinen und zwei „amorphen" Kurven erhalten.

Bei der Zerlegung der Streukurve wurde von zwei Annahmen ausgegangen:

1. Im Falle gleicher Substanzmengen entstehen unter gleichen Bedingungen gleiche Röntgenstreuungen, unabhängig vom kristallinen oder „amorphen" Zustand der Probe.
2. Die die Änderung der kristallinen Teilchengröße begleitende Linienbreitenänderung beeinflußt die Fläche der registrierten Interferenzlinie nicht. Die Fläche T einer Linie ist für den gegebenen *Gauß*typ:

$$T = a\sqrt{\frac{\pi}{b}} = \frac{a\sqrt{\pi}}{1{,}67}\cdot B \qquad \text{(A 3)}$$

konstant.

In der Praxis wird bei der Zerlegung der Differenzkurve folgendermaßen vorgegangen:

Beginnend mit der ersten Interferenz (110) wird eine *Gauß*kurve eingezeichnet, die sich gut an die linke Begrenzungslinie der Differenzkurve anpaßt. Diese Kurve der ersten Interferenz wird von der Differenzkurve abgezogen, und man erhält eine 2. Differenzkurve. Entsprechend wird mit den folgenden Interferenzen verfahren. Gelingt eine restlose Zerlegung nicht beim ersten Mal, muß das Verfahren mit veränderten *Gaußkurven* wiederholt werden. Durch die Angleichung der *Gauß*kurven an die Differenzkurven ergibt sich daraus auch jeweils die Halbwertsbreite.

Tabelle A 1.

Interferenzlinie		Maximale Intensität a	Interferenzlage x_0	Halbwertsbreite B
C_1	(110)	84	29,5	20
C_2	(040)	32	59,5	20
C_3	(130)	29	77,0	19
C_4	(111)	36	106,5	20
C_5	(131) (041)	36	113,5	20
C_6	(amorph)	12	50	53,3
C_7	(amorph)	87	90	91,3

(Die Linienbreite der amorphen Kurven wurde mit Hilfe der von *Natta* mitgeteilten Angaben bestimmt)

Nach *Bodor* u. Mitarb. gelingt eine derartige Zerlegung in *Gauß*kurven bei Polypropylen immer, so daß die Differenzkurve ausschließlich von der kristallinen Modifikation herrühren muß, trotz der z. T. sehr unterschiedlichen Streukurvenformen (vgl. Bild A2).

Da die Fläche der „amorphen" Streukurve für alle unterschiedlich getemperten Polypropylenproben einer bestimmten Isotaktizität konstant ist, ergibt sich daraus, daß sich der „Kristallinitätsgrad" bei einer Temperaturbehandlung nicht verändert, sondern nur die kristalline Teilchengröße. Das Ergebnis wird dadurch untermauert, daß experimentell auch gefunden wird, daß die Gesamtstreuintensität bei $2\vartheta = 9°$ und bei $2\vartheta = 31°$ bei allen Proben gleich groß ist.

Da in der Arbeit [A 1] die Voraussetzung gemacht wird, daß die Streufaktoren, und danach auch die Flächen, für die amorphen und die kristallinen Bereiche gleich groß sind, kommen die Autoren zu dem Schluß, daß die allgemeingültigeren Formeln von *Weidinger* und *Hermans* [A 2] falsch seien. Das ist jedoch ein Irrtum, worauf bereits im Einführungsvortrag [A 3] hingewiesen worden ist.

Literatur

[A 1] *Bodor, G.*, und *Kalló, A.*, Vortrag auf der Hauptversammlung der Ungarischen Chemischen Gesellschaft 1962, Veszprém.

[A 2] *Weidinger, A.*, und *Hermans, P. H.*, Makromol. Chemie **50** (1962) S. 98—115.

[A 3] *Ruscher, Ch.*, Die Feinstruktur der Hochpolymeren, Faserforsch. u. Textiltechnik **15** (1964) S. 513—521.

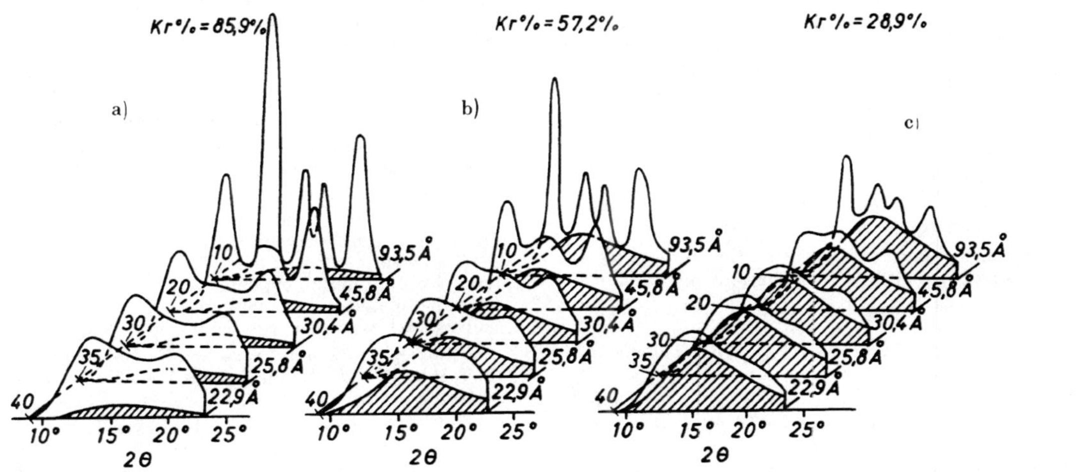

Bild A2. Änderung des Röntgenbildes von Polypropylenproben verschiedener Kristallinität als Funktion der kristallinen Teilchengröße a) Kr % = 85,9 b) Kr % = 57,2 c) Kr % = 28,9

Diskussion

Prof. Dr. *R. Hosemann*, Berlin-Dahlem: Wie wurde die Kristallinität bestimmt?

Dr. *G. Bodor*: Über diese mathematische Methode haben wir in Leipzig vorgetragen, dort wurde das Gleichungssystem angegeben. Leider hatte ich heute dazu keine Zeit. Jetzt schlagen wir eine Methode zur Bestimmung der Höhe der amorphen Kurven vor. Mit dieser Höhe können wir ein Gleichungssystem für die Interferenzlinien aufstellen. Wenn das Gleichungssystem stimmt, also wenn wir die *Gauß*'schen Kurven mit der Streukurve gut abschließen können, haben wir die reellen amorphen Gebiete, und dann können wir eine Kristallinitätszahl angeben. Den Zusammenhang zwischen Röntgenkristallinität und reeller Kristallinität, oder besser zwischen Röntgenkristallinität und im Dichtegradientrohr bestimmter Kristallinität haben wir angegeben.

Prof. Dr. *W. Holzmüller*, Leipzig: Wir können niemals von einer Wärmebehandlung sprechen, wenn man nicht von vornherein sagt, wie die Probe hergestellt worden ist. Denn bei der Herstellung gab es auch schon eine Wärmebehandlung, und die Untersuchung begann bei einem Zustand des Ungleichgewichtes. Bei der ersten Wärmebehandlung bekam man einen Gleichgewichtszustand in bezug auf den Ordnungsgrad und bei der weiteren Behandlung bei höherer Temperatur wieder eine Störung des Gleichgewichtes. Man muß immer dazu sagen, „Wie war die Vorgeschichte des Materials?".

Bodor: Die Proben waren bei 230 °C 10 min geschmolzen worden und rasch abgekühlt auf — 70 °C. Das war die erste, die wirklich smektische oder parakristalline Polypropylenprobe. Dann wurde die Röntgenaufnahme angefertigt und die weiteren Wärmebehandlungen (jeweils 10 min) auf einem Mikroskopiertisch ausgeführt.

Holzmüller: Geröntgt wurde immer bei Zimmertemperatur?

Bodor: Jawohl.

Dr. *P. H. Hermans*, Breda-Ginneken: Ich fürchte, daß einige Worte des Vortrages mir entgangen sind. Daher die Frage: Wurde mit Polypropylenen verschiedener Isotaktizität gearbeitet und was war die höchste Isotaktizität?

Bodor: Die höchste Isotaktizität war 100%, diese Probe haben wir durch 48stündige Extraktion in n-Heptan hergestellt.

Hermans: Dort würden sie nicht mehr von parakristallin sprechen, wenn ich richtig verstanden habe?

Bodor: Wir hatten untersucht, was bei einer solchen Wärmebehandlung geschieht. Das ist zunächst unabhängig von der Isotaktizität. Die verschiedenen Kristallinitäten haben wir im Dichtegradientrohr bestimmt, wie ich schon sagte. Die Kristallitgröße steigt von 20 bis 30 Å im smektischen Zustand bei der Wärmebehandlung auf 200 bis 220 Å.

Hermans: Wenn Sie sagen, daß die Kristallitgröße sich ändert, ohne daß die Kristallinität sich ändert, bezieht sich das auf eine höhere Isotaktizität oder auf die ganze Serie?

Bodor: Das gilt für die ganze Serie.
Wir haben uns gefragt, wie ist das möglich, daß die Kristallitgröße sich ändert, nicht aber die Kristallinität. In den letzten Tagen fand ich eine Mitteilung in Polymer[1]), dort wurde mit mikroskopischen Untersuchungen dasselbe Ergebnis erhalten. Die Sphärolithgröße verändert sich und das spezifische Gewicht nicht. Wahrscheinlich erfolgt der Prozeß so, daß die größeren Kristallite noch größer werden, während die kleineren verschwinden.

[1]) *W. Banks*, *J. N. Hay*, *A. Sharples* und *G. Thompson*, Polymer, London **5** (1964) S. 163.

Dr. *O. Brümmer*, Halle: Haben Sie eine Beziehung zwischen der Taktizität und der Teilchengröße gefunden?

Bodor: Wir haben einen solchen Zusammenhang nicht gefunden; wir hatten Polypropylene mit unterschiedlicher Isotaktizität geprüft, und die kristalline Teilchengröße variiert bei der Wärmebehandlung.

Dr. *W. Ruland*, Brüssel: Wenn ich recht verstanden habe, mußten Sie bei kleinen Teilchen (20 bis 50 Å) *Gauß*-Form annehmen, damit Sie ihre Kurve rekonstruieren konnten. Bedeutet das nicht, daß man die Kurve so nicht rekonstruieren darf, denn gerade bei kleinen Teilchen wird die Kurve durch die *Cauchy*-Form gut wiedergegeben.

Bodor: Bei höherer kristalliner Teilchengröße sind die *Cauchy*-Kurven besser.

Ruland: Ich möchte sagen, gerade bei kleinen Teilchen sind die *Cauchy*-Kurven besser.

Bodor: Nein, leider ist es so, daß wir bei den abgeschreckten Proben mit *Cauchy*-Kurven die Streukurve nicht rekonstruieren können.

Ruland: Das kann auch heißen, wenn Sie *Cauchy*-Kurven nehmen und Sie können die Kurve nicht ganz erfüllen, daß dann ein amorpher Anteil übrig ist.

Bodor: Wir haben eine ganze Menge Kurven konstruiert, und wir sind der Meinung, daß bei normalen kristallinen Teilchengrößen eine *Gauß*-Kurve besser ist als eine *Cauchy*-Kurve. Nur bei sehr hoher kristalliner Teilchengröße können wir besser eine *Cauchy*-Kurve anwenden.

Ruland: Meiner Ansicht nach ist es vom theoretischen Standpunkt aus betrachtet gerade umgekehrt. Eine andere Frage: Es beunruhigt mich, daß Sie überhaupt keinen Untergrund übrig behalten. Sie müßten noch einen erheblichen Wärmeuntergrund, ganz abgesehen von anderen Sachen, erhalten.

Bodor: Von den Interferenzkurven in Bild 3 hatten wir den amorphen Untergrund schon abgetrennt.

Ruland: Wenn Sie nur 16% Kristallinität haben, kann das nicht mit den Messungen verglichen werden, die ich gemacht habe. Da waren schon in abgeschreckten Proben über 30% Kristallinität.

Bodor: Um unsere Werte mit anderen Ergebnissen vergleichen zu können, muß man sie noch mit 2,85 multiplizieren. Das kommt daher, daß wir einen größeren amorphen Bereich gewählt haben. Die Röntgenkristallinität bedeutet immer einen Vergleich von verschiedenen Flächen und hängt vom gewählten Winkelbereich ab.

Dr. *H. G. Kilian*, Marburg: Mich wundert der Tatbestand, daß Sie beim smektischen Zustand, wo Sie sehr kleine Kristalle haben, die erfahrungsgemäß sehr stark gestört sind und auch Gitteraufweitungen aufweisen, keine Vergrößerung des diffusen Untergrundes des Kristallspektrums haben. Das würde ich in jedem Fall erwarten. Es folgt direkt aus den Ausführungen von Prof. *Hosemann*, daß ein diffuser Untergrund im Kristallspektrum vorhanden ist, der eine Funktion der Teilchengröße ist. Wenn Sie abschrecken und eine Pseudostruktur oder smektische Struktur, wie Sie es nennen, haben, ist notwendig das Gitter mehr gestört. Sie können das ganz einfach an der mittleren Gitteraufweitung nachweisen. Ich bin erstaunt, daß hier kein diffuser Untergrund auftritt. Möglicherweise wird die Konstanz des kristallinen Anteils gerade durch diesen Anteil erzeugt, der weggelassen worden ist und der aber notwendig erscheinen muß.

Bodor: Auch wir haben solche Erscheinungen erwartet. Beim ersten Hinsehen ist die Erscheinung auch da. In den Röntgenbildern tritt, wie Sie sahen, eine Verschmelzung der Interferenzlinien auf. Doch das hängt, wie ich zeigte, mit der Veränderung der kristallinen Teilchengröße zusammen. Bei kleiner Teilchengröße haben wir ein breiteres Linienprofil, und die zusammengeflossenen einzelnen Linien mit breiterem Profil können wir auswerten.

Kilian: Ich würde erwarten, daß gerade, wenn die Interferenzlinien zusammenfließen, wir einen diffusen Anteil haben, der von der Störung des Gitters herrührt.

Hermans: Habe ich richtig verstanden, daß Sie bei 31° bei allen Präparaten im ersten Minimum der Streukurve gleiche Höhe haben?

Bodor: Zunächst war das nicht so; wir hatten verschiedene Höhen mit sehr kleinem Unterschied. Dann haben wir die Streukurven analysiert und fanden eine kristalline Interferenzlinie auf der amorphen Kurve, so daß wir unsere Werte korrigieren mußten. Deswegen habe ich gesagt, man kann nicht sofort erkennen, wo die amorphe Kurve liegt.

Becherer: Trotz aller kritischen Bemerkungen möchten wir doch Herrn Dr. *Bodor* und seinen Mitarbeitern zu ihrer neuen Methode gratulieren.

Bodor: (Anmerkung bei der Korrektur)
Eine spätere Nachprüfung hat ergeben, daß tatsächlich die Interferenzen bei kleinen Teilchen besser durch *Cauchy*-Kurven als durch *Gauß*-Kurven angenähert werden können, so wie es von Herrn *Ruland* behauptet wurde.

Faserforschung und Textiltechnik 15 (1964) Heft 11

Röntgenographische Bestimmung des Ordnungszustandes von Hochpolymeren[1]

Wilhelm Ruland

Union Carbide European Research Associates s. a., Bruxelles-18, 95, rue Gatti de Gamond

DK 678.6/7:548.734:537.531.85:548.737

Die theoretische Grundlage für die Bestimmung des Ordnungszustandes von Hochpolymeren wird diskutiert. Das Problem der Abtrennung der Comptonstreuung und sein Einfluß auf die Meßergebnisse werden besprochen. Die Resultate von Messungen an Polypropylen, Polyäthylen, Nylon 6 und Nylon 7 werden diskutiert.

Определение степени упорядоченности высокополимеров методом рентгенографии

Обсуждаются теоретические основы определения степени упорядоченности высокополимеров. Излагаются проблема выделения комптонского рассеяния и его влияние на результаты измерений. В заключение приводятся и обсуждаются результаты измерений на полипропилене, полиэтилене, найлоне-6 и найлоне-7.

Determination of the State of Order of High Polymers by X-Ray Methods

The theoretical basis of the determination of the state of order of high polymers is discussed. The problem of the separation of Compton scattering and its influence on the results are reviewed. The experimental results on polypropylene, polyethylene, nylon 6 and nylon 7 are discussed.

1 Einleitung

Hochpolymere können in verschiedenen Ordnungszuständen auftreten, die sich zumindest formal vier Ordnungstypen zuordnen lassen: kristallin, smektisch, nematisch und amorph. Diese Ordnungstypen können sowohl rein (homogener Ordnungszustand) als auch im Gemisch mit anderen (inhomogener Ordnungszustand) auftreten. Die Theorie des Parakristalls (*Hosemann* und *Bagchi* [1]) gestattet eine quantitative Erfassung der Ordnungstypen mit Hilfe der Korrelationsstatistik; diese läßt sich wiederum aus der Intensitätsverteilung der Röntgenstreuung ermitteln. Zum Unterschied zu anderen Untersuchungsmethoden (Dichte, Infrarotspektren, kernmagnetische Resonanz) ist die röntgenographische besonders zur Erfassung und Differenzierung von Zuständen höherer Ordnung geeignet. Die vorliegende Arbeit befaßt sich daher vorwiegend mit dem Problem der Bestimmung und Charakterisierung kristalliner Ordnungstypen im Gemisch mit anderen.

2 Theoretische Grundlagen

Wie in früheren Arbeiten (*Ruland* [2, 3]) schon gezeigt wurde, können folgende Beziehungen zwischen der integralen Streuintensität und der Anzahl und Art der streuenden Atome aufgestellt werden:

$$\int_v I(\vec{s})\, dv_s = N \int_v \overline{f^2}\, dv_s. \tag{1}$$

($I(\vec{s})$ gesamte kohärente Streuung als Funktion des Vektors $\vec{s}$ ($s = 2\sin\theta/\lambda$) im reziproken Raum,
dv_s Volumenelement im reziproken Raum,
N Anzahl der an der Streuung beteiligten Atome,
$\overline{f^2}$ mittlerer Atomformfaktor.)

$$\int_v I_{cr}(\vec{s})\, dv_s = N_{cr} \int_v \overline{f^2}\, D\, dv_s. \tag{2}$$

($I_{cr}(\vec{s})$ Streuintensität der kristallinen Interferenzen als Funktion von $\vec{s}$,
N_{cr} Anzahl der an der Streuung beteiligten Atome der kristallinen Bereiche,
D „Unordnungsfunktion".)

[1]) Vorgetragen auf dem 2. Erweiterten Colloquium über „Die Feinstruktur der Hochpolymeren", Berlin und Teltow-Seehof, 8. bis 10. Juni 1964.

Aus (1) und (2) ergibt sich der kristalline Anteil $x_{cr} = N_{cr}/N$:

$$x_{cr} = \frac{\int_v I_{cr}\, dv_s}{\int_v I\, dv_s} \cdot \frac{\int_v \overline{f^2}\, dv_s}{\int_v \overline{f^2} D\, dv_s}. \tag{3}$$

Bei unorientierten Proben (*Debye-Scherrer*-Diagramm) sind alle Größen Funktionen des Betrages von $\vec{s}$, die Volumenintegrale erscheinen dann in der Form $\int s^2 ds$.

Die Anwendung von Gleichung (3) auf experimentelle Streukurven setzt voraus:

1. Gültigkeit der Gleichung für begrenzte Integrationsbereiche.
2. Exakte und eindeutige Abtrennung der Interferenzspitzen vom Untergrund.
3. Kenntnis der Unordnungsfunktion D.

Zu 1: Die Streufunktion $I(\vec{s})$ kann allgemein durch

$$I(\vec{s}) = N\overline{f^2} + \sum_{j=1}^{N} \sum_{\substack{k=1 \\ j \neq k}}^{N} f_j f_k \cos 2\pi\, \vec{r}_{jk}\, \vec{s}$$

ausgedrückt werden, wobei f_j und f_k die Atomformamplituden der Atome j und k und $\vec{r}_{jk}$ den interatomaren Vektor darstellen. Bei gleicher chemischer Zusammensetzung des kristallinen und des nicht-kristallinen Anteils kann man annehmen, daß die kleinsten interatomaren Vektoren in den kristallinen und den nicht-kristallinen Bereichen nur wenig verschieden sind. Dies bedeutet, daß die langwelligen Oszillationen um $N\overline{f^2}$ unabhängig vom Ordnungszustand sind. Begrenzte Integrale im reziproken Raum sind also zulässig, wenn sie sich über größere Bereiche erstrecken.

Zu 2: Das Problem der Konstruktion der Trennungslinie ist besonders akut, wenn starke Linienverbreiterung und damit eine weitgehende Überlappung benachbarter Linien vorliegt. Ohne zusätzliche Informationen über Profilform und Integralintensität der einzelnen Interferenzen ist man gezwungen, als Trennungslinie eine nur wenig oszillierende Verbindungslinie zwischen markanten Minima zu wählen. Eine solche Konstruktion ist natürlich nicht ohne Willkür, jedoch in den meisten

Fällen vorzuziehen, da eine Rekonstruktion von stark überlappten Linien nur selten in eindeutiger Weise möglich ist. Da eine wesentliche Überlappung benachbarter Linien im allgemeinen bei Linienbreiten von etwa 0,02 bis 0,03 $Å^{-1}$ eintritt, werden bei einer solchen Abtrennung kristalline Bereiche mit kleineren Dimensionen als 30 bis 50 Å oder parakristallinen Störungen mit einem Nahordnungsparameter $g < 0{,}1$ nicht berücksichtigt.

Zu 3: Die Unordnungsfunktion D erfaßt ihrer Definition gemäß alle Abweichungen der Atome von ihrer Ideallage. Für Thermoschwingungen und Gitterstörungen erster Art kann sie durch eine *Gauß*kurve angenähert werden, während sie bei Gitterstörungen zweiter Art (Parakristall) besser durch eine Funktion der Form $2e^{-as^2}/(1 + e^{-as^2})$ wiedergegeben wird. Man kann jedoch zeigen (*Ruland* [3]), daß die Funktion

$$K = \frac{\int s^2 \overline{f^2}\, ds}{\int s^2 \overline{f^2}\, D\, ds} \tag{4}$$

etwa denselben Verlauf für die verschiedenen Unordnungsfunktionen zeigt, so daß auch der Effekt von Gitterstörungen zweiter Art in guter Näherung durch eine *Gauß*kurve ausgedrückt werden kann. Man kann also allgemein

$$D = e^{-ks^2}$$

setzen; der Faktor k setzt sich dann zusammen aus

$$k = k_T + k_1 + k_2,$$

wobei k_T die Thermoschwingungen, k_1 die Gitterstörungen erster Art und k_2 die Gitterstörungen zweiter Art erfaßt. Die Beziehung zwischen k_T und dem *Debye*-faktor B ist

$$B = 2k_T.$$

Zwischen k_2 und $\overline{\Delta^2}$, dem mittleren Schwankungsquadrat der parakristallinen Nahordnungsstatistik, findet man die Beziehung (*Ruland* [3])

$$k_2 = 1{,}4\, \pi^2 \overline{\Delta^2}. \tag{5}$$

Da Gitterstörungen zweiter Art einen Einfluß auf das Linienprofil haben, ist es möglich, k_2 aus der Linienbreite zu ermitteln. Die Bestimmung der Temperaturabhängigkeit von k gestattet andererseits eine Abschätzung von k_T, womit der Wert von k_1 zugänglich wird.

3 *Kristallinitätsparameter und Ordnungsspektrum*

Die Auswertung einer Streukurve nach Gleichung (3) erscheint nach dem oben Gesagten sinnvoll, wenn eine größere Zahl von relativ scharfen Interferenzmaxima vorliegt. Da die Methode den durch Temperaturschwingungen und Gitterstörungen bedingten Intensitätsverlust der Interferenzen berücksichtigt, sollte man erwarten, daß Kristallinitätswerte < 1 einen inhomogenen Ordnungszustand charakterisieren. Es kann jedoch gezeigt werden (*Ruland* [3]), daß im Spezialfall einer parakristallinen Störung mit inhomogener Nahordnungsstatistik Kristallinitätswerte < 1 auftreten können, obgleich ein homogener Ordnungszustand vorliegt. Eine inhomogene Nahordnungsstatistik liegt dann vor, wenn benachbarte Gitterelemente entweder nur in idealer oder nur in stark gestörter Lagekorrelation auftreten. Man kann sich einen solchen Zustand am besten durch eine homogene Verteilung von Gitterfehlern in einer relativ perfekten Struktur vorstellen. Da eine solche Gitterstörung jedoch auch eine Linienverbreiterung bewirkt und für die Anwendung der Methode nur Diagramme mit relativ scharfen Linien in Frage kommen, kann ein homogener Ordnungszustand dieser Art nur dann vorliegen, wenn verhältnismäßig hohe Kristallinitätswerte ($> 0{,}8$) gefunden werden. Bei Werten $< 0{,}8$ liegt daher sicher ein inhomogener Ordnungszustand vor.

4 *Experimentelle Probleme*

Wegen der Integration über $s^2 I(s)$ bis zu großen Winkeln wird eine besonderes große Genauigkeit in der Bestimmung der Weitwinkelstreuung verlangt. Diese kann mit einem Zählrohrgoniometer bei geeigneter Wahl der Präparatdimensionen und des Blendensystems leicht erzielt werden. Für die Monochromatisierung hat sich das *Roß*sche Filterdifferenzverfahren als zweckmäßig erwiesen, und dies nicht nur wegen der hohen Intensitätsausbeute, sondern auch wegen der geringen Fehlerquellen für die Ermittlung der Comptonstreuung. Eingehende Untersuchungen [6] haben gezeigt, daß eine vollständige Eliminierung der Comptonstreuung durch Kristallmonochromatoren, wie sie von *Kilian* [4] versucht wird, nicht möglich ist, da die Wellenlängenverteilung der Comptonstreuung bei Festkörpern eine außerordentliche Breite besitzt und noch bei mittleren Streuwinkeln nahe an die Wellenlänge der kohärenten Streuung heranreicht. Fehler in der Bestimmung der Comptonstreuung wirken sich besonders auf die Integrale über die Gesamtintensität bei großen Winkeln aus, und diese haben einen großen Einfluß auf den k-Wert. Eine große Sorgfalt in der Wahl der Monochromatisierungsbedingungen ist daher unerläßlich.

5 *Fehlerdiskussion*

Bei Annahme der Gültigkeit der in Abschnitt 2 aufgeführten Voraussetzungen bleiben als mögliche Fehlerquellen:

1. Die Intensitätsbestimmung.
2. Die Normierung.
3. Der Unterschied zwischen dem wahren und dem berechneten Wert des mittleren Atomformfaktors und der Comptonstreuung.

Zu 1: Eine moderne Zählrohrapparatur gestattet Intensitätsmessungen einer solchen Genauigkeit, daß sowohl x_{cr} als auch k mit relativen Fehlern von höchstens 2 bis 3% behaftet sein kann.

Zu 2: Normierungsfehler wirken sich hauptsächlich auf den k-Wert aus, da sie besonders die Integrale über die Gesamtintensität bei großen Winkeln beeinflussen. Wenn allen Messungen einer Versuchsreihe das gleiche Normierungsverfahren zugrunde liegt, kann dieser Fehler annähernd konstant gehalten und für die Diskussion der Änderung der k-Werte vernachlässigt werden. Der Absolutwert von k kann bei sorgfältiger Arbeitsweise mit einem systematischen Fehler von maximal 10% behaftet sein.

Zu 3: Unterschiede zwischen dem wahren und dem berechneten Atomformfaktor bei Atomen niedriger Ordnungszahl sind bedingt durch die unvollständige Berücksichtigung der Bindungsorbitale. Diese Unterschiede treten aber nur bei kleinen s-Werten ($s = 2 \sin \theta/\lambda$) in Erscheinung. Ihr Einfluß auf die Funktion K (Gleichung 4) ist vernachlässigbar klein, da für kleine s-Werte die Funktion D nur wenig von eins verschieden ist. Bei großen s-Werten überwiegen wegen der Multiplikation mit s^2 die vom Bindungszustand unabhängigen Werte des Atomformfaktors in den Integralen. Die von *Herre* und *Reichert* [5] angegebene Fehlerabschätzung für den Einfluß des Atomformfaktors ist unzutreffend, da sie den ausgleichenden Effekt der Integralquotienten und die Abhängigkeit des Fehlers vom Integrationsbereich nicht berücksichtigen.

Für den Unterschied zwischen wahrer und berechneter Comptonstreuung gelten ähnliche Argumente. Die unvollständige Berücksichtigung des Bindungszustandes tritt auch hier nur bei kleinen s-Werten wesentlich in Erscheinung. Hier überwiegt aber der Anteil der kohärenten Streuung an der Gesamtstreuung so sehr, daß dieser Effekt vernachlässigt werden kann.

Die zu erwartenden Fehler sind also im wesentlichen rein statistische Meßfehler in x_{cr} und überwiegend systematische Fehler in k.

6 *Meßergebnisse und Diskussion*

In Tabelle 1 sind die Resultate der röntgenographischen Untersuchung an einer Reihe von Hochpolymeren verschiedener Vorgeschichte aufgeführt.

Zusätzlich zur Ermittlung der Parameter x_{cr} und k wurde eine Abschätzung der Gitterstörungen zweiter Art in folgender Weise durchgeführt:

Nach *Hosemann* und *Bagchi* [1] ist die integrale Breite β einer Interferenzlinie gegeben durch

$$\beta = \frac{1}{2 a_i} \left[\frac{4}{N^2} + \left(1 - e^{-2\pi^2 n^2 g^2}\right)^2 \right]^{1/2},$$

wenn β in $2 \sin \theta/\lambda$ gemessen wird. In dieser Formel bedeutet a_i die Gitterkonstante in der Richtung i, N die Anzahl Elementarzellen in der Richtung des Gittervektors, n die Ordnung der Interferenzlinie und g die relative Breite der Abstandsstatistik benachbarter Gitterzellen. Zur exakten Bestimmung von g müssen mindestens zwei Interferenzen derselben Richtung des Gittervektors untersucht werden, außerdem muß die gemessene Breite noch Kollimations- und Absorptionskorrekturen unterworfen werden. Die für die vorliegende Arbeit angewandte Meßmethode war in erster Linie für eine genaue Bestimmung von x_{cr} und k ausgewählt worden und ist an sich nicht sehr geeignet für Messungen der Linienbreite. Da jedoch der Einfluß von g auf die Linienbreite mit der Ordnung der Interferenz stark zunimmt, kann man erwarten, daß die Breite von Interferenzen höherer Ordnung im wesentlichen durch den Wert von g bestimmt ist, so daß man in erster Näherung den Effekt der Kristallitgröße vernachlässigen kann. Man erhält dann

$$g \sim \frac{1}{\pi n} \sqrt{a_i B}\,. \tag{6}$$

Mit dieser Näherungsformel wurden für jedes Präparat eine Reihe von Interferenzen höherer Ordnung ausgewertet, deren Mittelwerte unter g_{cr} aufgeführt sind. Unter Benutzung der Gleichung (5) und der Beziehung

$$\overline{\Delta^2} = a_i^2 g^2$$

wurden dann die k_2-Werte abgeschätzt.

Tabelle 1. Ergebnisse der röntgenographischen Untersuchungen

Substanz	Vorgeschichte	x_{cr}	k	k_2	g_{cr}	g_{am}
Isotaktisches Polypropylen	geschmolzen und in Wasser von 25 °C abgeschreckt	0,31	4,0	0,53	0,042	0,22
	getempert bei 105 °C, 1 h	0,43	4,0	0,46	0,039	0,22
	getempert bei 160 °C, $^1/_2$ h	0,65	4,0	0,31	0,032	0,20
Polypropylen	Heptan-Extrakt, überwiegend ataktisch	0,14	4,0	—	—	0,23
Polyäthylen	Hochmolekular, Ziegler-Natta-Katalyse	0,55	2,0	0,23	0,032	0,17
Nylon 6	überwiegend smektisches Blockmaterial	—	—	—	—	0,16
	getempert bei 160 °C, 18 h, in N_2	—	—	—	—	0,16
	getempert bei 195 °C, 10 min, in N_2	0,33	3,0	0,39	0,042	0,18
	in kochendem Wasser erhitzt, 6 h	0,24	4,2	0,30	0,037	0,17
Nylon 6	überwiegend smektisches Pulvermaterial	—	—	—		0,17
	getempert bei 195 °C, 10 min, in N_2	0,27	3,0	0,34	0,039	0,17
	in kochendem Wasser erhitzt, 6 h	0,33	5,6	0,45	0,045	0,17
	danach getempert bei 200 °C, 15 min, in N_2	0,31	3,9	0,37	0,041	0,17
Nylon 6	aus Lösung in Ameisensäure gefällt	0,35	4,4	0,45	0,045	0,17
	danach getempert bei 200 °C, 20 min, in N_2	0,32	3,7	0,35	0,040	0,18
Nylon 7	geschmolzen, abgestreckt, und bei 200 °C, 1 h getempert	—	—	—	—	0,16
	geschmolzen und langsam abgekühlt	0,22	3,6	0,35	0,040	0,17
Nylon 7	aus Lösung in Ameisensäure gefällt	0,58	7,1	0,35	0,040	0,19
	danach getempert bei 210 °C, 1 h, in N_2	0,41	7,7	0,30	0,037	0,17

Unter der Annahme, daß das erste diffuse Maximum des Streuuntergrundes im wesentlichen durch den nichtkristallinen Anteil bestimmt ist, und daß dieses Maximum als Interferenz erster Ordnung eines parakristallinen Gitters angesehen werden kann, wurde mit Hilfe der Gleichung (6) und $n = 1$ aus der integralen Breite der Parameter g_{am} ermittelt.

Obwohl die Werte für g_{cr} und damit k_2 verhältnismäßig grobe Abschätzungen darstellen, ist doch offensichtlich, daß der Anteil der Gitterstörungen 2. Art an der Gesamtstörung der kristallinen Bereiche relativ klein ist. Gitterstörungen 1. Art und Temperaturschwingungen überwiegen offenbar bei weitem.

Eine Auswertung des ersten diffusen Maximums in der Streukurve von organischen Flüssigkeiten nach Gleichung (6) ergab g-Werte von etwa derselben Größe wie g_{am}.

Zusammenfassung

Die theoretische Grundlage für die Bestimmung des Ordnungszustandes von Hochpolymeren wird diskutiert. Es wird gezeigt, unter welchen Bedingungen die Annahme der Existenz von geordneten und ungeordneten Bezirken sinnvoll erscheint und welche Parameter für eine qualitative und quantitative Definition eines solchen Ordnungszustandes aus der Röntgenstreuung ermittelt werden können.

Die experimentellen Grundlagen, insbesondere das Problem der Abtrennung der Comptonstreuung und sein Einfluß auf die Meßergebnisse, werden besprochen.

Die Resultate von Messungen an Polypropylen, Polyäthylen, Nylon 6 und Nylon 7 werden diskutiert und es wird gezeigt, daß die geordneten Bezirke im wesentlichen nur thermische Störungen und Gitterstörungen 1. Art aufweisen, während der Ordnungszustand der ungeordneten Bezirke durch die Annahme von parakristallinen Störungen erklärt werden kann.

Literatur

[1] *Hosemann, R.*, und *Bagchi, S. N.*, Direct Analysis of Diffraction by Matter, Amsterdam: North-Holland Publ. Comp. 1962.
[2] *Ruland, W.*, Acta crystallogr., Copenhagen **14** (1961) S. 1180–1185.
[3] *Ruland, W.*, Polymer **5** (1964) S. 89–102.
[4] *Kilian, H. G.*, Kolloid-Z. **183**, (1962) S. 1–15.
[5] *Herre, F.*, und *Reichert, G.*, Z. Naturforsch. **17a** (1962) S. 1112–1119.
[6] *Ruland, W.*, Brit. J. appl. Physics, im Druck.

Eingegangen am 20. Juli 1964

Diskussion

Dr. *P. H. Hermans*, Breda-Ginneken: Ich hatte aus den von Ihnen veröffentlichten Arbeiten bereits entnommen, daß bei den untersuchten Polymeren im Allgemeinen der Beitrag der parakristallinen Störungen relativ gering war im Vergleich zu den Störungen erster Ordnung. Sie hatten weiter geschrieben, daß bei den Polyamiden das etwas mehr der Fall wäre als bei den Polyolefinen. Aus den hier gezeigten Bildern kann man das nicht ohne weiteres herauslesen. Damals hatten Sie die bemerkenswerte Hypothese aufgestellt, daß, sobald die Möglichkeit zur Bildung von Wasserstoffbrücken vorhanden ist, man eine größere Neigung zu Störungen zweiter Art bekommt. Nun möchte ich Sie fragen, stehen Sie heute noch auf dem gleichen Standpunkt oder haben Sie inzwischen eine andere Meinung?

Dr. W. *Ruland*: Ich stehe noch auf dem Standpunkt, daß sich die Verteilung der Wasserstoffbrücken in einer Störung ausdrückt, die eine Störung zweiter Art mit sich zieht. Die letzten Messungen zeigen jedoch, daß die Störung erster Art einen größeren Effekt auf die Unordnungsfunktion hat als die Störung zweiter Art. In der damaligen Arbeit habe ich versucht, die Störungen zweiter Art aus den ersten Reflexen abzuschätzen. Wenn ich die Reflexe zweiter Ordnung hinzunehme, sehe ich, daß die Störungen zweiter Art geringer sind, als ich damals angenommen habe. Ich möchte daher jetzt meine frühere Hypothese in dem Sinne erweitern, daß Polymere mit Wasserstoffbrücken eine größere Neigung zu Störungen erster *und* zweiter Art zeigen als Polymere, deren intermolekulare Bindung durch reine *Van-der-Waals*-Kräfte gegeben ist. Daß meine neueren Abschätzungen der Störungen zweiter Art besser sind als meine früheren, entnehme ich aus der verhältnismäßig guten Übereinstimmung meiner Werte für Polyäthylen mit denen von Herrn Prof. *Hosemann*.

Dr. *Schülke*, Halle: Wir haben Polyäthylenproben unterschiedlicher Kristallinität untersucht und dabei einen k-Wert gefunden, der von der Kristallinität abhängt. Wenn Sie also sagen, daß Sie bei Variation der Temperatur eine sehr große Veränderung von k fanden und der Einfluß von Störungen erster und zweiter Art nicht hervortritt, so können wir dem nicht zustimmen. Denn wir haben bei gleicher Temperatur, aber unterschiedlicher Kristallinität gemessen und dabei einen relativ großen Gang in k herausbekommen.

Ruland: Dazu kann ich nur sagen, daß wir noch nicht viel Polyäthylenproben untersucht haben. Vor drei Jahren fanden wir an einer Probe einen k-Faktor 2, neuerdings an einer anderen Probe einen k-Faktor 1,5. Bei dieser Probe haben wir die Temperaturabhängigkeit untersucht. Sie hat einen derartigen Verlauf, daß man keine oder nur sehr geringe Störungen erster Art annehmen kann. Was ich eben sagte, bezieht sich jedoch nur auf dieses eine Präparat. Wir haben bei Polyäthylen noch nicht den Überblick wie bei Polypropylen.

Dr. *H. G. Kilian*, Marburg: Wir haben auch an Polyäthylenen mit verschiedenen Kristallanteilen gemessen und konnten innerhalb unserer Meßgenauigkeit keine wesentlichen Unterschiede in den k-Faktoren finden.

Ruland: Ihre k-Faktoren liegen zu hoch, wahrscheinlich wegen der Nichtabtrennung der Comptonstreuung. Darum sehen Sie die kleinen Unterschiede nicht mehr. Auch habe ich, zumindest bei der einen Probe, festgestellt, daß sich bei tiefen Temperaturen keine parakristallinen Störungen ausbilden.

Kilian: Die zu großen k-Faktoren beruhen auf einem Rechenfehler (Faktor 2). Die parakristallinen Störungen „bilden sich" nach unserer Meinung nicht bei tiefen Temperaturen aus. Sie werden — in Konkurrenz zur dynamischen thermischen Störung — wegen der relativ kleinen Störamplituden (beim Polyäthylen nur das C-Gerüst!) erst bei tiefen Temperaturen *dominieren*. Es kommt sehr auf die Probe an. Wir fanden innerhalb der Grenzen der systematischen Fehler keine wesentlichen Unterschiede, die von den Kristallanteilen herrühren. Im wesentlichen liegt das meiner Ansicht nach daran, daß man wegen des geringen Streuvermögens des Polyäthylens nur die Störungen der Kohlenstoffkette mißt. Die wesentlichen Fehler im Gitterbau werder aber normalerweise in der Anordnung der Liganden liegen. Wenn Sie die C-Atome nur wenig verlagern, bekommen Sie einen viel größeren Störeffekt in der Lage der Liganden.

Dr. *W. Wilke*, Berlin-Dahlem: Sie haben bei Polyäthylen die Temperaturabhängigkeit gemessen. Können Sie schon etwas darüber sagen, ob der parakristalline Störanteil temperaturabhängig ist?

Ruland: Unsere Meßgenauigkeit reicht da nicht aus. Wir können nur eine grobe Abschätzung machen, während Sie exakte Analysen des Linienprofils durchführen. Wir können also nur verhältnismäßig große Veränderungen wahrnehmen, haben aber keine feststellen können.

Dr. *A. Prietzschk*, Dormagen: Erfassen Sie bei Nylon 6 als kristallinen Anteil nur den Anteil, der von der gut kristallisierten stabilen Modifikation herrührt, oder auch den Anteil, der von den schlecht kristallisierten und instabilen Strukturen stammt?

Ruland: Ich erfasse im wesentlichen nur den kristallinen Anteil, da ich bei meiner Methode Interferenzen höherer Ordnung heranziehen muß. Wenn solche nicht vorhanden sind, kann ich meine Methode nicht anwenden. Da der smektische Anteil keine Interferenzen höherer Ordnung aufweist, wird er also nicht erfaßt.

Dr. *E. Treiber*, Stockholm: Wie sind die Aspekte, wenn man anstelle von Pulverdiagrammen Faserdiagramme auswertet?

Ruland: Ich habe große Hoffnung, daß das Problem der Abtrennung der amorphen und kristallinen Bereiche bei Faserpräparaten wesentlich besser zu lösen ist. Dabei können auch Informationen über die Anisotropie der Unordnungsfunktion gewonnen werden.

Prof. Dr. *R. Hosemann*, Berlin-Dahlem: Das wesentliche an der Methode von Herrn Dr. *Ruland* besteht erstens in der Integration im Dreidimensionalen, also der Multiplikation mit $(\sin \vartheta/\lambda)^2$, und in der Erfassung der sehr großen Streuwinkel. Wenn man das nicht beides tut und nur die ersten Interferenzen betrachtet, hat man die Augen zugemacht und bekommt nicht viel heraus. Zur Abtrennung des Untergrundes bei den Präparaten, die Sie erfolgreich untersucht haben, ist zu sagen, wenn die Linien sich nicht überlappen und genügend Raum dazwischen ist, dann bedeutet es keine Willkür, wenn man linear oder etwas gekrümmt interpoliert. Das Problem tritt dann auf, wenn die Gitter triklin sind und schon bei kleinen Winkeln viele Reflexe übereinander liegen. Dann funktioniert die Methode nicht mehr. Sie müssen also möglichst kubische Gitter haben.

Ruland: Das ist richtig. Wenn zu große Überlappung beim Pulverdiagramm vorliegt, sollte man orientierte Proben untersuchen. Im Faserdiagramm ist die Überlappungsmöglichkeit schon wesentlich geringer.

Dr. *Ch. Ruscher*, Teltow-Seehof: Bei Nylon 6 ist die Abtrennung des Untergrundes nicht unproblematisch, da die beiden Hauptinterferenzen sehr viel Intensität liefern, wodurch eine starke Verschiebung bedingt ist. Wie haben Sie bei Nylon 6 den Untergrund abgetrennt?

Ruland: Ich habe zum Ausdruck gebracht, daß die Konstruktion der Trennungslinie bei Nylon 6 nicht unproblematisch ist. Bei Polyäthylen geht es wesentlich besser. Bei Nylon 6 habe ich es so gemacht, daß ich mit Hilfe der amorphen Probe einen amorphen Halo konstruiert habe. Und zwar habe ich mich dabei stark von dem Minimum zwischen den beiden Interferenzen leiten lassen. Darin liegt natürlich eine gewisse Willkür.

Ruscher: Wenn die Fehlordnung groß oder die Teilchengröße klein ist, rutscht das Minimum so hoch, daß man keine Abtrennung mehr machen kann.

Ruland: Gerade bei Nylon bin ich der Meinung, daß man die Untersuchungen wesentlich besser an Faserpräparaten durchführen kann.

Ruscher: Die Überlappung wird bleiben, weil die Interferenzen beide auf dem Äquator kommen.

Ruland: Aber man kann den amorphen Halo dann besser erkennen.

Zusammenhang zwischen Kristallitgrößenverteilung und parakristalliner Störung in den Kristallgittern von partiell kristallisierten Copolymeren des Äthylens[1]

Hanns-Georg Kilian

Aus dem Institut für Polymere der Universität Marburg/Lahn

DK 678.742.2—13:548.734:548.735.6:548.735.7

Messungen der Langperiode und des Kristallanteils von verschiedenen Copolymeren des Äthylens ergeben die Kristallitdicke in Abhängigkeit von der Konzentration der Copolymereneinheit sowie in Abhängigkeit von der Temperatur. Die Störung in den Kristallgittern wird über einen mittleren Debye-Waller-Faktor ermittelt. Für die verschiedenen Copolymeren ist die Störung reziprok proportional zur Dicke der Kristallite.

Связь между распределением кристаллитов по величине и паракристаллическими дефектами в решетке частично закристаллизованных сополимеров этилена

Измерения величины периода идентичности и степени кристалличности различных сополимеров этилена позволяют установить толщину кристаллитов в зависимости от концентрации сополимера и от температуры. Дефекты в решетках вычисляются при помощи среднего фактора Дебая-Уоллера. Для различних сополимеров дефекты обратно пропорциональны толщине кристаллитов.

The Connection Between Crystallite Size Distribution and Paracrystalline Distortion in Crystal Lattices of Partial Crystallized Copolymers of Ethylene

Measurements of the long period and of the crystallinity of different copolymers of ethylene give the crystal thickness in dependence on the concentration of the copolymer unit and in dependence on temperature. The distortion in the crystal lattices has been calculated by an average Debye-Waller factor. For the different copolymers is the distortion reciprocal proportional to the thickness of the crystallites.

Für Polymere verläuft die Kristallisation aus der Schmelze gehemmt [1 bis 4]. Die Proben kristallisieren nicht vollständig. Sie besitzen eine Kristallitgrößenverteilung, deren Kenndaten dem Ablauf der Kristallisation — und damit auch den „Hemmungen" der Kristallisation — verbunden sind [3, 4].

Während der Kristallisation werden die im Amorphen liegenden Moleküle durch Kristallvernetzung mehr und mehr daran gehindert, sich beliebig umzulagern. Daher werden auch beim Kristallisieren immer öfter Fehlordnungen in den Kristallen auftreten. Wir wollen in dieser Arbeit zusätzlich zeigen, daß die Störungen in den Kristallgittern von partiell kristallisierten Polymeren immer größer werden, je kleiner die Kristalle sind.

[1]) Vorgetragen auf dem 2. Erweiterten Colloquium über „Die Feinstruktur der Hochpolymeren", Berlin und Teltow-Seehof, 8. bis 10. Juni 1964.

Zu diesem Zweck sind Copolymere des Äthylens untersucht worden, und zwar

a) chloriertes lineares Polyäthylen und
b) daraus abgeleitet diphenylmethylierte Proben [5].

In diesen Copolymeren werden die Kristallisationshemmungen durch eine zweite, „nichtkristallisierbare Copolymereneinheit" chemisch eingeführt. Deren Konzentration ist im Falle der chlorierten Proben analytisch leicht zu überprüfen, da die Chloratome in dem hier interessierenden Konzentrationsbereich statistisch ohne Doppelchlorierungen eines Kohlenstoffatoms in die Makromoleküle eingeführt werden [5, 6].

Die Copolymeren repräsentieren ein heterogenes System mit Nichtmischbarkeit der Komponenten im festen kristallisierten Zustand. Die nichtkristallisierbaren Einheiten (C-Atome mit seitständigen Chloratomen oder

Diphenylmethangruppen) verändern die Kristallitgrößenverteilung, weil sie das Wachstum der Kristalle in longitudinaler Richtung (in Richtung der Ketten) direkt, in lateraler Richtung indirekt dirigieren. Mit Hilfe der von uns empirisch modifizierten Theorie des Schmelzens von Copolymeren, die von *Flory* [7] für den Grenzfall des Gleichgewichts angegeben wurde, können der maximale Kristallanteil in Abhängigkeit von der Konzentration der nichtkristallisierbaren *B*-Einheiten und der Kristallanteil verschiedener Copolymerer als Funktion von der Temperatur befriedigend wiedergegeben werden [3, 4][2]). Der Kristallanteil berechnet sich gegenüber *Flory* [7] (W_F^c) aus der nachstehenden Formel (1):

$$w^c = w_F^c - \xi_k \frac{\nu_c}{N_A}, \tag{1}$$

wobei

$$w_F^c = (1 - X_A)^2 X_A^{\xi^*} \left\{\frac{X_A}{(1-X_A)^2} - \frac{e^{-\Theta}}{(1-e^{-\Theta})^2} + \xi^* \left(\frac{1}{1-X_A} - \frac{1}{1-e^{-\Theta}}\right)\right\} \tag{2}$$

und

$$\Theta = \frac{\Delta H_U}{R}\left(\frac{1}{T} - \frac{1}{T_M^0}\right); \quad \xi^* = \frac{\frac{2\sigma_e}{RT} - 2\ln\frac{1-X_A}{1-e^{-\Theta}}}{\Theta + \ln X_A}. \tag{3}$$

(T_M^0 = Schmelzpunkt des Homopolymeren (Kristalle hinreichend groß),
ΔH_U = molare Schmelzenthalpie der A-Einheiten,
ξ_k = kleinste existente Kristalldicke,
N_A = Gesamtzahl der *A*-Einheiten,
σ_e = freie Grenzflächenenthalpie pro Mol *A*-Einheiten in der Grenzfläche,
X_A = Molenbruch der kristallisierbaren *A*-Einheiten,
ν_c = Zahl der kristallisierten *A*-Folgen [8].)

Offenbar besteht zwischen den Kristallen und den „amorphen" Zwischenbereichen eine Übergangsschicht der mittleren Dicke von $\xi_k/2$ [12, 13, 14]. Der maximale Kristallanteil wird außerdem wesentlich dadurch mitbestimmt, daß eine kleinste Kristalldicke (ξ_k) existiert [3, 4].

Bild 1 zeigt den Vergleich der berechneten maximalen Kristallanteile mit dem Experiment für chlorierte und diphenylmethylierte Proben. Man erkennt aus den ebenfalls angegebenen Literaturdaten, daß sich der maximale Kristallanteil innerhalb der beiden erkennbaren Gruppen (CH_3, Cl und Amyl-, Butyl, *n*-Propyl, Äthyl-, Diphenylmethan) unabhängig von der speziellen Bauart der Seitengruppen einstellt.

Die Kristallitgrößenverteilung kann durch Messung und Berechnung der Langperiode charakterisiert werden [4]. Für Lamellenkristalle gilt:

$$d^+ = \bar{\xi}(X_A, T)/w^c(X_A, T) = 1/(\nu_c/N_A)_{\xi_k}. \tag{4}$$

d^+ = Langperiode als mittlerer Schwerpunktsabstand der Lamellen,
$w^c(X_A, T)$ = Volumenanteil der Kristalle ~ Massenanteil der Kristalle.

[2]) Für nicht zu kleine Konzentrationen der B-Einheiten.

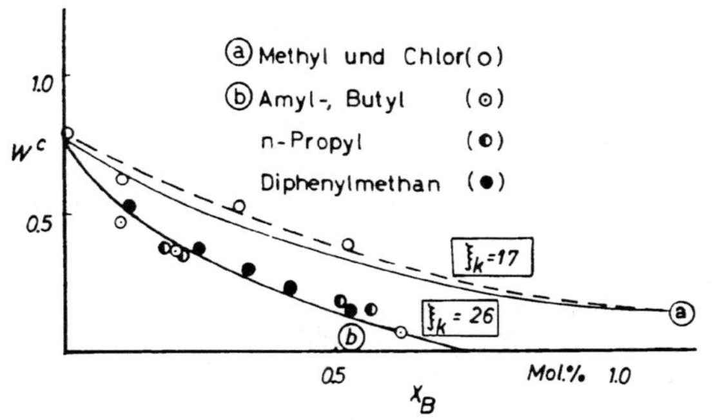

Bild 1. Maximale Kristallanteile von (a) chlorierten und (*b*) diphenylmethylierten Proben. Die ausgezogenen Linien entsprechen der Rechnung nach $w_{max}^c = X_A^{\xi_k+1}$ für die angegebenen Werte von ξ_k
Zum Vergleich sind Literaturdaten angegeben [9, 10, 11]

$\bar{\xi}(X_A, T)$ = $w^c(X_A, T)/(\nu_c X_A)_{\xi_k}$,
$(\nu_c/N_A)\xi_k$ = mittlere Zahl der kristallisierten *A*-Folgen [8][3]).

Wenn andererseits die amorphen Bereiche die Kristalle im Mittel allseitig gleichmäßig umgeben, ergibt sich die Langperiode des „Kubusmodells" zu

$$d^+ = \bar{\xi}(X_A, T)/(w^c(X_A, T))^{1/3} = 1/[(w^c(X_A, T))^{1/2}(\nu_c/N_A)_{\xi_k}]. \tag{5}$$

Bild 2 gibt den Vergleich von Rechnung und Experiment für die Konzentrationsreihe der chlorierten und diphenylmethylierten Proben. Das Lamellenmodell beschreibt die Messung befriedigend. Man erkennt, daß aus der Konkurrenz zwischen $\bar{\xi}(X_a)$ und $w^c(X_A)$ für die Langperiode d^+ ein Minimalwert resultiert.

Nach Formel (5) errechnen sich zu kleine Werte für die Langperiode, wie es für ein Beispiel in Bild 3 gezeigt ist. Bild 4 entnimmt man schließlich, daß die mittlere Kristalldicke (Lamellendicke) mit steigender Konzen-

[3]) Den genauen analytischen Zusammenhang werden wir an anderer Stelle geben.

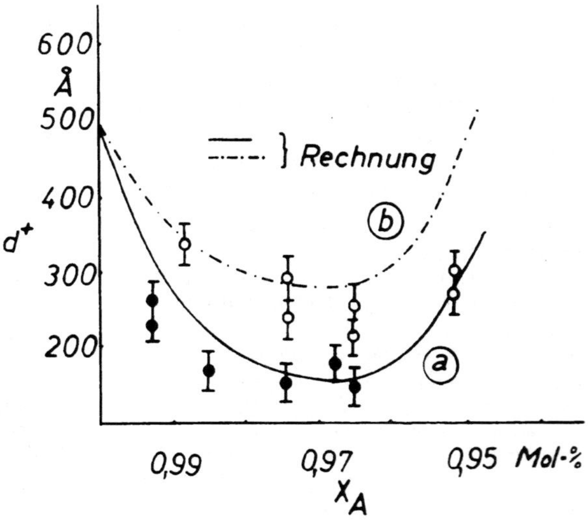

Bild 2. Langperiode von (a) chlorierten und (*b*) diphenylmethylierten Proben bei Zimmertemperatur gemessen. Die eingezeichneten Kurven sind nach Formel (4) mit $\xi_{k0} = 17$ für die chlorierten und $\xi_k = 24$ für die diphenylmethylierten Proben berechnet

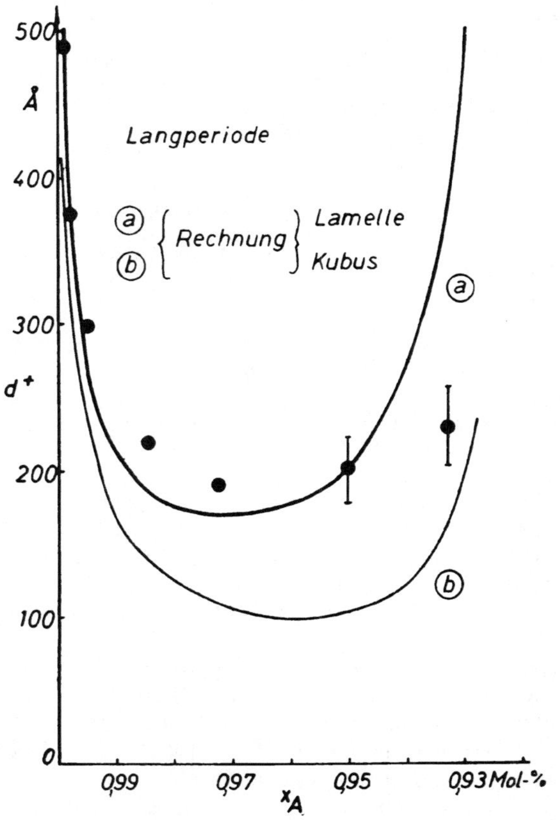

Bild 3. Langperioden von chlorierten Proben im Vergleich zur Rechnung nach Formel (4) (Lamellenmodell), Kurve (a) bzw. nach Formel (5), Kurve (b) (Kubusmodell)

tration an B-Einheiten dem asymptotischen Grenzwert der kleinsten existenten Länge zustrebt. Werden die *A*-Folgen in Gesamtverteilung im wesentlichen kürzer als ξ_k, dann kann keine Kristallisation mehr nachgewiesen werden [9].

Bei Zimmertemperatur wird in Copolymeren des Äthylens eine Gitteraufweitung in den Kristallen gemessen, die in erster Näherung proportional zur molaren Konzentration X_B, der nichtkristallisierbaren Einheiten zunimmt [10]. Die Gitteraufweitung ist offenbar *unabhängig* von den besonderen Eigenschaften der seitständigen Gruppe, wie es Bild 5 für die chlorierten und die diphenylmethylierten Proben nachweist. Wir sehen hierin bestätigt, daß die *B*-Einheiten nicht in die Kristalle eingebaut werden können.

Die Gitteraufweitungen werden offensichtlich durch Fehlordnungen in den Kristallen verursacht. Diese Fehlordnungen wachsen mit steigendem Anteil an *B*-Einheiten — weitgehend unabhängig von deren Bauart. Es bestand die Aufgabe, die Störung in den Kristallen zu bestimmen.

In einer vorangegangenen Arbeit konnten wir die parakristallinen Fehlordnungen in den Kristallen verschiedener Polymerer abschätzen [15, 16]. Nach einem von *Ruland* [17] angegebenen Verfahren wurde im Weitwinkelbeugungsdiagramm ein mittlerer *Debye-Waller*-Faktor exp $(-\overline{K}(T)s^2)$ bestimmt; $\overline{K}(T)$ erfaßt in erster Näherung die parakristallinen sowie die thermisch bedingten Fehlordnungen als Mittelwert über verschiedene Gitterrichtungen des Kristalls. Überraschend ver-

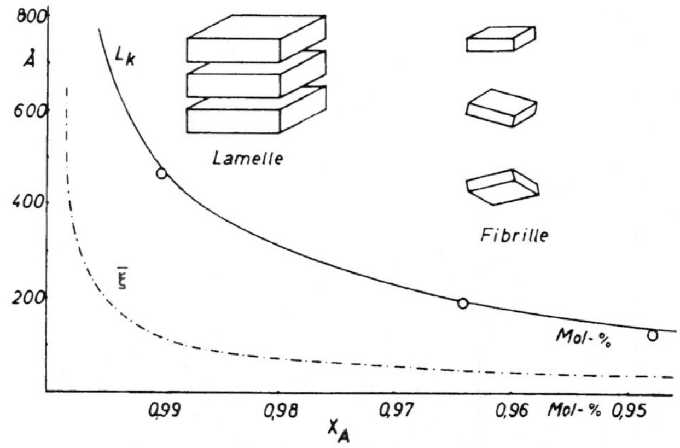

Bild 4. Mittlere Kristalldicke $\bar{\xi}$ und laterale mittlere Breite der Lamellen $\overline{L}_k$ (gemittelt über k) als Funktion von X_A für $\xi_k = 26$

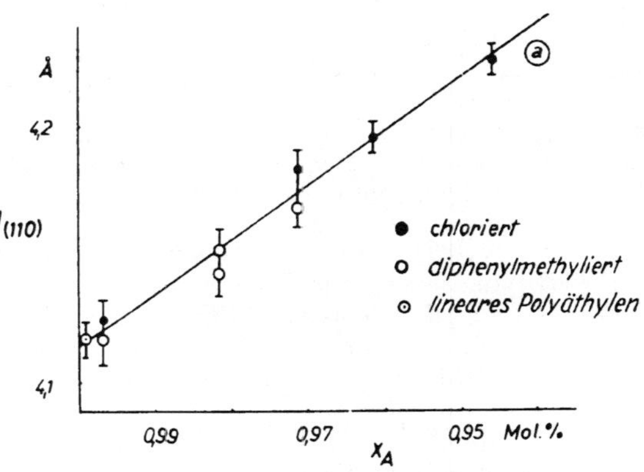

Bild 5. Laterale Gitteraufweitung als Funktion von X_A für den Netzebenenabstand (110)

kleinerte sich $\overline{K}(T)$ für lineares und verzweigtes Polyäthylen von einer charakteristischen Temperatur T_{II} zu tiefen Temperaturen hin nur mehr wenig. Die Temperaturen T_{II} betrugen für lineares Polyäthylen (— 70 bis — 80 °C), für verzweigtes — 40 °C. Bild 6 zeigt ein weiteres Beispiel. Dieser Effekt wurde von uns den parakristallinen Störungen zugeschrieben, die von T_{II} an in zunehmendem Maße die ordnungsgemäße thermische Kontraktion der Kristalle sterisch unterbinden.

Wenn diese Vorstellungen stimmen, sollte sich die Dichte der Kristalle von T_{II} zu tieferen Temperaturen hin notwendig weniger ändern. Messungen der Netz-

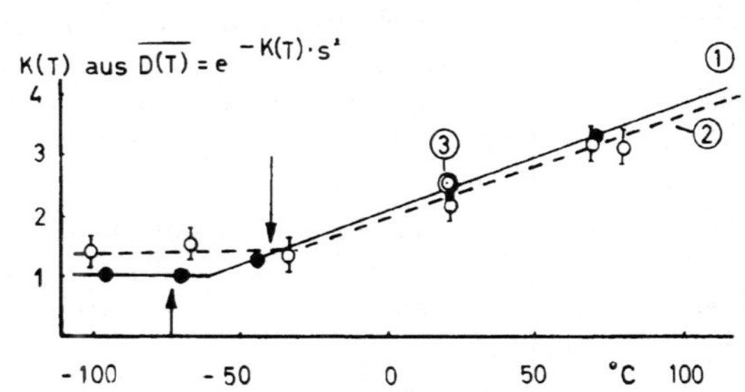

Bild 6. $\overline{K}(T)$ in Abhängigkeit von der Temperatur für die im Bild angegebenen Temperaturen. Die Pfeile markieren die Temperaturen T_{II}, die aus Kleinstwinkelmessungen ermittelt worden sind.

① Lineares Polyäthylen ② Diphenyl methyliert ($X_A = 0{,}972$) ③ chloriert ($X_A = 0{,}993$)

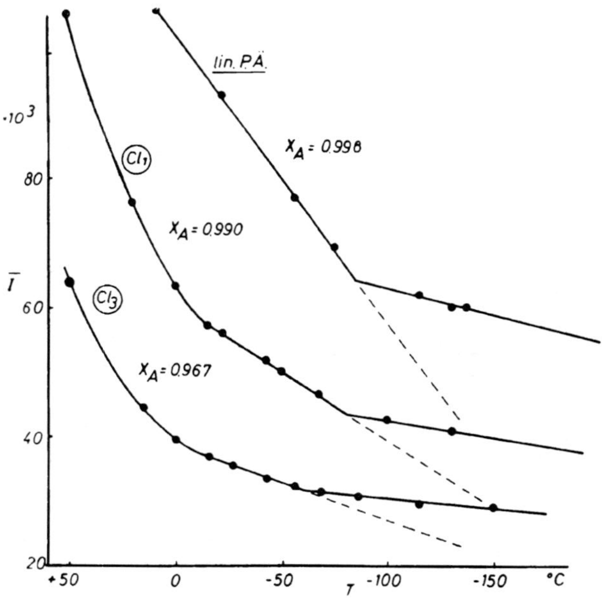

Bild 7. Integrale Kleinwinkelintensität als Funktion von der Temperatur für lineares Polyäthylen und chlorierte Proben der angegebenen Konzentration

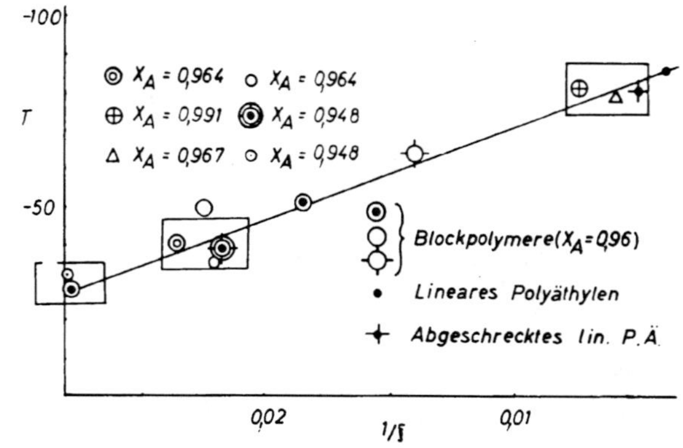

Bild 8. Die Temperaturen T_{II} als Funktion von der reziproken, mittleren Kristalldicke für die angegebenen Proben unterschiedlicher Konzentration

ebenenabstände ließen dies — wenngleich nicht sehr sicher — erkennen [15, 6]. Zum besseren Nachweis haben wir nun die integrale Kleinstwinkelintensität als Funktion von der Temperatur gemessen. Diese Intensität beträgt nach *Porod* [18]

$$\bar{I}_k = A\, w^c (1 - w^c)(\Delta\varrho)^2, \tag{6}$$

(A = Proportionalitätsfaktor,
w^c = Volumenanteil der Kristalle,
$(\Delta\varrho)^2$ = Elektronendichtedifferenz zwischen Kristall und amorphen Bereichen. Diese Differenz kann bei chemisch gleichartiger Zusammensetzung der beiden Ordnungsbereiche durch die Differenz der makroskopischen Dichten ersetzt werden.)

ist also dem *Quadrat* des Dichteunterschiedes zwischen Kristallen und amorphen Bereichen proportional. Messungen der integralen Intensität sollten demnach empfindlicher als Dilatometermessungen den oben diskutierten Effekt bei T_{II} nachweisen lassen. Bild 7 gibt einige Messungen wieder. Die Temperaturen T_{II} des deutlich erkennbaren Knicks stimmen mit denjenigen überein, die sich aus der Bestimmung von $\overline{K}(T)$ ergeben haben.

Die Vermutung, daß die Kristallkontraktion von T_{II} zu tieferen Temperaturen hin eingefroren wird, wird durch folgende Argumente gestützt:

1. Die Temperatur T_{II} verschiebt sich mit steigender Konzentration X_B zu höheren Temperaturen, ein Effekt, der aus der parallel laufenden Gitteraufweitung zu verstehen ist.
2. Die Bestimmung von T_{II} aus dem Weitwinkeldiagramm über den mittleren *Debye-Waller*-Faktor, die das Verhalten des Teilspektrums der Kristalle heranzieht, führt zu demselben Ergebnis.
3. Die Lage von T_{II} ist reziprok proportional zur mittleren Länge der Lamellenkristalle $\bar{\xi}$.

Bild 8 erläutert den Punkt 3. Es scheint eine lineare Beziehung zu gelten, unabhängig vom Verteilungsmodus der B-Einheiten, wie die Beispiele von Blockpolymeren belegen. Die Kristallanteile dieser Proben betrugen nur etwa 7 bis 10%, die Breite der Kristalle betrug mehr als 1000 Å.

Man kann nun aus der Lage von T_{II} die parakristalline Störung abschätzen, die man in den Kristallen am absoluten Nullpunkt unter Vernachlässigung der Nullpunktsschwingungen finden würde [15, 16]. Hierzu genügt die Voraussetzung, daß $\overline{K}(T)$ von T_{II} an zu tieferen Temperaturen hin konstant bleibt. Dann erhält man für die mittlere Schwankung „am absoluten Nullpunkt":

$$(\overline{\Delta x^2})^{1/2} = (1/\pi)(\overline{K}(T_{II})/2)^{1/2}. \tag{7}$$

Bild 9 entnimmt man, daß die Kristalle — wie es erwartet wurde — tatsächlich mit abnehmender Dicke zunehmend gestört werden.

Man kann schließlich aus der Größe der Schwankungen die relative Gitteraufweitung abschätzen. Nimmt man für die Schwankungen eine *Gauß*-Verteilung an, so sollte eine Probe mit $X_A = 0{,}95$ im Vergleich zum line-

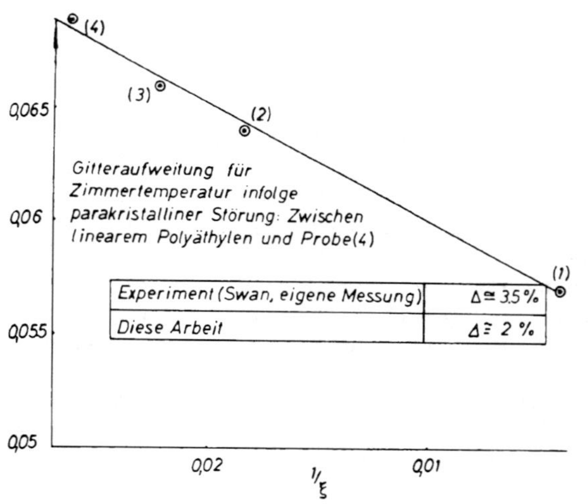

Bild 9. Mittlere relative Störamplitude $(\overline{\Delta x^2})^{1/2}/\bar{a}$ als Funktion von der reziproken mittleren Kristalldicke. Es sind die relativen Unterschiede im spezifischen Volumen zwischen linearem Polyäthylen und einer Probe der Konzentration $X_A = 0{,}95$ nach Messungen von *Swan* [10] und nach Abschätzungen aus der Gitterstörung angegeben.

aren Polyäthylen ($X_A = 0{,}998$) eine Volumenaufweitung von etwa 2% zeigen. *Swan* [10] hat für Copolymere des Äthylens mit Propylen in demselben Konzentrationsbereich 3,5% für die Zunahme des spezifischen Volumens berechnet. Unser angegebener Wert ist sicher schon deshalb zu klein, weil in der Röntgenmessung nur die Störung des *Kohlenstoff*gerüsts bestimmt wird. Die Anordnung der *H*-Liganden ist aber stärker gestört, wie man z. B. aus entsprechenden Messungen an Polytetrafluoräthylen [16] folgern kann.

Mit der Kenntnis der parakristallinen Störungen kann man nun aus einer von *Hosemann* und *Bonart* [19] angegebenen Formel für die Halbwertsbreite von Weitwinkelinterferenzen auch die laterale Ausdehnung der Kristalle berechnen:

$$\delta(b_k) = \frac{1}{\bar{L}_k} + (\varkappa)_k \qquad (8)$$

($\bar{L}_k$ = Ausdehnung der Kristalle in Richtung k,
$(\varkappa)_k$ = parakristalline Störung in den Kristallen in Richtung k.)

Bild 4 bestätigt, daß im linearen Polyäthylen *Lamellenkristalle* auftreten, auch wenn es aus der Schmelze kristallisiert ist. Die Kristalle sollten mehr als 10 mal so breit wie dick sein, also bei einer Dicke von etwa 400 Å mehr als 4000 Å. Dies entspricht durchaus den elektronenmikroskopischen Beobachtungen [20]. Die Lamellenform bleibt bis zu den höchsten Konzentrationen X_B im Prinzip erhalten. Das Verhältnis von der Breite zur Dicke wird allerdings immer kleiner und beträgt im Grenzfall des kleinsten existenten Kristalls etwa 2. Gleichzeitig sind die Kristalle immer deutlicher gestört. Man kann sich vorstellen, daß mit steigender Konzentration an *B*-Einheiten die Sandwich-Struktur des linearen Polyäthylens, das aus der Schmelze kristallisiert ist, immer mehr in morphologische Grundeinheiten von fibrillärem Charakter übergehen. Wir haben inzwischen neuere Ergebnisse, die diese Feststellung verallgemeinern.

Ich danke Herrn Prof. Dr. *F. H. Müller* für die großzügige Förderung und Diskussion dieser Arbeit. Der Deutschen Forschungsgemeinschaft sei für die zur Verfügung gestellten Mittel gedankt.

Literatur

[1] *Flory, P. J.*, Principles of Polymer Chemistry. Ithaca, N. Y. 1953.
[2] *Mandelkern, L.*, Crystallisation of Polymers. Series in Advanced Chemistry. Mc. Graw-Hill 1964.
[3] *Kilian, H. G.*, Kolloid-Z./Z. Polymere **189** (1963) S. 23 bis 26.
[4] *Kilian, H. G.*, und *Müller, F. H.*, Kolloid-Z./Z. Polymere **192** (1963) S. 34—51.
[5] *Kilian, H. G.*, *Müller, F. H.*, und *Ringsdorf, H.*, in Vorbereitung.
[6] *Namba, K.*, J. appl. Polymer Sci. **4** (1960) S. 69—73.
[7] *Flory, P. J.*, Trans. Farad. Soc. **51** (1955) S. 848.
[8] *Jackson, J. B.*, *Flory, P. J.*, *Chiang, R.*, und *Richardson, M. J.*, Polymer **4** (1963) S. 237—245.
[9] *Richardson, M. J.*, *Flory, P. J.*, und *Jackson, J. B.*, Polymer **4** (1963) S. 221—235.
[10] *Swan, P. R.*, J. Polymer Sci. **56** (1962) S. 409—416.
[11] *Willbourn, A. H.*, J. Polymer Sci. **34** (1959) S. 569—597.
[12] *Kilian, H. G.*, *Linz, H.*, und *Müller, F. H.*, in Vorbereitung.
[13] *Ishida, Y.*, *Yamafuji, K.*, *Ito, H.*, und *Takayanagi, M.*, Kolloid-Z./Z. Polymere **184** (1962) S. 97—108.
[14] *Peterlin, A.*, persönliche Mitteilung.
[15] *Kilian, H. G.*, Kolloid-Z./Z. Polymere **183** (1962) S. 1—15.
[16] *Kilian, H. G.*, Kolloid-Z./Z. Polymere **185** (1962) S. 13 bis 27.
[17] *Ruland, W.*, Acta crystallogr. Copenhagen (1961) S. 1180—1185.
[18] *Porod, G.*, Kolloid-Z./Z. Polymere **124** (1951) S. 83—114.
[19] *Hosemann, R.*, und *Bagchi, S. W.*, Direct Analysis of Diffraction by Matter. Amsterdam: North-Holland Publ. Comp. 1962.
[20] *Geil, P. H.*, Polymer Reviews, Vol. 5.

Eingegangen am 9. Juni 1964

Diskussion

Dr. *E. W. Fischer*, Mainz: Sie zeigten in einem Diapositiv (Bild 5) die Abhängigkeit einer Gitteraufweitung vom Substitutionsgrad. Dazu sagten Sie, daß Sie nur *eine* Gerade erhalten und die Gitteraufweitung nicht von der Art der angefügten Gruppe abhängt. Ich verstehe nicht, wie Sie sich überhaupt eine Gitteraufweitung erklären, wenn Sie meinen, daß die Fremdgruppen nicht in den Kristall eingebaut werden. Inwiefern wirken die in den amorphen Bereichen sitzenden Gruppen auf das Gitter ein?

Dr. *H. G. Kilian*: Wir stellen uns die Gitteraufweitung nicht als Folge einer direkten Wirkung der spezifischen Seitengruppen vor. Wir nehmen an, daß die B-Einheiten, die Chloratome oder Diphenylmethangruppen, das longitudinale Wachstum der Kristalle in Richtung der Ketten begrenzen. Es wird im wesentlichen die Größe der Kristalle beeinflußt. Wenn man die Konzentration der B-Einheiten sehr groß macht, erhält man sehr kleine Kristalle. Dann wird die Umlagerung der Kette in die korrekte Transkonformation bei der Kristallisation immer weniger gut möglich. Sie werden zu den kleinsten existenten Kristallen hin eine Störung bekommen, die der der Kaltkristallisation entspricht. Das kann man quantitativ belegen, wenn man kaltkristallisiertes Polyurethan 4.6 oder Terephthalsäureglykolester damit vergleicht. Man rechnet dieselbe kleinste Kristallitgröße aus. In diesen Kristallen liegt bekanntlich eine Pseudostruktur mit erheblicher Gitteraufweitung vor. Es ist also eine Frage der Kristallisationskinetik und der speziellen Einordnung des Makromoleküls während der Kristallisation, wie stark die Störungen in den Kristallen sind. Ich möchte hinzufügen, daß wir weitere Hinweise dafür haben, daß die Chloratome in der longitudinalen Grenzschicht der Kristalle eingebaut sind. Von den Diphenylgruppen wissen wir das nicht genau.

Fischer: Für mich ist der Kristall immer eine morphologische Einheit. Wenn Sie sagen, daß die Chloratome an der Grenzschicht eingebaut werden, so erfordert das doch eine Entmischung. Das ist für mich schwer vorstellbar.

Kilian: Die Entmischung kann man sich plausibel machen, wenn man sich vorstellt, daß ein binäres System mit Nichtmischbarkeit im festen, kristallisierten Zustand vorliegt. Hauptargument, daß so etwas vorliegen muß, ist die Schmelzpunktdepression, die man linear proportional bei kleinen Konzentrationen x_B findet.

Fischer: Mit diesem Argument wäre ich vorsichtig, weil auch der Einbau der Störstellen in das Gitter zu ähnlichen Effekten bezüglich des Schmelzpunktes führen würde. Denn Sie setzen dann die Gitterenergie auch entsprechend herab.

Kilian: Wir haben das kalorimetrisch gemessen und festgestellt, daß die Störung des Gitters keinen wesentlichen Einfluß auf die Schmelzenthalpie haben wird. Es könnte auch kein entropischer Effekt sein. Dieser würde bei konstanter Schmelzenthalpie gerade in der falschen Richtung wirken.

Fischer: Ich habe noch eine andere Frage. Es ist aus vielen Arbeiten und auch aus Ihren Messungen bekannt, daß die Langperioden nicht nur eine Funktion der Molekülstruktur sind, sondern auch weitgehend von der Vorbehandlung und von der thermischen Vorgeschichte der Probe abhängen. Sie hatten eine Kurve gezeigt (Bild 3) für Proben, die unter gleichen Bedingungen kristallisiert waren. Was sind nun gleiche Bedingungen bei Copolymeren?

Kilian: Wir haben immer unter den gleichen Bedingungen abgekühlt. Bei linearem Polyäthylen kann man durch die Vorgeschichte sehr starke Variationen hereinbringen. Je größer aber der Anteil der B-Komponente ist, um so mehr wird die Kristallitlängenverteilung durch die Verteilung der B-Einheiten festgelegt, so daß — relativ gesehen — immer weniger Möglichkeiten bestehen, durch die Kristallisationskinetik empfindliche Änderungen an der Struktur des Systems zu bewirken.

Dr. *R. Schmolke*, Teltow-Seehof: Ihre in Bild 4 gezeigten Kurven nähern sich bei wachsender Konzentration der B-Einheiten einem kleinsten Kristallit. Ist das in jedem Fall so, oder ist bei manchen Fremdgruppen nicht eine Annäherung an die Kristallitgröße Null zu erwarten?

Kilian: Es ist so, daß bei hoher Konzentration der B-Einheiten die verbleibenden kurzen Sequenzen wegen ihres ataktischen Charakters nicht mehr kristallisieren können. Wenn wir jetzt den Parameter ζ_k für verschiedene Copolymere bei verschiedener Konzentration vergleichen, so wird er weitgehend unabhängig von der Substanz. Genau gesagt, bei den kleinen Gruppen wie CH_3 und Cl beträgt er etwa 16 C-Atome und bei den größeren etwa 24 bis 26 C-Atome, im wesentlichen unabhängig von Konzentration. Beim Kristallisieren werden zunächst die längsten kristallisierbaren Sequenzen verbraucht und immer mehr ganz kurze Folgen in den verbleibenden, nicht kristallisierten Bereichen angereichert. Sie erhalten schließlich einen mittleren Abstand der B-Einheiten in den amorphen Bereichen von 20 bis 10 C-Atomen. Damit haben sie einen fast atakischen Grundcharakter des Polymeren, der nicht mehr kristallisieren kann. Bei einer Temperatur $T_1 \gg T_a$ ($T_a \sim$ absoluter Nullpunkt) stehen nur noch diese Folgen zur Verfügung. Bei T_1 ist aber erst ein Kristall der Länge ξ_1 stabil. Die kleineren, denkbaren Kristallgrößen können a) wegen des atakischen Grundcharakters der „Restschmelze" und b) wegen der schließlich eintretenden glasigen Erstarrung ($\sim$0°C) nicht gebildet werden.

Prof. Dr. *R. Hosemann*, Berlin-Dahlem: Welche Informationen brauchten Sie, um Aussagen über die laterale Ausdehnung der Kristallite machen zu können? Sie waren anfangs 600 oder 800 Å groß und später nur noch 40 Å (Bild 4).

Kilian: Das wurde aus der Halbwertsbreite der Weitwinkelinterferenzen ermittelt.

Schmolke: Sie haben auch Blockcopolymere untersucht und die Meßpunkte lagen auf der gleichen Kurve wie bei statistischen Copolymeren (Bild 8). Wie groß sind die Blöcke und wie erklären Sie sich dieses Ergebnis?

Kilian: Das waren Blockcopolymere, bei denen uns über die Größe der Blöcke nichts bekannt war. Eine Erklärung dafür kann ich vorläufig noch nicht geben.

An der Diskussion beteiligte sich ferner Dr. *W. Meskat*, Leverkusen.

Bestimmung des Ordnungszustandes von Polycaprolactam durch Ultrarotspektroskopie[1)]

Christian Ruscher und Johannes Dechant

Deutsche Akademie der Wissenschaften zu Berlin, Institut für Faserstoff-Forschung in Teltow-Seehof, Abteilung Physik

DK 678.675'126:548.737:535.343—15:535.347

Der aus dem Ultrarotspektrum berechnete Ordnungsgrad hängt davon ab, welche Absorptionsbanden der Berechnung zugrunde gelegt werden. Aus dieser Abhängigkeit läßt sich die Ordnungsgradverteilung ermitteln. Dichroitische Messungen ermöglichen die Zuordnung einiger Banden zu bestimmten Schwingungstypen.

Определение степени упорядоченности поликапролактама методом ИК-спектроскопии

Вычисляемая на основании ИК-спектра поглощения степень упорядоченности зависит от выбора полосы поглощения для расчета. Эта зависимость позволяет определить распределение степени упорядоченности. Измерения дихроизма дают возможность отнести некоторые полосы к определенным типам колебаний.

Determination of the State of Order of Polycaprolactam by Infra-red Spectroscopy

The degree of order, which has been calculated from the infra-red spectrum, depends on the absorption bands used for the calculation. This dependence permits the determination of the distribution of order. Dicroitic measurements make it possible to assign some bands to distinct types of bonding.

Lage und Intensität der Ultrarotabsorptionsbanden polymerer Substanzen werden durch die Struktur beeinflußt, so daß man umgekehrt auf Grund des Ultrarotspektrums Aussagen über die Struktur machen kann. Im einfachsten Fall eines Zweiphasensystems, bei dem eine Bande nur auf Absorption im kristallinen, eine andere nur auf Absorption im amorphen Anteil beruht, kann man die Kristallinität bestimmen, wenn man sich auf irgendeine Weise die Absorptionskoeffizienten beschafft. So wurde in der Tat bei einigen kristallinen Hochpolymeren, insbesondere Polyäthylen, aber auch bei Polyamiden verfahren. Zum Teil wurden diese Methoden mit Dichte- oder Röntgenmessungen kombiniert.

Einige Autoren sehen das bestimmende Merkmal nicht in der übermolekularen Struktur, sondern in der Konformation des Einzelmoleküls. Speziell beim Polycaprolactam sollen zwei Konformationen möglich sein, und das gemessene Spektrum ist die Überlagerung der beiden Einzelspektren [3]. Dagegen hatten *Jambrich* und *Diačik* festgestellt, daß beim Tempern von Polycaprolactam einige Ultrarotbanden ihre Intensität sehr ungleichmäßig ändern, also sicher zu mehr als nur zwei Phasen oder Konformationen gehören [4].

Diese Feststellung konnten wir gut bestätigen. Wir untersuchten die Spektren sehr verschiedener Polycaprolactamproben: abgeschreckte Schmelzen, aus Lösung gezogene Folien und getemperte kommerzielle Folien.

Für zwei der untersuchten Proben sind in Bild 1 die UR-Spektren und in Bild 2 die Röntgendiagramme wiedergegeben. Die Unterschiede im Ordnungszustand zeigen sich besonders bei den Banden 580 und 630 cm^{-1} im Bereich von 800 bis 1000 cm^{-1} und an dem Bandenpaar 1175/1210 cm^{-1}.

Um quantitative Aussagen machen zu können, wäre es wünschenswert, von jeder Bande zu wissen, auf welche Strukturmerkmale sie anspricht und wie groß der

[1)] Vorgetragen auf dem 2. Erweiterten Colloquium über „Die Feinstruktur der Hochpolymeren", Berlin und Teltow-Seehof, 8. bis 10. Juni 1964, von *J. Dechant*. Über die hier mitgeteilten Ergebnisse wurde in anderen Arbeiten ausführlicher berichtet, siehe [1, 2].

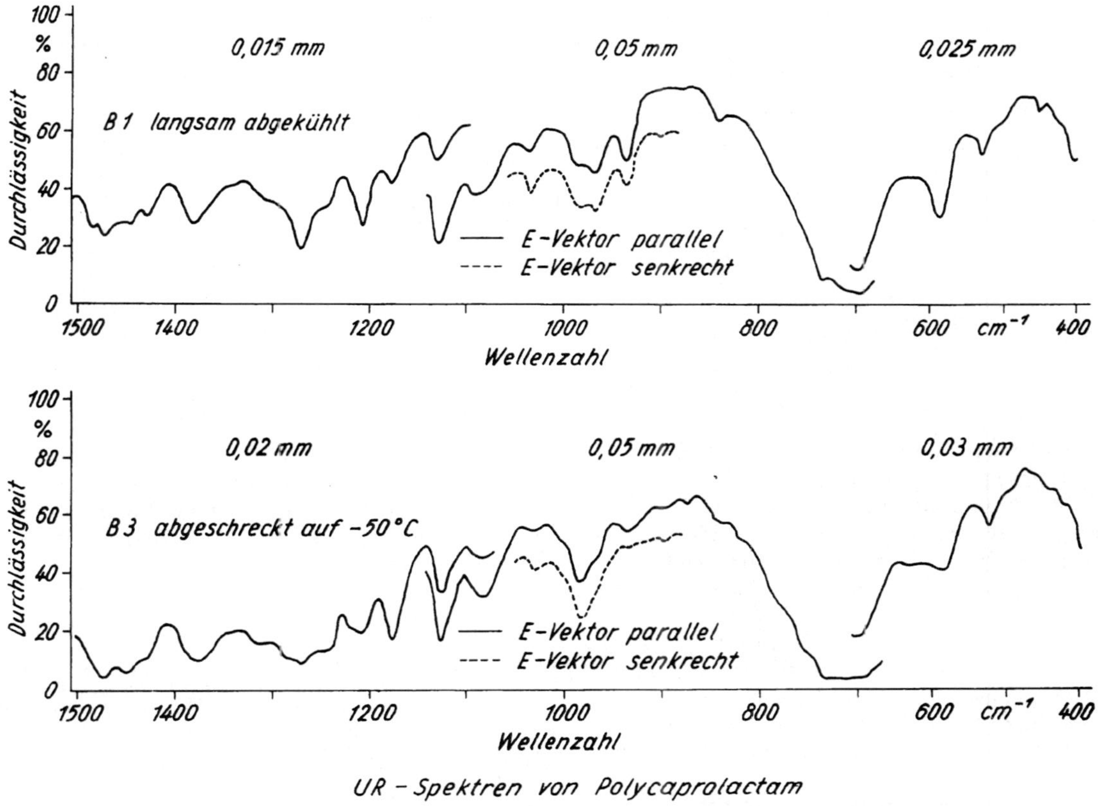

Bild 1. UR-Spektren von Polycaprolactam mit hohem (B 1) und niedrigem (B 3) Ordnungsgrad.

Extinktionskoeffizient ist. Leider sind wir von diesem Idealzustand noch weit entfernt.

Man behilft sich wieder mit dem Zweiphasenmodell und ordnet Banden, deren Intensität zunimmt, wenn die Kristallisation begünstigt wird, einem geordneteren Anteil zu, und umgekehrt Banden, die bei solchen Behandlungen kleiner werden, einem ungeordneteren Anteil. Man kann unter diesen Voraussetzungen für strukturempfindliche Bandenpaare jeweils einen Ordnungsgrad berechnen.

Die Ergebnisse einer solchen Berechnung zeigt Tabelle 1. Wie zu erwarten, erhält man bei einer Probe keineswegs für jedes Bandenpaar den gleichen Ordnungsgrad. Den kleinsten Wert erhält man, wenn man die Extinktionen bei 980 und 963 cm^{-1} vergleicht. Setzt man die Extinktion bei 980 cm^{-1} in Beziehung zu den Extinktionen bei 1030, 933 und 835 cm^{-1}, so errechnet man in dieser Reihenfolge zunehmend größere Anteile an geordneter Substanz. Bei 963 cm^{-1} absorbieren also nur Bereiche mit höchstem Ordnungszustand, von den Banden 1030, 933 und 835 cm^{-1} werden zusätzlich Bereiche mit schlechterem Ordnungszustand erfaßt und zum geordneten Anteil gerechnet. Daher kann man durch spektroskopische Untersuchungen nicht nur einen Ordnungsgrad, sondern die Ordnungsgradverteilung bestimmen, welche die übermolekulare Struktur weit besser charakterisiert.

Die Proben *C* wurden aus Lösungen in Ameisensäure erhalten. Sie haben einen sehr hohen Ordnungsgrad, und die Absorption bei 980 cm^{-1} ist unmeßbar klein. Dadurch wird eine Substanz mit einheitlicher Struktur vorgetäuscht. Daß es in Wirklichkeit anders aussieht, zeigt eine Berechnung des Ordnungsgrades unter Zugrundelegung des Bandenpaares 1205/1175 cm^{-1}.

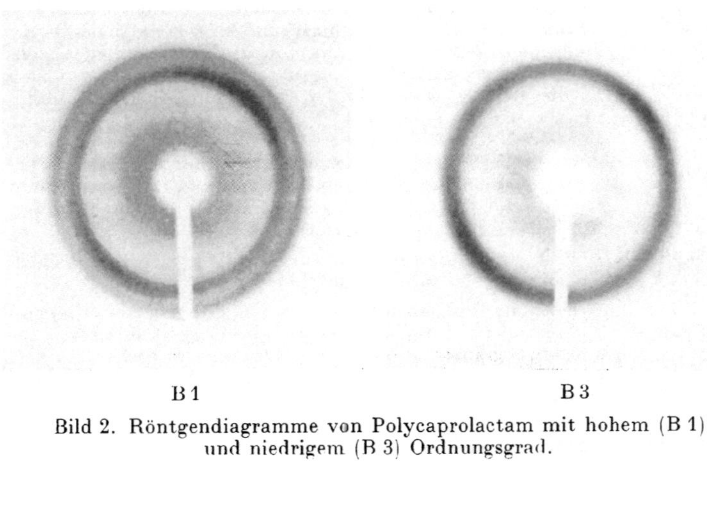

B 1 B 3

Bild 2. Röntgendiagramme von Polycaprolactam mit hohem (B 1) und niedrigem (B 3) Ordnungsgrad.

Die Proben D 1 und D 3 haben etwa den gleichen Ordnungsgrad für die Bande 835 cm^{-1}. Die Absorption bei 963 und 1030 cm^{-1} zeigt aber, daß bei D 3 mehr Substanz im besser geordneten Zustand vorliegt. Bei Probe D 2 nimmt der Ordnungsgrad in der Reihenfolge der Tabelle nur wenig zu, die Hauptmenge des geordneten Anteils liegt also im höchsten Ordnungszustand vor. Auf Grund der Röntgendiagramme würde man für die Proben B 3 und D 1 gleiche Struktur erwarten.

Tabelle 1. UR-Ordnungsgrad, berechnet aus der Extinktion bei σ_i und σ_j

Wellenlänge σ [cm^{-1}]	Phase	B 1	B 2	B 3	C 1	C 2	C 3	D 1	D 2	D 3
963	A	0,29	0,075	0,05	1,0	1,0	1,0	0	0,76	0,07
980	B	0,71	0,925	0,95	0,0	0,0	0,0	1,0	0,24	0,93
1030	A	0,44	0,215	0,20	1,0	1,0	1,0	0,13	0,79	0,29
980	B	0,56	0,785	0,80	0,0	0,0	0,0	0,87	0,21	0,71
933	A	0,49	0,10	0,06	1,0	1,0	1,0	0,26	0,82	0,31
980	B	0,51	0,90	0,94	0,0	0,0	0,0	0,74	0,18	0,69
835	A	0,54	0,24	0,08	1,0	1,0	1,0	0,42	0,86	0,49
980	B	0,46	0,76	0,92	0,0	0,0	0,0	0,58	0,14	0,51
1205	A	0,31	0,14	0,07	0,50	0,45	0,56			
1175	B	0,69	0,86	0,93	0,50	0,55	0,44			

Die spektroskopischen Ergebnisse zeigen aber, daß erhebliche Unterschiede vorliegen.

Es erhebt sich nun die Frage nach der anschaulichen Bedeutung dieser Ergebnisse bzw. nach der genauen Zuordnung der Absorptionsbanden. Hier helfen uns dichroitische Untersuchungen einen kleinen Schritt weiter.

Banden, die von einem Kristallzustand herrühren, sogenannte „kristalline Banden", entstehen bekanntlich durch Wechselwirkung der im Kristallgitter benachbarten schwingenden Molekülteile. Die Frequenz einer solchen Bande läßt sich durch Gleichung (1) darstellen [5]:

$$\nu(\delta,\delta') = \nu_0 + \sum_s D_s \cos(s\delta) + \sum_s D'_s \cos(s\delta'). \quad (1)$$

ν_0 ist die Frequenz der ungestörten Schwingung; D und D' geben die Wechselwirkung in Richtung der Molekülketten und in Richtung der Wasserstoffbrücken an, δ und δ' bezeichnen die Phasenlage, welche auf die Werte 0 und π beschränkt ist. Es genügt, die ersten Glieder der Summen zu berücksichtigen, und man erhält vier Formeln

$$\begin{aligned} \nu(0,0) &= \nu_0 + D_1 + D'_1, \\ \nu(0,\pi) &= \nu_0 + D_1 - D'_1, \\ \nu(\pi,0) &= \nu_0 - D_1 + D'_1, \\ \nu(\pi,\pi) &= \nu_0 - D_1 - D'_1. \end{aligned} \quad (2)$$

Für Polycaprolactam läßt sich leicht zeigen, daß $\nu(0,0)$ nicht ultrarotaktiv ist, $\nu(0,\pi)$ parallel zur Kettenachse polarisiert ist, $\nu(\pi,0)$ senkrecht zur Kettenachse und parallel zur Blättchenebene polarisiert ist und daß ferner $\nu(\pi,\pi)$ senkrecht zur Kettenachse und senkrecht zur Blättchenebene polarisiert ist.

An doppelt orientierten Proben konnten wir den Dichroismus einiger Banden relativ zum Kristallgitter bestimmen und die um 1000 cm^{-1} gelegenen Banden zuordnen. 933 cm^{-1}, 963 cm^{-1} und 1030 cm^{-1} sind die $\nu(0,\pi)$, $\nu(\pi,\pi)$ bzw. $\nu(\pi,0)$-Komponenten einer ebenen Gerüstschwingung der CONH-Gruppe. Die aus den Gleichungen (2) berechnete ungestörte Frequenz $\nu_0 = 981{,}5$ cm^{-1} stimmt sehr gut mit der für Substanz mit niedrigem Ordnungsgrad gefundenen Absorptionsbande 980 cm^{-1} überein.

Zusammenfassend läßt sich sagen, daß durch Vergleich der Extinktionen zweier strukturabhängiger UR-Banden ein Ordnungsgrad berechnet werden kann. Bei Polycaprolactam hängt der auf diese Weise bestimmte Ordnungsgrad stark vom gewählten Bandenpaar ab, weil für das Auftreten der betreffenden Schwingungen verschiedene Größe oder Güte der geordneten Bereiche erforderlich ist. Durch dichroitische Untersuchungen an doppelt orientierten Proben kann ein Teil der zur Ordnungsgradbestimmung herangezogenen Banden bestimmten Schwingungstypen zugeordnet werden.

Literatur

[1] *Ruscher, Ch.*, und *Dechant, J.*, Über die Feinstruktur der Polyamide. IV. Bestimmung des Ordnungszustandes von Polycaprolactam durch Ultrarotspektroskopie. Faserforsch. u. Textiltechnik **15** (1964) 10, S. 481–490.

[2] *Dechant, J.*, und *Ruscher, Ch.*, Über die Feinstruktur der Polyamide. V. Dichroismus und Zuordnung des Ultrarotspektrums von Polycaprolactam. Faserforsch. u. Textiltechnik (im Druck).

[3] *Schneider, B.*, *Schmidt, P.*, und *Wichterle, O.*, On the structure and properties of polyamides. I. Infrared spectra of polycaprolactam. Coll. Czech. chem. comm. **27** (1962) S. 1749–1759.

[4] *Jambrich, M.*, und *Diačik, I.*, Der Einfluß von Wärme sowie einer einseitig gerichteten Deformation auf einige Strukturveränderungen von Polycaproamid beobachtet mit Hilfe der IR-Absorptionsspektroskopie. Chem. Zvesti **15** (1961) S. 197–212.

[5] *Krimm, S.*, Infrared spectra and chain conformation of proteins. J. mol. Biol. **4** (1962) S. 528–540.

Eingegangen am 1. Juni 1964

Diskussion

Dr. G. *Urbanczyk*, Łódź: Wurde die Möglichkeit der Interpretation im Sinne des Ordnungsspektrums in Fasern erwogen? Bestehen meßtechnische Einwände gegen die Anwendung des besprochenen Verfahrens zur Untersuchung von Fasern?

Dr. *J. Dechant*: Es bestehen meßtechnische Einwände, wenn man sich nicht auf eine qualitative Beurteilung des Ordnungszustandes beschränkt, sondern eine möglichst hohe Meßgenauigkeit verlangt. Die von uns untersuchten Folien sind verhältnismäßig inhomogen, sie haben keineswegs überall die gleiche Dicke. Bei der Bestimmung der Extinktion müssen wir mit einem Fehler von etwa 5 bis 10% rechnen. Für einen daraus berechneten Ordnungsgrad ist ein noch etwas größerer Fehler anzunehmen. Mit für spektroskopische Untersuchungen ungünstigen Präparaten, z. B. Fasern, kann man formal eine solche Ordnungsbestimmung auch durchführen. Die Ergebnisse sind aber sehr unsicher.

Prof. Dr. *G. Becherer*, Rostock: Haben Sie Ihre Proben eingebettet oder so untersucht?

Dechant: Wir haben die Folien nicht eingebettet. Man gewinnt dabei nicht viel. Was die Genauigkeit unserer Messungen begrenzt, ist nicht die Streuung des Lichtes an der Oberfläche der Proben, sondern die ungleichmäßige Dicke der Proben.

Dr. *W. Meskat*, Leverkusen: Man kann derartige Untersuchungen auch an Fasern durchführen und hat auch an

Fasern bzw. Monofilen, allerdings nicht aus der Produktion, sondern an speziell hergestellten Fasern, Messungen vorgenommen.

Dechant: Ja. Aber bei den erforderlichen Präparatdicken von 10 bis 20 μm müßte man ein Infrarotmikroskop anwenden.

Meskat: Allerdings. Diese Geräte sind jedoch seit Jahren im Handel, und damit kann man auch Aussagen über die Wasserstoffbrücken bei Cellulosefasern gewinnen.

Dechant: Uns stand ein solches Gerät leider nicht zur Verfügung. Wir benötigen im Gegenteil für das Ultrarotspektrometer UR 10 sehr große Proben.

Dr. *D. Doskocilova*, Prag: Sie können die Extinktion nicht absolut genau bestimmen. Auf welche vom Ordnungszustand unabhängige Linie beziehen Sie Ihre Messungen?

Dechant: Wir haben die Absorption bei 1125 cm^{-1} unseren Messungen zugrunde gelegt. Die andere in diesem Zusammenhang noch diskutierte Linie bei 1080 cm^{-1} ist nach unserer Feststellung nicht ordnungsunabhängig, sondern spricht vorwiegend auf ungeordnete Bereiche an.

Dipl.-Phys. *Kießling*, Leipzig: Welchen Einfluß haben die verschiedenen Kristallmodifikationen auf das UR-Spektrum von Polyamiden hinsichtlich der Bestimmung des Ordnungsgrades?

Dechant: Es war ursprünglich unsere Hoffnung und unser Wunsch, durch Ultrarotabsorptionsmessungen feststellen zu können, welche prozentualen Anteile an monokliner, smektischer und amorpher Phase die Probe enthält. Das ging aber leider nicht. Die einzelnen Absorptionsbanden ließen sich nicht eindeutig diesen Strukturmodifikationen zuordnen. Das ist sicherlich darauf zurückzuführen, daß die Röntgenbeugung, die der Definition dieser Strukturen zugrunde liegt, wesentlich größere geordnete Bereiche erfordert als die Ultrarotabsorption. Grob gesehen ist es so, daß in einer stark abgeschreckten Schmelze von den in meinem Vortrag betrachteten Absorptionsbanden nur die Bande bei 835 cm^{-1} stark ist. Hat man eine weniger stark abgeschreckte Probe oder ein an Luft getempertes Präparat, bei dem nach Aussage des Röntgendiagramms die smektische Phase vorherrscht, dann nimmt der berechnete Ordnungsgrad in der Reihenfolge 963, 1030, 933, 835 cm^{-1} etwa gleichförmig zu. Herrscht dagegen in gut geordneten Proben die monokline Phase vor, dann ist der berechnete Ordnungsgrad für die genannten Banden etwa gleich groß. Von dieser Regel gibt es aber Ausnahmen, was auf die unterschiedliche Größe der beobachteten Bereiche zurückzuführen ist.

Dr. *E. W. Fischer*, Mainz: Haben Sie auch das Spektrum in Abhängigkeit von der Temperatur gemessen? Ist zu erwarten, daß man dann die Zuordnung der Absorptionsbanden wesentlich vereinfachen könnte?

Dechant: Das wäre sicher sehr interessant; es treten dann aber zusätzliche Ungenauigkeiten durch die Wärmestrahlung der Proben auf. Mißt man bei erhöhten Temperaturen, so hat die Probe bei den Frequenzen, bei denen starke Absorption erfolgt, eine erhöhte Emission. Dadurch treten Meßfehler auf, die nicht leicht zu übersehen sind.

Dr. *I. Diačik*, Svit (ČSSR): Wir haben solche Untersuchungen an zerkleinerten Fasern durchgeführt. Dabei betrug der Meßfehler etwa 2,5%.

Dechant: Der von Ihnen angegebene Meßfehler erscheint mir etwas sehr klein. Dazu kommt, daß Sie als Vergleichsbande die Absorption bei 1080 cm^{-1} genommen haben, die, wie wir einwandfrei feststellen konnten, ordnungsabhängig ist. In einer neueren Arbeit von *I. I. Novak* (Vysokomol. Soed. (Hochmol. Verb.) **5** (1963) S. 1645) wird u. a. diese Bande zur Bestimmung der Kristallinität herangezogen. Wenn Sie die Fasern in sehr kleine Stücke schneiden, wird das Material deformiert und damit die Struktur beeinflußt. Die beim Schneidvorgang in Mitleidenschaft gezogene Substanz kann dann sicher nicht mehr gegen die ungestörte Substanz vernachlässigt werden.

Doskočilová: Ich möchte noch darauf hinweisen, daß im Ultrarotspektralphotometer UR 10 bei 980 cm^{-1} eine sehr große selektive Polarisation auftritt, welche die Messungen in diesem Bereich verfälscht.

Dechant: Das ist uns bekannt. Wir haben deshalb bei orientierten Proben mit polarisiertem Licht parallel und senkrecht zur Vorzugsrichtung gemessen und die Absorption nach einer von *Sandeman* und *Keller* angegebenen Formel auf unpolarisiertes Licht und nichtorientierten Zustand der Probe umgerechnet.

Schmelz- und Rekristallisationsvorgänge bei Polyäthylen-Einkristallen[1)]

Erhard Wolfgang Fischer

Laboratorium für Physik der Hochpolymeren am Institut für physikalische Chemie der Universität Mainz

DK 678.742.2:548.55:536.421.1:548.53

Die „Einkristalle" des Polyäthylens unterscheiden sich in ihrem Kristallisationsgrad nicht wesentlich von dem aus der Schmelze kristallisierten Material. Auch beim Tempern verhalten sie sich ähnlich wie massives Polyäthylen. Mittels Röntgenkleinwinkelstreuung wurden die Schmelz- und Rekristallisationsvorgänge untersucht. Der bei der Rekristallisation beobachtete Anstieg des Kristallisationsgrades ist eine Folge des Dickenwachstums der Kristalle.

Процессы плавления и рекристаллизации монокристаллов полиэтилена

Монокристаллы полиэтилена по степени кристалличности лишь незначительно отличаются от кристаллизующегося из расплава материала. Их поведение при отжиге также аналогично таковому блочного полиэтилена. При применении рассеяния рентгеновских лучей под малым углом проведено изучение процессов плавления и рекристаллизации. Наблюдаемое при рекристаллизации повышение степени кристалличности является следствием роста кристаллитов по толщине.

Melt and Recrystallisation Processes in Polyethylene Single Crystals

The crystallinity of „single crystals" of polyethylene is essentially the same as that of melt crystallized material. At annealing the single crystals also behave similar to bulk polyethylene. By means of x-ray small angle scattering the melting and recrystallization processes have been studied. The increase of crystallinity during recrystallization is caused by the increase of the thickness of the crystals.

1 Einleitung

Bekanntlich erhält man bei der Kristallisation aus sehr verdünnten Lösungen von nahezu allen kristallisierenden Hochpolymeren Einkristalle, die alle die gleichen charakteristischen Merkmale aufweisen. Sie bestehen aus ungefähr 100 Å dicken, regelmäßig begrenzten Lamellen, in denen die Ketten senkrecht oder nahezu senkrecht zur Lamellenebene orientiert sind. In Bild 1 a ist als Beispiel ein Polyoxymethylen-Einkristall wiedergegeben, der in diesem Fall aus mehreren

[1)] Vorgetragen auf dem 2. Erweiterten Colloquium über „Die Feinstruktur der Hochpolymeren", Berlin und Teltow-Seehof, 8. bis 10. Juni 1964

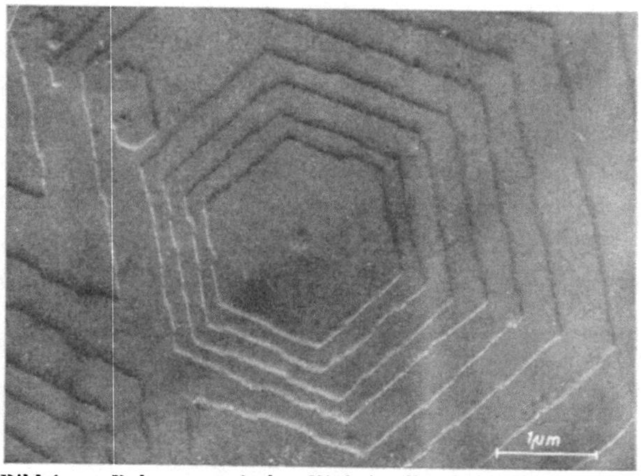

Bild 1a. Polyoxymethylen-Einkristall, kristallisiert aus 0,05%iger Lösung in Cyclohexanol

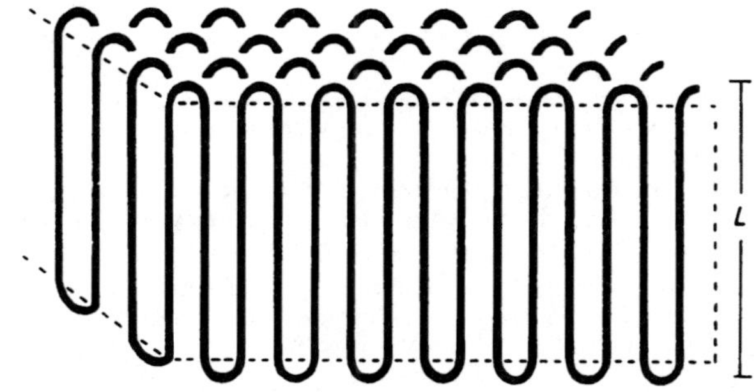

Bild 1b. Schematische Darstellung der Struktur hochpolymerer Einkristalle mit gefalteten Kettenmolekülen

übereinandergewachsenen Einzel-Lamellen besteht. Bild 1b zeigt das bekannte, von *Keller* [1] vorgeschlagene Modell der Struktur solcher Einkristalle in schematischer Darstellung. Die Molekülketten sind an den Deckflächen der Lamellen regelmäßig gefaltet, so daß hier eine scharfe Grenzfläche entsteht. Die Dicke L der Kristalle kann man entweder im Elektronenmikroskop oder an Paketen von übereinandergeschichteten Einkristallen mit Hilfe der Röntgenkleinwinkelstreuung messen [2]. Innerhalb der Meßgenauigkeit stimmen die mit beiden Methoden gefundenen Werte überein.

Diese Einkristalle wurden in den letzten fünf Jahren in vielen Laboratorien ausführlich untersucht, wobei natürlich die Frage nach der Ursache der Kettenfaltung bzw. der geringen Dicke der Kristalle in Kettenrichtung im Vordergrund des Interesses stand. Dabei wurde zunächst angenommen, daß es sich bei der Kristallisation aus extrem verdünnten Lösungen, wie sie bei der Herstellung der Einkristalle verwendet werden, um einen Sonderfall handelt, der mit der normalen Kristallisation des massiven Materials aus der Schmelze nur wenig gemein hat.

In letzter Zeit ist es jedoch immer deutlicher geworden, daß sich die Einkristalle bezüglich ihrer Struktur und bezüglich ihres Fehlordnungsgrades nicht wesentlich von den Kristalliten im schmelzkristallisierten Material unterscheiden. Auch beim Tempern im sog. Schmelzbereich verhalten sich die Einkristalle ähnlich wie die aus der Schmelze kristallisierten Polymeren. Daher kann man die Einkristalle als ein Modell für die Kristallite des massiven Polymeren betrachten und aus ihrem Verhalten Schlüsse auf allgemeine Gesetzmäßigkeiten beim Kristallisieren und Schmelzen linearer Kettenmoleküle ziehen. Der wesentliche Vorteil dieser Methode besteht darin, daß Größe, Größenverteilung und Aufbau der Einkristalle bekannt sind. Daher ist es zur Deutung der Ergebnisse nicht notwendig, Voraussetzung über Größe und Aufbau der Kristallite einzuführen, wie es beim schmelzkristallisierten Material notwendig ist. Am Beispiel zweier Erscheinungen, die bei allen kristallinen Hochpolymeren im sogenannten Schmelzbereich auftreten, nämlich partielles Schmelzen und Rekristallisieren, möchte ich in meinem Vortrag diesen Vorteil aufzeigen.

2 *Zum Kristallisationsgrad der sogenannten Einkristalle*

Bevor ich über diese Untersuchungen berichte, möchte ich kurz auf einige Versuche eingehen, die sich mit dem Kristallisationsgrad des aus verdünnter Lösung kristallisierten Polyäthylens befassen. Nach dem in Bild 1b dargestellten Modell sollte man erwarten, daß die Einkristalle 100%ig kristallin sind im Gegensatz zum schmelzkristallisierten Material, das stets einen mehr oder weniger großen amorphen Anteil enthält. Dies ist jedoch nicht der Fall. In Bild 2 ist die Dichte von Einkristallen, die mit einer Schwebemethode in der Zentrifuge bei 30 °C gemessen wurde, in Abhängigkeit von der Kristallisationstemperatur aufgetragen [3]. Zum Vergleich sind noch zwei Meßwerte an schmelzkristallisiertem Polyäthylen eingetragen. Die eine Probe wurde bei 125 °C kristallisiert, die andere wurde in Eiswasser abgeschreckt. Nach diesen Messungen, die noch mit anderen Methoden überprüft wurden [3], liegt auch bei den Einkristallen die Dichte wesentlich niedriger als die sogenannte „Röntgendichte", die aus den Abmessungen der Elementarzelle des Polyäthylens berechnet werden kann und ungefähr 1,00 g/cm³ beträgt. Die Einkristalle müssen also einen ziemlich hohen Anteil an fehlgeordneten Bereichen enthalten, der auch mit Hilfe der Röntgenstreuung nachgewiesen werden kann.

Nachdem wir unsere Messungen durchgeführt hatten, ergab sich eine rege Diskussion um die Kristallinität der sogenannten Einkristalle. Von *Kawai* und *Keller* [4] wurden ebenfalls Dichtemessungen durchgeführt, die leider zu gegenteiligen Resultaten führten. Nach ihren Untersuchungen ergab sich, daß die Einkristalle 100% kristallin sind. In der Tabelle 1 sind einige der bisher vorliegenden Meßergebnisse zusammengefaßt. An einzelnen Proben wurden auch von anderen Autoren mittels Dichte- und Röntgenmessungen [7] oder kalorimetrisch [8, 9] Werte für die Kristallinität gefunden, die mit den Ergebnissen unserer Dichtemessungen übereinstimmen. Polyoxymethylen-Kristalle in der Art, wie in Bild 1 dargestellt, besitzen nach unseren Messungen ebenfalls eine Dichte, die nur einer 85%igen Kristallinität entspricht.

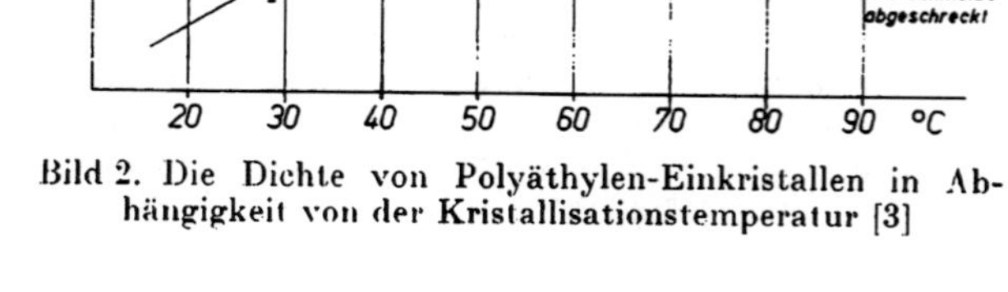

Bild 2. Die Dichte von Polyäthylen-Einkristallen in Abhängigkeit von der Kristallisationstemperatur [3]

Tabelle 1. Amorpher Anteil der Polyäthylen-„Einkristalle"

Kristallisationstemperatur [°C]	Aus Dichtemessungen			Aus Röntgenmessungen	
	Fischer-Lorenz [3] [%]	*Flory* et al. [5] [%]	*Keller* u. *Kawai* [%]	*Fischer-Lorenz* [%]	*Bunn* [6] [%]
40	24			32	
50	23			30	21
70	20	19	~0	28	
80	18	19		25	17
90		16			15

Die von uns aus den Röntgenstreukurven ermittelten amorphen Anteile liegen nach Tabelle 1 etwa 10% höher als die aus den Dichtemessungen berechneten Werte. Dieser Unterschied ist durch unsere Auswertemethode bedingt, bei der die durch die Temperaturbewegung verursachten Reflexfüße bei der Ermittlung des amorphen Anteils mitgezählt werden [3]. Man kann die Methode jedoch am schmelzkristallisierten Material eichen und erhält dann gute Übereinstimmung mit den Dichtewerten. Von *Ruland* [10] wurde die Kristallinität der Einkristalle röntgenographisch mit einer Methode ermittelt, bei der der von der Temperaturbewegung und von Gitterfehlern herrührende diffuse Streuuntergrund berücksichtigt wird [11]. Er fand ebenfalls einen amorphen Anteil von 15 bis 18%. Dieser Anteil läßt sich durch Tempern der Einkristalle auf 6 bis 8% verringern. Damit ist das Anwachsen des Kristallisationsgrades durch Tempern der Einkristalle, den wir aus Dichtemessungen fanden [12], auch röntgenographisch nachgewiesen.

Wegen der Übereinstimmung der mit verschiedenen Methoden ermittelten Ergebnisse glauben wir, daß die niedrige Dichte der Einkristalle nicht durch Hohlräume oder andere systematische Fehlermöglichkeiten vorgetäuscht wird. Vielmehr scheint uns sicher zu sein, daß die in unseren Untersuchungen verwendeten Einkristalle einen beträchtlichen Anteil an fehlgeordneten Bereichen enthalten.

Andererseits wurde schon vor längerer Zeit mittels elektronenmikroskopischer Abdruckmethoden nachgewiesen, daß schmelzkristallisiertes Polyäthylen aus lamellaren Kristalliten aufgebaut ist. Vor kurzem wurde die weitgehende Ähnlichkeit der morphologischen Struktur der Kristallite des massiven Polyäthylens mit den aus verdünnten Lösungen hergestellten Einkristallen mit Hilfe einer von *Palmer* und *Cobbold* [14] entwickelten Ätztechnik gezeigt [15]. Als Beispiel sind in Bild 3 Bruchstücke eines mit HNO_3 angeätzten Polyäthylens zu sehen, das durch langsames Abkühlen aus der Schmelze kristallisiert wurde. Zieht man einerseits die gleichartige morphologische Struktur in Betracht und andererseits die Übereinstimmung der Kristallisationsgrade, so gibt es keine experimentell belegbaren Gründe für die Annahme, daß in den beiden Fällen, nämlich Kristallisation aus der Schmelze und aus der verdünnten Lösung, Kristallite mit grundsätzlich verschiedener Struktur entstehen sollten.

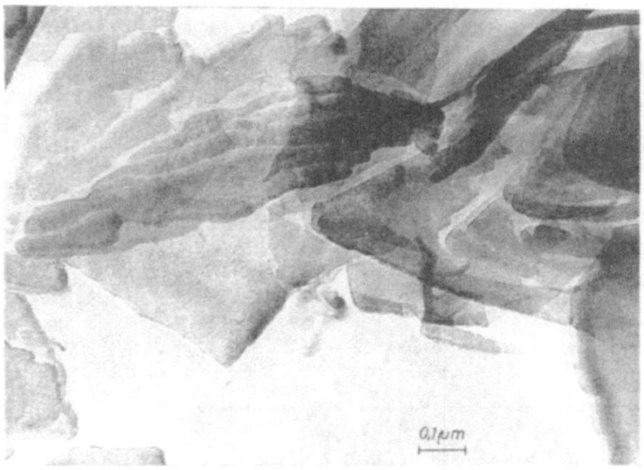

Bild 3. Bruchstücke eines mit HNO_3 angeätzten Polyäthylens, das durch langsames Abkühlen aus der Schmelze kristallisiert worden war

3 Partielles Schmelzen und Rekristallisation der Polyäthylen-Einkristalle

Hiermit entsteht natürlich die Frage, ob sich diese Übereinstimmung auch auf das Verhalten der Einkristalle im sogenannten Schmelzbereich erstreckt. Bekanntlich findet man beim Erhitzen eines kristallinen Hochpolymeren im allgemeinen keinen scharfen Schmelzpunkt. Das spez. Volumen nimmt vielmehr in einem von Vorbehandlung und Art des Polymeren abhängigen Temperaturintervall kontinuierlich zu, wie es schematisch in Bild 4 dargestellt ist. Man nennt diesen Vor-

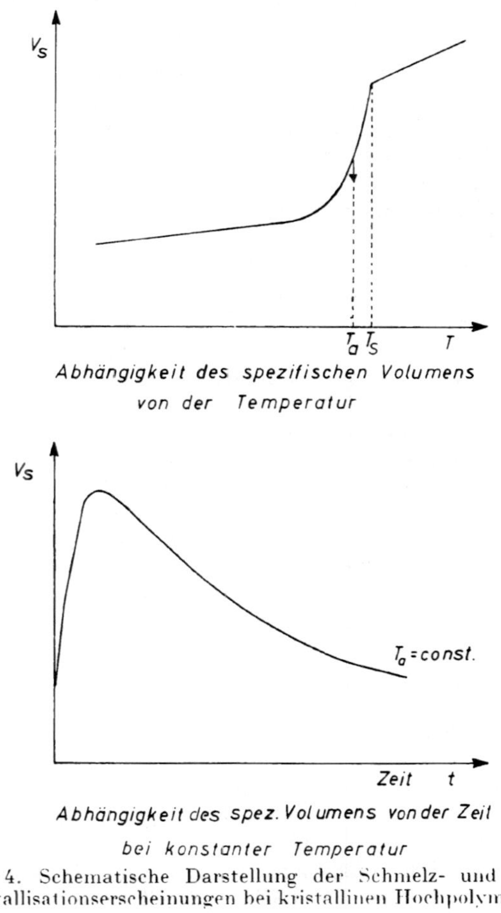

Bild 4. Schematische Darstellung der Schmelz- und Rekristallisationserscheinungen bei kristallinen Hochpolymeren

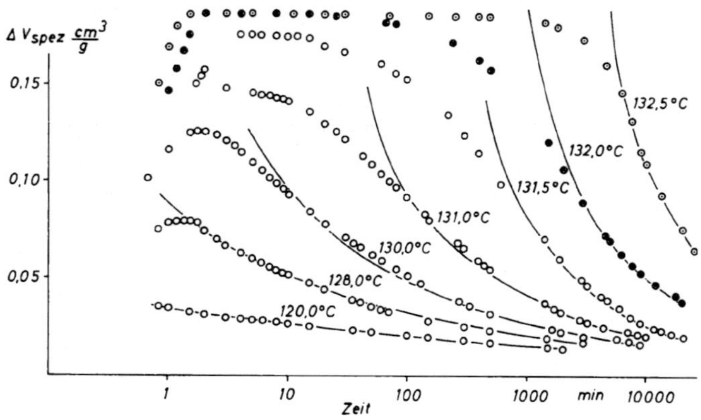

Bild 5. Zeitabhängigkeit des spez. Volumens von Polyäthylen-Einkristallen beim Tempern [16]

gang partielles Schmelzen. Unterbricht man das Aufheizen bei einer beliebigen Temperatur T_a innerhalb des Schmelzbereiches, so findet man in vielen Fällen, daß das spez. Volumen mit der Zeit wieder abnimmt. Da dieser Vorgang, der in Bild 4a durch einen vertikalen Pfeil dargestellt ist, das partielle Schmelzen teilweise wieder aufhebt, wird er als Rekristallisation bezeichnet.

Der Versuch, die in Bild 4a dargestellte Schmelzkurve für die Einkristalle aufzunehmen, scheitert an der hohen Rekristallisationsgeschwindigkeit. Man kann diese Schwierigkeit dadurch teilweise umgehen, daß man die zeitliche Änderung des spez. Volumens bei konstanten Temperaturen mißt. Es sind dann Kurven zu erwarten, wie sie in Bild 4b schematisch dargestellt sind. Infolge des partiellen Schmelzens steigt das spez. Volumen zunächst schnell an und sinkt dann wegen der Rekristallisation langsam wieder ab.

Umgekehrt gilt für die Kristallinität α, daß sie zunächst bei kurzen Zeiten stark abnimmt, und zwar um so mehr, je höher die Tempertemperatur ist. Bei längeren Temperzeiten steigt sie wieder an. Ein solches Verhalten hatten wir früher für die Einkristalle röntgenographisch und mit Hilfe von Doppelbrechungsmessungen nachgewiesen [12]. Neuere Messungen mit dem Hg-Dilatometer zeigen, daß sich auch das spez. Volumen in der erwarteten Weise ändert [16]. In Bild 5 ist die zeitliche Abhängigkeit des spez. Volumens von Einkristallen wiedergegeben, die bei 80 °C aus verdünnter Xylol-Lösung kristallisiert worden waren und anschließend nach dem Trocknen bei verschiedenen Temperaturen getempert wurden. Die eingezeichneten Kurven sind nach Gl. (5) berechnet und werden später erörtert werden.

Entsprechende Messungen an massivem, aus der Schmelze kristallisiertem Polyäthylen wurden von *Gubler*, *Rabesiaka* und *Kovacs* [17] durchgeführt. Die Ergebnisse sind in Bild 6 dargestellt. Die zeitliche Abhängigkeit des spez. Volumens ähnelt weitgehend derjenigen, die wir beim Tempern der Einkristalle gefunden haben. Neben der Übereinstimmung bezüglich der morphologischen Struktur und des Kristallisationsgrades kann man also für die beiden Fälle, nämlich Kristallisation aus sehr verdünnten Lösungen oder aus der Schmelze, auch ein übereinstimmendes Verhalten im Schmelzbereich feststellen.

Da es sich beim partiellen Schmelzen und Rekristallisieren um Phänomene handelt, die allgemein bei allen

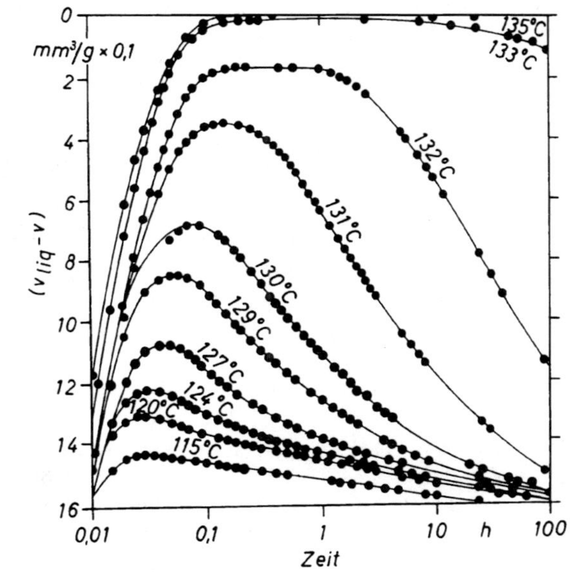

Bild 6. Zeitabhängigkeit des spez. Volumens von Niederdruck-Polyäthylen, das aus der Schmelze kristallisiert und bei verschiedenen Temperaturen getempert wurde [17]

kristallinen Hochpolymeren auftreten, liegen bereits eine Reihe verschiedener Erklärungsversuche vor [18]. Ihnen allen gemeinsam ist, daß sie von bestimmten Voraussetzungen über die morphologische Struktur und deren Änderungen ausgehen. Ich möchte hier eine Deutung vorschlagen, die durch die Ergebnisse der Messungen an Einkristallen nahegelegt wird.

4 *Rekristallisation und Dickenwachstum der Kristalle*

In engem Zusammenhang mit der Rekristallisation steht ein anderer Prozeß, der erstmals von *Statton* und *Geil* [19] ausführlicher untersucht wurde. Es handelt sich um das isotherme Dickenwachstum der Einkristalle. In einem Temperaturbereich zwischen etwa 110 °C und dem Schmelzpunkt von etwa 132 °C nimmt die Dicke der Einkristalle, also ihre Abmessung in Kettenrichtung, mit der Zeit zu. Man kann dieses Wachstum mit dem Elektronenmikroskop, aber auch mit Hilfe der Röntgenkleinwinkelstreuung verfolgen. Dabei mißt man die „Langperiode L", die die Dicke der Kristalle in Kettenrichtung angibt, wobei zu beachten ist, daß hier der Kristall als morphologische Einheit definiert wird, d. h. man betrachtet die ungeordnete Grenzschicht, über die später noch ausführlich gesprochen wird, als zum Kristall gehörig. Wir hatten früher gezeigt [12], daß der Anstieg der Langperiode mit der Zeit in guter Näherung durch ein logarithmisches Gesetz

$$L = L_0 + B(T) \log \left(\frac{t}{t_0} + 1 \right) \qquad (1)$$

wiedergegeben werden kann, wobei B die Neigung der log-Geraden angibt und stark von der Temperatur abhängt. Die Zunahme der Langperiode erfolgt um so schneller, je höher die Temperatur ist.

Diese Temperaturabhängigkeit der Größe B ist im wesentlichen die Ursache dafür, daß sich bei der Messung der Langperiode nach konstanten Temperzeiten ein um so größerer Wert ergibt, je höher die Temperatur war. In Bild 7 ist die Temperaturabhängigkeit der Langperiode von Einkristallen, kristallisiert aus Tetrachlor-

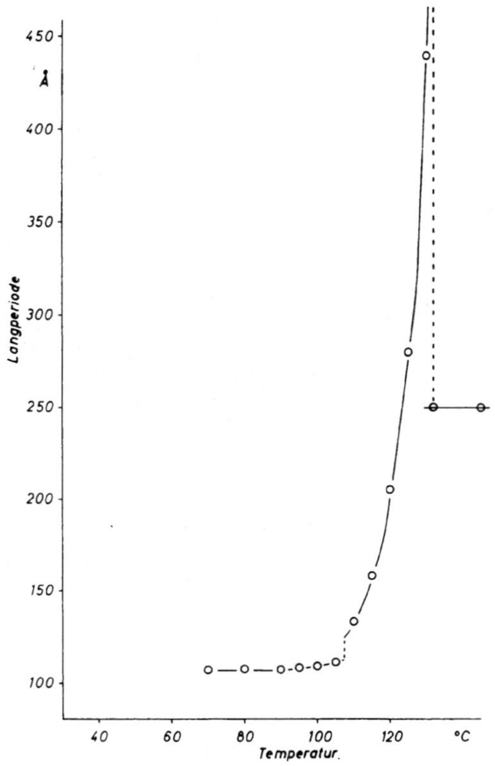

Bild 7. Temperaturabhängigkeit der Langperiode von Ein kristallen, kristallisiert bei 70 °C aus Tetrachloräthylen-Lösung [12]

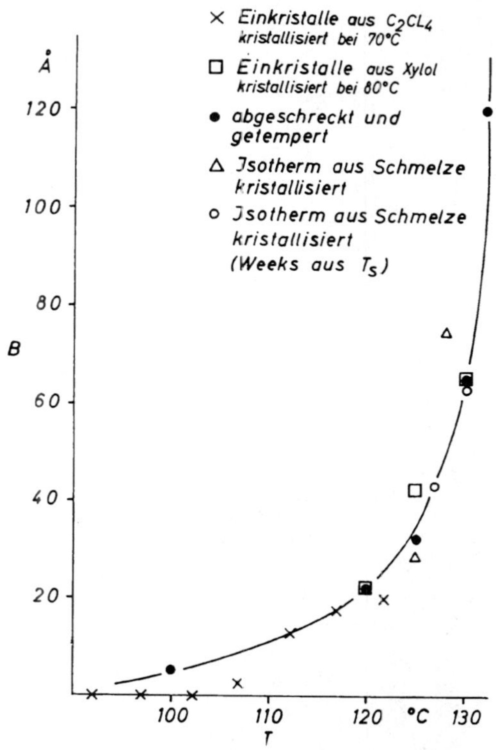

Bild 8. Temperaturabhängigkeit der Neigung *B* der logarithmischen Geraden aus Gleichung (1) für verschieden behandelte Polyäthylene nach Messungen von *Fischer* und *Schmidt* [12]

äthylen-Lösung bei 70 °C, aufgetragen. Ähnliche Kurven erhält man auch für schmelzkristallisiertes Polyäthylen [12] und für viele andere Polymere. Mit wachsender Tempertemperatur steigt die Langperiode steil an und erreicht in unserem Beispiel bei 130 °C ungefähr das Vierfache der Ausgangsperiode. Dieser Prozeß kann nur durch eine vollständige Umkristallisation vonstatten gehen. Nach Überschreiten einer Temperatur von 132 °C wird an den Einkristall-Proben, die alle nach dem Tempern zur Messung der Langperiode abgeschreckt worden waren, eine Langperiode von 250 Å gemessen. Diesen Wert findet man auch, wenn Polyäthylen aus der Schmelze abgeschreckt wird. In Übereinstimmung damit zeigen die Dilatometerkurven von Bild 5, daß bei 132 °C das spez. Volumen der Schmelze erreicht wird.

Von besonderem Interesse für die theoretische Deutung des isothermen Dickenwachstums der Kristalle ist die bereits erwähnte Temperaturabhängigkeit der Neigung *B* der logarithmischen Geraden. Sie ist in Bild 8 für Meßreihen an verschieden vorbehandelten Polyäthylenen aufgetragen. Einmal handelt es sich um Polyäthylen-Einkristalle, die aus verdünnten Xylol-Lösungen bei 80 °C bzw. aus Tetrachloräthylen-Lösung bei 70 °C kristallisiert worden waren. Zum anderen wurde Polyäthylen aus der Schmelze abgeschreckt und anschließend bei den in der Abszisse aufgetragenen Temperaturen getempert. Aber auch wenn man Polyäthylen isotherm aus der Schmelze kristallisiert, — ein Versuch, der bei 125 und 128 °C durchgeführt wurde — beobachtet man eine stetige Zunahme der Langperiode während der Kristallisation. Dieses Dickenwachstum verläuft auch nach einem logarithmischen Zeitgesetz, die Neigungen *B* sind ebenfalls in Bild 8 eingetragen. Es ist auffallend, daß sich die Meßwerte von grundsätzlich verschieden behandelten Polyäthylenen ziemlich gut durch eine einheitliche Kurve darstellen lassen. Nur bei verstrecktem Polyäthylen findet man eine andere Temperaturabhängigkeit der Neigung *B*, die außerdem vom Verstreckgrad abhängt [12].

In Bild 8 sind noch zwei weitere Punkte eingetragen, die von *Weeks* [20] auf ganz andere Art ermittelt worden sind. Bei seinen Untersuchungen wurde das Dickenwachstum der Kristallite bei der isothermen Kristallisation des Polyäthylens nicht mit Hilfe der Röntgenkleinwinkelstreuung verfolgt, sondern durch Messung der Abhängigkeit des Schmelzpunktes von der Kristallisationszeit. Mit Hilfe der einfachen Beziehung

$$T_L = T_\infty \left(1 - \frac{2\sigma}{\Delta h \cdot L}\right) \tag{2}$$

zwischen Schmelzpunkt T_L und Dicke L eines lamellaren Kristalls (σ = Grenzflächenenergie der Deckflächen, Δh = Schmelzwärme) fand *Weeks* auch aus seinen Experimenten, daß die Dicke der Kristalle logarithmisch mit der Zeit zunimmt. Die Neigungen *B* der logarithmischen Geraden stimmen gut mit den von uns ermittelten Werten überein. Da bei dieser Methode nur das obere Ende des Schmelzbereiches gemessen wurde, d. h., es wurden nur die größten Kristallite erfaßt, zeigt die Übereinstimmung der Meßwerte, daß es sich hier um ein echtes Anwachsen der Kristallitdicke mit der Zeit handelt. Die Abhängigkeit der Langperiode von der Temperatur wird also nicht etwa durch eine Änderung der Kristallitgrößenverteilung vorgetäuscht.

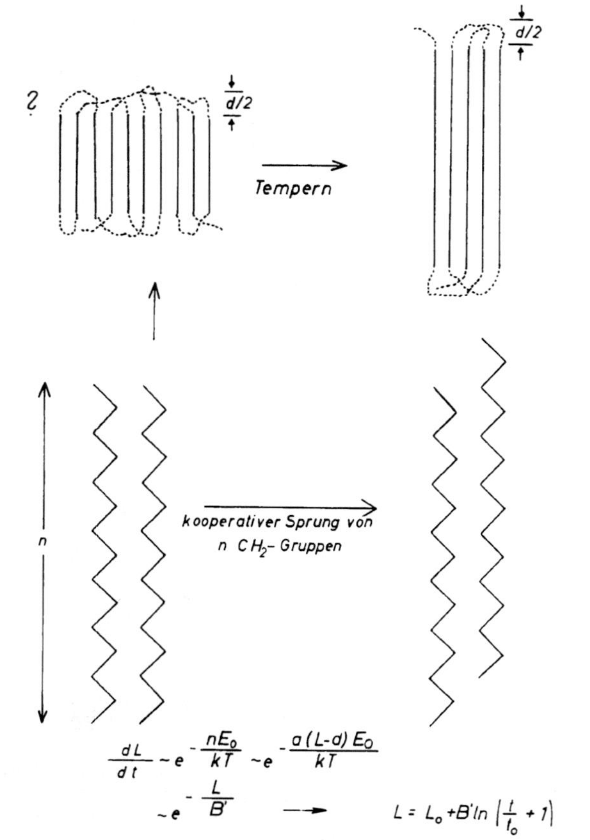

Bild 9. Zur Deutung des isothermen Dickenwachstums von Einkristallen nach *Peterlin* [21]

Während man bei der isothermen Kristallisation aus der Schmelze findet, daß die Geschwindigkeit des Vorganges mit zunehmender Temperatur stark absinkt und natürlich bei Annäherung an den Gleichgewichtsschmelzpunkt gegen Null geht, wird hier beobachtet, daß die Größe B, die die Geschwindigkeit des isothermen Dickenwachstums regelt, mit zunehmender Temperatur stark ansteigt. Dies zeigt, daß der Prozeß, der zum Dikkenwachstum führt, diffusionskontrolliert ist. Er geht um so leichter vonstatten, je höher die Temperatur ist.

Auf Grund dieser Messungen hat *Peterlin* [21] eine interessante Deutung des Zeitgesetzes vorgeschlagen, die in Bild 9 schematisch dargestellt ist[2]). Um ein kontinuierliches Anwachsen der Faltungsperiode zu ermöglichen, wobei nach röntgenographischen Messungen die Kettenorientierung beibehalten wird, muß ein Massetransport in Richtung der Kettenachsen erfolgen. *Peterlin* nimmt an, daß der zugehörige Einzelschritt aus einem kooperativen Sprung von n Methylengruppen besteht, wobei n durch die Dicke des Kristalls gegeben ist. Der Energieanteil der zu diesem Sprung erforderlichen freien Aktivierungsenergie ist proportional der Zahl n der zu überspringenden Potentialberge, so daß die Geschwindigkeit des Dickenwachstums dL/dt proportional ist zu $e^{-nE_0/kT}$ oder proportional zu $e^{-L/B'}$. Durch Integration folgt aus dieser Gleichung unmittelbar die beobachtete Zeitabhängigkeit. Die Temperaturabhängigkeit kommt im wesentlichen dadurch herein, daß das Potential E_0 für das Überspringen einer Methylengruppe wegen der thermischen Ausdehnung und der Annäherung an den hexagonalen Zustand stark von der Temperatur abhängt. Weitere Messungen, insbesondere der Molekulargewichtsabhängigkeit, müssen zeigen, ob diese Vorstellung richtig ist [22].

[2]) Die Struktur der Grenzschicht ist noch nicht geklärt. Aus den im folgenden erwähnten Messungen geht jedoch hervor, daß sich ihre Dicke $d/2$ während des Temperns bei konst. Temperatur nicht ändert.

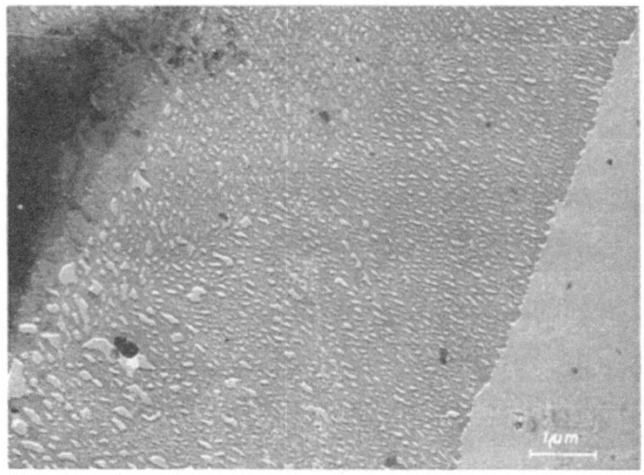

Bild 10. Elektronenmikroskopische Abbildung eines Einkristalles, der 10 min bei 125 °C getempert wurde

Das isotherme Dickenwachstum der Kristalle, das in Bild 9 schematisch dargestellt ist, führt zu einem Schrumpf der Kristalle in den Richtungen senkrecht zur Kettenachse. Dadurch ändert sich die morphologische Struktur der Einkristalle [19], wie in der elektronenmikroskopischen Aufnahme von Bild 10 zu sehen ist. Die Einzel-Lamelle reißt auf, es entstehen Löcher, und das früher dort befindliche Material wird für das Dickenwachstum verbraucht. Bei mehreren übereinanderliegenden Lamellen entstehen keine Löcher, da jede Lamelle das Material von der benachbarten bezieht.

Aus den hier geschilderten Ergebnissen, insbesondere aus dem logarithmischen Zeitgesetz und aus der Temperaturabhängigkeit, geht hervor, daß es sich bei dem isothermen Dickenwachstum um eine Erscheinung handelt, die man von der sogenannten „Neukristallisation" zu unterscheiden hat. Bei diesem Vorgang schmelzen kleine Kristalle auf und kristallisieren anschließend mit einer neuen Langperiode. Mit anderen Worten: Das Einsetzen des isothermen Dickenwachstums, das bei ungefähr 110 °C geschieht, ist nicht mit dem Schmelzpunkt der Kristalle zu verwechseln, wie es häufig geschieht. Erst bei höheren Temperaturen, bei denen im $\varrho_s(t)$-Diagramm des Bildes 5 das spez. Volumen der Schmelze erreicht wird, gehen isothermes Dickenwachstum und Neukristallisation ineinander über.

Es liegt die Vermutung nahe, daß zwischen den eben beschriebenen Vorgängen und der zeitlichen Zunahme des Kristallisationsgrades beim Tempern der Einkristalle im Schmelzbereich ein enger Zusammenhang besteht. Je größer die Kristalle sind, eine um so höhere Dichte der Probe sollte man erwarten. So konnten wir in einer früheren Untersuchung [12] die einfache Beziehung

$$\varrho = \varrho_k - \frac{A}{L} \qquad (3)$$

zwischen der Dichte ϱ der Einkristalle und ihrer Langperiode L nachweisen. ϱ_k wurde als annähernd über-

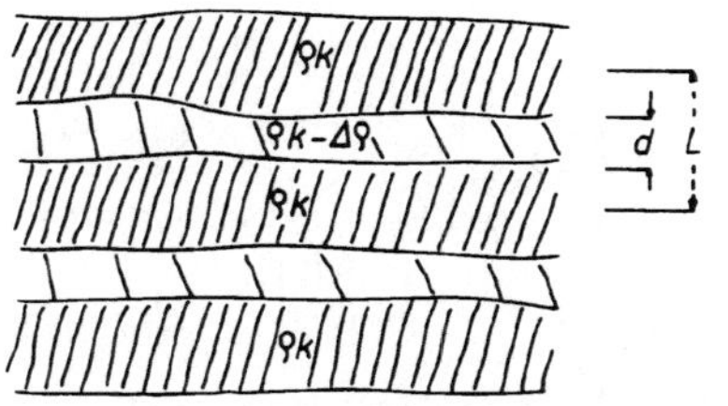

Bild 11. Schematische Darstellung der Struktur von Einkristallen mit ungeordneten Grenzschichten

einstimmend mit der Dichte des Idealkristalls, die sich aus röntgenographischen Messungen berechnen läßt, gefunden. A ist eine mit der Temperatur ansteigende Größe. Sie hängt nach einer gewissen Einstellzeit nicht mehr von der Temperzeit ab.

Eine einfache Erklärung für die Beziehung (3) findet man an Hand des in Bild 11 dargestellten Modells. Die Probe soll aus einem Paket übereinandergeschichteter lamellarer Kristalle der Dichte L bestehen, wobei jeder Kristall aus einem nahezu idealkristallinen Kern der Dicke $(L - d)$ und einer ungeordneten Grenzschicht der Dicke $d/2$ auf jeder Seite aufgebaut ist. Die Dichte der Grenzschichten ist $\varrho_k - \Delta\varrho$. Dann ergibt sich für die Dichte eines solchen Paketes aus

$$\varrho L = \varrho_k (L - d) + (\varrho_k - \Delta\varrho)\, d$$

die Beziehung

$$\varrho = \varrho_k - \frac{d \Delta\varrho}{L}. \qquad (4)$$

Sie ist mit dem experimentell beobachteten Zusammenhang (3) identisch, wenn man $A(T) = d \cdot \Delta\varrho$ setzt. Das Produkt läßt sich nicht trennen, d. h. man kann aus der Temperaturabhängigkeit der Größe A nicht entnehmen, ob mit zunehmender Temperatur die Dicke d der Grenzschicht oder die Dichtedifferenz $\Delta\varrho$ zunimmt.

Setzt man die Gleichung (1), die die Zeitabhängigkeit der Langperiode angibt, in die Beziehung (3) ein, so erhält man daraus die Zeitabhängigkeit der Dichte, bzw. des spez. Volumens [23]:

$$v(t) = \frac{v_k (L_0 + B \log(t/t_0 + 1))}{L_0 - A v_k + B \log(t/t_0 + 1)}. \qquad (5)$$

In Bild 5 sind die in dieser Weise berechneten Kurven eingetragen. Sie geben den Abfall des spezifischen Volumens bei längeren Zeiten hinreichend gut wieder. Bei kleineren Zeiten macht sich die Überlagerung mit dem Vorgang des partiellen Schmelzens, der im nächsten Abschnitt behandelt wird, störend bemerkbar. Das partielle Schmelzen geht nicht unendlich schnell vor sich, vielmehr benötigt es eine gewisse Zeit [24], nach der das Langperiodenwachstum schon ziemlich weit fortgeschritten sein kann. Dadurch ergeben sich die Abweichungen zwischen den berechneten Kurven und den gemessenen Werten. In einer späteren Arbeit werden wir darauf ausführlich eingehen. Es sei noch erwähnt, daß sich auch die bei der isothermen Kristallisation auftretende „sekundäre oder Nachkristallisation" gut durch die Gleichung (5) beschreiben läßt [12, 25].

5 *Zusammenhang zwischen partiellem Schmelzen und Grenzschicht der Kristalle*

Wie bereits erwähnt, hängt die Größe A in Gleichung (3), die nach unserem Modell mit dem Produkt aus Dicke d und Dichtedifferenz $\Delta\varrho$ der Grenzschicht identisch ist, von der Tempertemperatur ab. In Bild 12 ist diese Abhängigkeit dargestellt. Die Meßpunkte wurden nach Gleichung (3) aus den Dichte- und Langperiodenwerten von Einkristallen, die verschieden lange bei verschiedenen Temperaturen getempert worden waren, ausgerechnet. Die Messungen wurden bei 30 °C an den nach dem Tempern abgeschreckten Kristallen durchgeführt. Berechnet man A aus den Dilatometermessungen, so ergeben sich wesentlich höhere Werte [23, 16], da man beim Abschrecken der Kristalle das partielle Schmelzen nur unvollständig einfrieren kann [12].

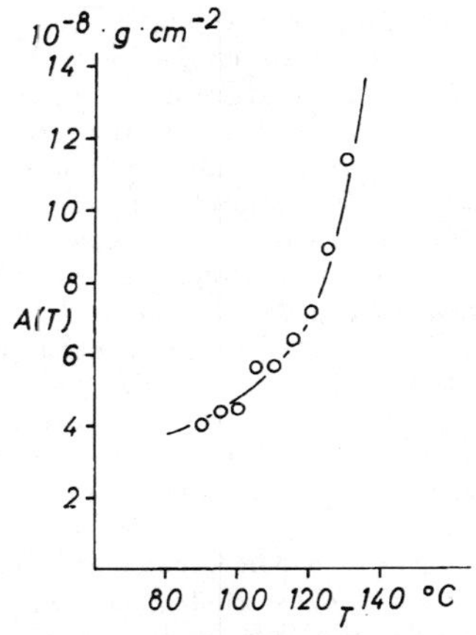

Bild 12. Temperaturabhängigkeit des Grenzschicht-Dichtedefektes $A = d \cdot \Delta\varrho$ (vgl. Gleichung (3)) für Einkristalle

Der steile Anstieg der Größe A mit zunehmender Temperatur legt eine neue Möglichkeit zur Erklärung des partiellen Schmelzens nahe. Wenn man sich das Dickenwachstum der Kristalle gehemmt denkt, also L konstant hält, oder wenn man gut getemperte Einkristalle untersucht, so wird die Temperaturabhängigkeit des spez. Volumens bzw. der Dichte direkt durch die Temperaturabhängigkeit der Größe A in Gleichung (3) beschrieben. Mit Hilfe dieser Gleichung kann man Schmelzkurven konstruieren, die gut mit den gemessenen übereinstimmen. Insbesondere zeigt sich klar der Einfluß der Kristallitgrößen auf die Schmelzkurve. Je größer die Dicke L in Gleichung (3) ist, um so enger wird der Schmelzbereich. Dies entspricht der beobachteten Abhängigkeit der Breite des Schmelzbereiches von der Größe der Kristallite, bzw. von der Kristallisationstemperatur. Es sei betont, daß bei dieser Deutung des partiellen Schmelzens von einer einheitlichen Größe der Kristallite ausgegangen wird. Kommt eine Größenverteilung hinzu, so überlagert sich der hier geschilderte Effekt mit dem Aufschmelzen kleiner Kristallite.

Nach der beschriebenen Vorstellung kann man sich zumindest für den Fall der Einkristalle das partielle Schmelzen dadurch erklären, daß die Kristalle von den Deckflächen her aufschmelzen und einen um so kleineren kristallinen Kern besitzen, je höher die Temperatur ist. Dieses Grenzflächenschmelzen kann man theoretisch deuten, wenn man die Entropie der in den amorphen Grenzschichten enthaltenen Molekülschlaufen in Betracht zieht [26]. Es stellt sich dabei heraus, daß das Produkt $d \cdot \Delta\varrho$ von der Temperatur abhängt[3]).

6 *Zusammenfassung*

Die sogenannten „Einkristalle" des Polyäthylens, die durch Kristallisation aus sehr verdünnten Lösungen hergestellt werden, unterscheiden sich in ihrem Kristalli-

[3]) Auf Grund einer mündlichen Mitteilung des Vortragenden an Herrn Dr. *T. Kawai* wurde von diesem eine Notiz publiziert [27], in der dieser Auffassung widersprochen wird. Bei seiner Rechnung stellte sich heraus, daß der Aufschmelz-Effekt zwar im Prinzip vorhanden ist, zahlenmäßig jedoch zu vernachlässigen sei. In einer späteren Arbeit werden wir die Gründe für dieses abweichende Ergebnis darlegen.

sationsgrad nicht wesentlich von dem aus der Schmelze kristallisierten Material. Dichte und Röntgenmessungen zeigen, daß sie einen beträchtlichen amorphen Anteil enthalten.

Die Einkristalle verhalten sich auch beim Tempern im Schmelzbereich ähnlich wie das massive Polyäthylen. In beiden Fällen nimmt der Kristallisationsgrad zunächst infolge des ,,partiellen Schmelzens" ab, bei längeren Temperzeiten überwiegt dann die Rekristallisation und verursacht einen Anstieg der Kristallinität.

Die mittels der Röntgenkleinwinkelstreuung gemessene Zeit- und Temperaturabhängigkeit der Dicke der Kristalle legt die folgende Deutung des Schmelz- und Rekristallisationsverhaltens der Einkristalle nahe: Das partielle Schmelzen wird durch eine Zunahme des von den Grenzschichten herrührenden Dichtedefekts verursacht. Die Kristalle schmelzen an den Deckflächen auf, und je höher die Temperatur ist, um so größer ist das Produkt aus Dicke und Dichtedifferenz der Grenzschichten. Der bei der Rekristallisation beobachtete Anstieg des Kristallisationsgrades ist eine Folge des Dickenwachstums der Kristalle. Je größer die Kristalle sind, um so weniger wirken sich die Grenzschichten auf die makroskopische Dichte aus.

Den Herren Prof. Dr. *H. A. Stuart*, Dr. *G. F. Schmidt* und Dr. *A. Kajiura* danke ich herzlich für hilfreiche Diskussionen.

Literatur

[1] *Keller, A.*, Phil. Mag. **2** (1957) S. 1171–1175.

[2] *Keller, A.*, und *O'Connor, A.*, Nature, London **180** (1957) S. 1289–1290.

[3] *Fischer, E. W.*, und *Lorenz, R.*, Kolloid-Z. **189** (1963) S. 97–110.

[4] *Kawai, T.*, und *Keller, A.*, Phil. Mag. **8** (1963) S. 1203 bis 1210.

[5] *Jackson, J. B.*, *Flory, P. J.*, und *Chiang, R.*, Trans. Faraday Soc. **59** (1963) S. 1906–1917.

[6] *Bunn, C. W.*, unveröffentlicht, zitiert nach [8].

[7] *Wunderlich, B.*, und *Kashdan, W. H.*, J. Polymer Sci. **50** (1961) S. 71–78. *Hendus, H.*, unveröffentlicht, zitiert nach H. Thurn, Kolloid-Z. **179** (1961) S. 11–29.

[8] *Karasz, F. E.*, und *Hamblin, D. J.*, Report of National Physical Laboratory. May 1963.

[9] *Kilian, H. G.*, mündliche Mitteilung.

[10] *Ruland, W.*, mündliche Mitteilung.

[11] *Ruland, W.*, Acta Crystallogr., Copenhagen **14** (1961) S. 1180–1185.

[12] *Fischer, E. W.*, und *Schmidt, G. F.*, Angew. Chemie **74** (1962) S. 551–562.

[13] *Claver, G. C.*, *Buchdahl, R.*, und *Miller, R. L.*, J. Polymer Sci. **20** (1956) S. 202–205. *Fischer, E. W.*, Z. Naturforsch. **12a** (1957) S. 753 bis 754.

[14] *Palmer, R. P.*, und *Cobbold, A. J.*, Makromol. Chemie **74** (1964) S. 174–189.

[15] *Keller, A.*, und *Sawada, S.*, Makromol. Chemie **74** (1964) S. 190–221.

[16] *Kajiura, A.*, und *Fischer, E. W.*, unveröffentlicht.

[17] *Gubler, M.*, *Rabesiaka, J.*, und *Kovacs, A. J.*, aus: *Geil, P. H.*, Polymer Single Crystals, New York, London, Sidney 1963.

[18] *Zachmann, H. G.*, Fortschr. Hochpolym. Forschung **3**, (1964) S. 581–687.

[19] *Statton, W. O.*, und *Geil, P. H.*, J. appl. Polymer Sci. **3** (1960) S. 357–361.

[20] *Weeks, J. J.*, J. Res. Nat. Bur. Standards **67**A (1963) S. 441–451.

[21] *Peterlin, A.*, Polymer Letters (J. Polymer Sci. Part B) **1** (1963) S. 279–284.

[22] *Peterlin, A.*, Preprint Nr. 44, Research Triangle Institute, Durham N. C. 1964.

[23] *Peterlin, A.*, und *Roeckl, E.*, J. appl. Physics **34** (1963) S. 102–106.

[24] *Chiang, R.*, und *Flory, P. J.*, J. amer. chem. Soc. **83** (1961) S. 2857–2862.

[25] *Peterlin, A.*, J. appl. Physics **35** (1964) S. 75–81.

[26] *Fischer, E. W.*, unveröyentlicht.

[27] *Kawai, T.*, Polymer Letters (J. Polymer Sci. Part B) **2** (1964) S. 429–435.

Eingegangen am 1. August 1964

Diskussion

Prof. Dr. *R. Hosemann*, Berlin-Dahlem: Wir haben schon vor einigen Jahren solche Präparate von Herrn *Keller* gemessen, wobei wir sahen, die Verhältnisse sind ähnlich wie im Bulkmaterial. Da freuen wir uns über Ihre Feststellung, daß die Unterschiede nur quantitativer Natur sein können; und zwar quantitativ in bezug auf die Größe der statistischen Schwankungen, die beim Einkristall etwa 4% und beim Bulkmaterial etwa 20% betragen. Das ist nur ein quantitativer, kein qualitativer Unterschied. Wir hatten damals auch einige Präparate untersucht, die eine inhomogene Abstandsstatistik hatten. Da waren 80% Material mit 4% Abstandsschwankungen und 20% mit 20%igen Schwankungen vorhanden. *Keller* hatte das mit störenden Einwirkungen bei der Herstellung der Präparate erklärt.

Zieht man bei tiefer Temperatur aus der Lösung einzelne Kristallamellen, so gehen fast keine Moleküle durch zur nächsten Lamelle. Aber es ist eine weniger gut geordnete Grenzschicht vorhanden, die man nicht zum Kristallit hinzurechnen sollte. Man kann dann nicht sagen, daß die Kleinwinkelstreuung die Kristallitdicke ergibt, sondern man erhält eine Information über die Periode aus Kristallitdicke plus ungeordnetem Bereich. Während bei diesen Lamellen das Längenwachstum sich vollzieht, indem Löcher entstehen, ist nach unserer Vorstellung beim Bulkmaterial mit Längenschwankungen von 20 bis 30% von entscheidender Bedeutung, daß laterale Enden vorhanden sind, wie das im ersten Bild zu meinem Vortrag gezeigt wurde. Dann sind die in diesem Gebiet befindlichen Ketten nicht sehr fixiert. Bei steigender Temperatur lösen sie sich los, und zwar umso eher, je kleiner der Kristallit ist. Der kleinere Kristallit wird aufgefressen, die Ketten gehen in den gestörten Bereich, wo sie Raum haben, sich zu formieren so daß die größeren Kristallite in Richtung der kleineren zu wachsen beginnen. In dem mit 20% Schwankungen behafteten Material wird also das Kristallwachstum hauptsächlich von den Seiten her induziert. Ich würde mich freuen, wenn Sie sagen würden, daß das Ihren Meinungen entspricht.

Dr. *E. W. Fischer*: Vielleicht haben wir nur begriffliche Schwierigkeiten der Verständigung. Ich wollte gerade andeuten, daß das mit dem Sterben und Neukristallisieren der Kristallite nicht der Fall ist. Man erhält dann Schwierigkeiten bei der Temperaturabhängigkeit des Prozesses. Wir beobachten in allen Fällen, daß sich die Größenverteilung in der Richtung verschiebt, wie Sie es angedeutet haben. Man findet zum Teil ein Anwachsen um den Faktor 2 oder 3, wenn man lange genug bei hinreichend hohen Temperaturen tempert. Um diesen experimentell einwandfrei belegten Befund zu deuten, gibt es zwei Möglichkeiten. Man nimmt an, der Einkristall hat einen Schmelzpunkt von 110°C, während das massive Material bei 135°C schmilzt. Der Einkristall schmilzt und kristallisiert neu, weil er unter dem eigentlichen Schmelzpunkt geschmolzen war. Es kristallisiert dann ein größerer Kristall. Das wäre eine Erklärung. Die andere Erklärung ist, bei 110°C, wo das Dickenwachstum einsetzt, werden die Ketten genügend beweglich, um es dem Kristall zu ermöglichen, in eine thermodynamisch günstigere Position überzugehen, d. h. Grenzflächen zu vernichten. In einem Diffusionsprozeß vergrößert sich der ganze Kristall, ohne daß er schmilzt.

Hosemann: Der Kristall verlängert sich, und der Anteil der Grenzflächen mit den Schlaufen wird geringer. Die anderen Seiten werden größer.

Fischer: Mit dem elektronenmikroskopischen Bild wollte ich zeigen, daß, wenn genügend Kristalle übereinander liegen, das für das Dickenwachstum erforderliche Material von oben oder unten hergezogen wird, so daß seitlich keine neuen Grenzflächen entstehen. Das konnten wir auch in anderen elektronenmikroskopischen Untersuchungen zeigen. Es entstehen keine Löcher; sonst wäre der Überschuß an Grenzflächenenergie an den Schlaufen und an den Seiten maßgebend. So aber, wenn keine Löcher entstehen, wird der ganze Energieinhalt der Grenzfläche mit den Schlaufen bei diesem Dickenwachstum gewonnen. Daß das isotherme Dickenwachstum tatsächlich stattfindet und nicht nur aus der Röntgenkleinwinkelstreuung herauskommt, haben die Arbeiten von *Weeks* gezeigt, der die Schmelzpunkterhöhung bei längeren Kristallisationszeiten gemessen hat.

Hosemann: Meine Bemerkung sollte sich nicht auf Einkristalle, sondern auf das aus der Schmelze gewonnene Bulkmaterial beziehen.

Fischer: Da gilt genau dasselbe, denn z. B. die Messungen von *Weeks* sind am Bulkmaterial durchgeführt worden. Auch wir haben diesen Prozeß bei Einkristallen und Bulkmaterial verglichen und dabei festgestellt, daß in beiden Fällen die Geschwindigkeit des Prozesses dem gleichen Gesetz folgt. Im Gegensatz zu verstrecktem Material, bei dem offenbar ganz andere Verhältnisse vorliegen. Um es noch einmal zusammenzufassen: beim schmelzkristallisierten Material und bei den Einkristallen stimmen die Verhältnisse weitgehend überein. Es spielt keine Rolle, ob einige Molekülketten durchlaufen oder nicht. Bei verstrecktem Material erfolgt auch ein Anwachsen der Langperiode, aber der Prozeß geht viel langsamer vor sich.

Hosemann: Glauben Sie nicht, daß die beim verstreckten Material durch das Röntgendiagramm bewiesenen amorphen Bereiche, die sich gekrümmt durch das Material ziehen, bei der Rekristallisation von wesentlicher Bedeutung sind?

Fischer: Diese Bereiche sind beim verstreckten Material von sehr wesentlicher Bedeutung. Sie erfüllen die Funktion, die bei den Einkristallen die darüber oder darunter liegende Lamelle hat.

Dr. *P. H. Hermans*, Breda-Ginneken: Sie messen eine Periode aus Kristall plus Grenzschicht. Diese Periode wird beim Tempern größer. Kann man sich dieses Anwachsen anders vorstellen, als daß eine völlige Umkristallisation erfolgt?

Fischer: Nein, das kann man sich nicht anders vorstellen; es findet völlige Umkristallisation statt. Wenn man die Lamellen mit *i* durchnumeriert und die Ketten mit *k*, dann werden die Indizes bei der Umkristallisation neu verteilt. Das ist bei jedem Modell so, eine Erhöhung der Langperiode um den Faktor drei ist ohne Umkristallisation nicht denkbar.

Dr. *W. Meskat*, Leverkusen: Ich habe ein unbehagliches Gefühl, wenn Sie vom Einkristall sprechen und nicht genau nachweisbare ungeordnete Grenzschichten in den Begriff des Einkristalls mit einbeziehen. Sind wir da mit unseren Begriffsbildungen nicht etwas sehr nachlässig?

Fischer: Der Begriff des Einkristalles hat nicht nur eine kristallographische, sondern auch eine morphologische Bedeutung. Man kann von einem Einkristall sprechen, wenn der Kristall von einem einzigen Keim ausgegangen und gewachsen ist. Das ist das, was wir im Elektronenmikroskop sehen. Wir sehen einen durch kristallographisch niedrig indizierte Flächen begrenzten Kristall liegen. Andererseits sehen wir aus der Röntgenstreuung, daß in diesem kristallographisch gut definierten Kristall „amorphe" Bereiche enthalten sein müssen. Wenn wir annehmen, daß diese „amorphen" Bereiche in den Grenzflächen liegen, so sagen wir vom morphologischen Standpunkt, den ein Elektronenmikroskopiker bevorzugt, die Grenzflächen gehören zum Kristall. Der Kristall als morphologische Einheit umfaßt auch das, was oben drauf sitzt. Bei der Elektronenbeugung erhält man ein Einkristall-Lauediagramm.

Meskat: Diese Umwandlung des ursprünglichen Einkristall-Begriffs in einen mehrdeutigen polymeren Einkristall-Begriff mit einer je nach dem Prüfverfahren verschiedenen Interpretierung befriedigt nicht.

Holzmüller: Mit dem von mir in der Diskussion zum Vortrag von Prof. *Hosemann* vorgeschlagenen Stufenmodell könnte man sich das Dickenwachstum leichter erklären. Die Umkristallisation ist dann morphologisch und energetisch viel einfacher, als wenn die zu Mäandern gefalteten Moleküle auseinander gezogen werden.

Fischer: Das Modell ist in dieser Form nicht haltbar, da man damit nicht das Elektronenbeugungsdiagramm des Einkristalls erhalten würde.

Holzmüller: Im massiven schmelzkristallisierten Material könnte man aber ein solches Modell annehmen.

Fischer: Dem widerspricht aber, daß man mit der Ätztechnik wieder Kristalle findet, die ein Einkristallbeugungsdiagramm ergeben. Die Umkristallisation könnte man sich aber mit Hilfe dieses Modells wesentlich vereinfachen.

Prof. Dr. *G. Becherer*, Rostock: Ich bitte, mir folgendes zu erläutern: Die Energiebilanz ist doch verschieden, wenn ich Moleküle aus dem Kristallverband herausziehe oder seitlich anlagere. Denn betrachtet man z. B. den zeitlichen Ablauf, so müßte der Vorgang schneller gehen, bei dem man die kleinsten Energiestufen braucht. Das Wachsen erfolgt in bevorzugter Richtung. Hierbei müßte man feststellen, wobei werden die kleinsten Energien betätigt, wenn ich Moleküle herausziehe oder wenn ich anlagere.

Fischer: Es wird bei allen diesen Überlegungen vorausgesetzt, daß entweder der Kristall große laterale Ausdehnung hat, dann fallen die seitlichen Grenzflächen gegenüber den Deckflächen bei einer Kristalldicke von etwa 100 Å nicht ins Gewicht. Man hat also sehr viel spezifische Oberfläche oben und an den Seiten sehr wenig. Oder man kann sagen, die Seitenflächen fallen nicht ins Gewicht, weil die spezifische Grenzflächenenergie, die in den Deckflächen steckt, größer ist. An der Seite hat man nur die normale Anlagerungsenergie. Wenn man eine Kette vom Innern an die Seite bringt, ändert sich die Energiebilanz wenig. Wenn man aber ein Kettenstück vom Innern des Kristalls nach oben bringt und dort umbiegt, dann ändert sich die Energiebilanz viel.

Hosemann: Das verstehe ich nicht. Wenn man ein Molekül auseinanderzieht, so daß es statt 20 Windungen nur 10 macht, dann ändert sich die Energiebilanz doch gar nicht. Denn die Energie, die in einer Krümmung steckt, wandert weiter in die nächste Krümmung.

Fischer: Die Energie pro Gramm Material ändert sich. Beim Dickenwachstum wird Deckfläche ΔF_d vernichtet und laterale Grenzfläche ΔF_l gewonnen, z. B. wenn die Löcher entstehen. Die spezifische laterale Grenzflächenenergie σ_l ist viel kleiner als die spezifische Deckflächenenergie σ_d. Daher ist

$$\Delta E = -\sigma_d \, \Delta F_d + \sigma_l \, \Delta F_l$$

negativ und man gewinnt Energie. Aus der Kristallisationskinetik berechnet man eine spezifische laterale Grenzflächenenergie von 6 bis 10 erg cm^{-2}, und für die Deckfläche erhält man 50 bis 150 erg cm^{-2}. So groß sind die Unterschiede.

Hosemann: Nun möchte ich noch etwas zu der Frage von Herrn Dr. *Hermans* sagen. Eine Umkristallisation findet statt, aber diese Umkristallisation gleicht mehr einem Zonenschmelzverfahren. Unser Vorschlag läuft darauf hinaus, daß von entscheidender Bedeutung die lateralen Grenzflächen der kleinen Kristallite sind. Dort werden nur kurze Kettenstücke festgehalten, so daß die Moleküle bei steigender Temperatur große Beweglichkeit haben. Daher wird auf Grund energetischer Betrachtungen von den kleinen Kristallen Substanz abgegeben und von den größeren aufgenommen. So wandert die amorphe Schicht weiter und frißt den kleinen Kristall auf. Man darf sich die Umkristallisation nicht so vorstellen, daß alles in die Schmelze geht und neu kristallisiert. Vielmehr bleiben gewisse bevorzugte Gitterbereiche erhalten und bauen weiter auf.

Fischer: Ich gebe Ihnen völlig recht, mit der zusätzlichen Bemerkung, daß die Kleinheit der Kristalle senkrecht zur Kette wegen der unterschiedlichen Grenzflächenenergie von geringerer Bedeutung ist als die Kleinheit in Kettenrichtung.

Hosemann: Von Interesse sind hier Kernresonanzmessungen. Bei Polyäthylen wurden zwei verschiedene Beweglichkeiten gefunden, die den kristallinen oder amorphen Bereichen zugeordnet werden. Beim Verstrecken tritt noch eine dritte Beweglichkeit auf, die nach unserer Ansicht zu den auf Zug beanspruchten Ketten in den amorphen Bereichen gehört.

Dr. *E. Treiber*, Stockholm: Aus den Ausführungen geht hervor, daß im ungetemperten Material Einkristall-Lamellen von relativ konstanter Lamellendicke von ca. 100 Å vorkommen, in denen die Fadenmoleküle gefaltet eingebaut sind. Beim Tempern nimmt die Dicke zu. Was passiert, wenn wir zu sehr niedrigem Molekulargewicht übergehen und die Kettenlänge in die Größenordnung der Lamellendicke und darunter kommt?

Fischer: Das wurde im Institut von Prof. *Kern* an Oligomeren des Polyurethans untersucht. Dann bleibt die Langperiode konstant.

An der Diskussion beteiligten sich ferner Dr. *H. G. Kilian*, Marburg und Dr. *O. Brümmer*, Halle.

Versetzungen in Polymeren[1]

Alfred James Kennedy
Department of Materials, The College of Aeronautics, Cranfield/England

DK 678.7:539.19

Das Verhalten von Versetzungen, wie es in den letzten Jahren bei Metallen beobachtet wurde, wird beschrieben. Es wird weiter die Möglichkeit diskutiert, die Vorstellungen der Versetzungstheorie auf Polymere auszudehnen. Insbesondere ist die Orowansche Beziehung für die Richtung von Knick-Bändern erfüllt.

Смещения в полимерах

Описано поведение смещений, наблюдаемых в последние годы у металлов. Обсуждена возможность распространения представлений теории смещений на полимеры. В частности выполнено уравнение Орована для направления линий излома.

Dislocations in Polymers

The behaviour of dislocations, as observed in metals in recent years, is reviewed. The possibility of extending dislocation theory to polymers is discussed. Experimental results confirm this possibility, and in particular, the relevance of Orowan's equation for the orientation of kink-bands.

1 *Einleitung*

Das Studium der Versetzungen ist in theoretischer und experimenteller Hinsicht bereits so weit entwickelt, daß es einen ausreichenden Ausgangspunkt für die mechanische Metallurgie darstellt. Obwohl die Möglichkeiten der Versetzungstheorie im Detail in bezug auf metallische Strukturen entwickelt wurden, ist sie ohne weiteres auf alle kristallinen Materialien übertragbar, falls die Natur der Atombindungen gebührend beobachtet wird. Soweit man polymere Kristalle betrachtet, ist die Entwicklung langsam vorgeschritten, zumal es keine so guten Beweise für die Existenz von Versetzungen in ihnen gibt. Dennoch sollte die Wichtigkeit ihrer Rolle bei der Verformung und beim Bruch nicht unterschätzt werden. Die vorliegende Darstellung beabsichtigt lediglich, die Aufmerksamkeit auf einige Gesichtspunkte der Versetzungstheorie zu lenken, die durch Experimente gestützt sind, und auf einige Beobachtungen von Versetzungen in Polymeren, speziell in Nylon, hinweisen.

Zunächst soll die Bedeutung einer Versetzung in einem elastischen Kontinuum definiert werden. Wie in Bild 1 dargestellt ist, wird in einem elastischen Block ein beliebiger Schnitt ausgeführt. Dann werden die beiden Schnittflächen gegeneinander um den Abstand $\mathfrak{b}$ verschoben und wieder zusammengefügt. Die zylindrische Aussparung am Ende des Schnittes wurde eingeführt, um das Problem der (unendlich) hohen Spannung an der Kante zu umgehen. Die Achse des Schnittes (die Mittellinie des herausgeschnittenen Zylinders) stellt dann eine Versetzungslinie mit dem Burgers-Vektor $\mathfrak{b}$ dar. Die Komponente von $\mathfrak{b}$, die in einem beliebigen Punkt der Versetzung senkrecht auf der Versetzungslinie steht, heißt Stufenanteil, die zur Versetzungslinie parallele Komponente Schraubenanteil. Ein Versetzungsstück, das senkrecht auf $\mathfrak{b}$ steht, ist demnach eine reine Stufenversetzung, während ein zu $\mathfrak{b}$ paralleles Stück eine reine Schraubenversetzung darstellt. Eine allgemeine Versetzung enthält beide Komponenten. Die Kontinuumsoperation, mittels der Versetzungen erzeugt werden, ist in allen Standard-Texten eingehend beschrieben worden. Wir werden diese Betrachtungen nicht weiterführen.

Bisher haben wir uns mit einem elastischen Kontinuum beschäftigt. Wenn wir zu einem tatsächlichen dreidimensionalen Gitter übergehen, so kann eine beliebige Versetzung nicht durch die oben beschriebene Operation eingebracht werden. Der Verformungsbetrag muß so sein, daß beim Zusammenfügen wieder ein Einkristall gebildet wird mit Ausnahme der Störzone in der unmittelbaren Umgebung der Versetzung. Damit die vollkommene Kristallstruktur nach der Verformung beibehalten wird, muß der die Verformung charakterisierende Vektor $\mathfrak{b}$ mit einem einfachen Gittervektor

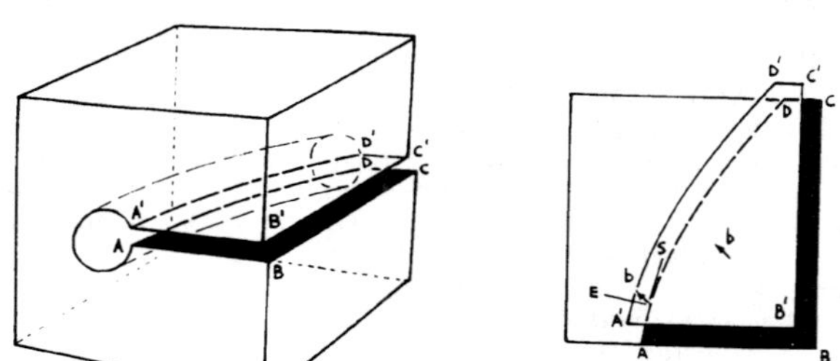

Bild 1. Ein Schnitt wurde in einem Block aus elastischem Material bis zur Grenze *AD* ausgeführt. Die Schnittflächen *ABCD* und *A'B'C'D'* sind relativ zueinander um den Vektor $\mathfrak{b}$ verschoben und dann wieder zusammengefügt. Die elastischen Spannungen in dem Block entsprechen denen einer Versetzungslinie mit dem Burgers-Vektor $\mathfrak{b}$, die längs der Achse des eingezeichneten Zylinders verläuft. In diesem Zylinder ist das Material entfernt, um das Problem der Spannungskonzentration an der Schnittkante im Fall des Kontinuums zu umgehen; dies Problem tritt nicht bei einer Versetzung auf, die in eine Anordnung von punktförmigen Objekten, wie Atomen, eingebracht wird.

[1]) Vorgetragen auf dem 2. Erweiterten Colloquium über „Die Feinstruktur von Hochpolymeren", Berlin und Teltow-Seehof, 8. bis 10. Juni 1964. Aus dem Englischen übersetzt von Dr. *P. Täubert*, Berlin.

oder mit der Summe solcher Gittervektoren übereinstimmen; andernfalls kann die Kristallstruktur im Hauptteil des Blockes nicht in Ordnung sein. Eine vollständige Versetzung kann zum Beispiel durch ein Abgleiten um den einfachen Atombestand erzeugt werden. Andere Vektoren sind ebenfalls möglich, wobei der Fehler, den sie hervorrufen, zu einer stabilen Konfiguration führt und physikalisch in wirklichen Kristallen plausibel ist. Trotzdem sind solche Versetzungen nicht vollkommen, sie heißen unvollkommene oder Teilversetzungen.

Einige Kontinuitätsregeln müssen noch betrachtet werden: eine Versetzungslinie muß entweder bis zur Kristallgrenze verlaufen, oder sie muß sich in Teile aufspalten, so daß die Summe der Burgersvektoren gleich dem der Originalversetzung ist. In den Fällen, in denen der Burgers-Vektor nicht parallel zur Versetzungslinie ist, wird durch beide eine Ebene eindeutig definiert, und das Gleiten der ganzen Versetzung erfolgt durch die Zusammensetzung des Gleitens von jedem Teilstück in der jeweiligen Ebene. Im besonderen Fall, bei dem Burgers-Vektor und Versetzungslinie parallel sind, ist keine solche Ebene definiert. Physikalisch kann ein solches Teilstück in einer kristallographisch möglichen Ebene gleiten, die es enthält. Falls mehr als eine solche Ebene existiert, werden Größe und Richtung der angelegten Spannung die betätigte Ebene bestimmen. Wir verweilen hier nicht beim Gleitmechanismus an sich, doch es muß betont werden, daß die Empfindlichkeit der Versetzungen auf die angelegte Schubspannung die plastische Deformation unter relativ geringen Spannungen ermöglicht. Das ist eine Grundannahme jeder Theorie, die mit der experimentellen Beobachtung in Übereinstimmung ist.

Der notwendige Zusammenhang zwischen Stufenkomponente und spezifischer Gleitebene, und das Fehlen dieses Zusammenhanges bei der vollständigen Schraubenversetzung mit ihrem radial-symmetrischen Spannungsfeld sind die Tatsachen, die die Verformungscharakteristik von Kristallen bestimmen. Bei unvollständigen oder partiellen Schraubenversetzungen (das sind Versetzungen parallel zu ihrem Burgers-Vektor, der aber nicht mit einem Gittervektor übereinstimmt) muß ein Fehler der Kristallstruktur auftreten, der die Radialsymmetrie der vollständigen Schraubenversetzung verletzt. Teilversetzungen in Schraubenorientierung haben nicht die Gleitmöglichkeiten der vollständigen Schraubenversetzung. Wir wollen nun die Folgerungen betrachten, die aus dieser Grundvorstellung entwickelt wurden, und sie mit dem Experiment vergleichen.

2 *Vergleich zwischen Theorie und Experiment*

2.1 Die Theorie sagt vorher, daß Stufenversetzungen gleichen Vorzeichens sich in Ebenen senkrecht zu ihrem gemeinsamen Burgers-Vektor anordnen wollen. Dieser Vorgang (Polygonisation) ist nachweisbar. Weiter verlangt die Theorie, daß sich eine Gruppe von gleichen Stufenversetzungen in derselben Gleitebene unter der Wirkung einer Spannung vor einem Hindernis aufstaut, und daß sich ihr Abstand (x) von der vorderen Versetzung wie n^2 ändert, wobei n die Nummer der Versetzung ist, wenn man $n = 0$ für die vordere Versetzung setzt. Das Bestreben von Stufenversetzungen, Subkorngrenzen in polygonisierter Struktur zu bilden, wird in Bild 2 dargestellt, und die Aufstauung von Versetzungen in den Bildern 3 und 4. Es handelt sich um Siliciumkarbid, das mit geschmolzenem Borax behandelt wurde, um Ätzgrübchen an den Stellen zu entwickeln, an denen die Versetzungen die Oberfläche durchstoßen. Die Güte der Übereinstimmung zwischen Experiment und Theorie in Bild 4 zeigt, wie gut die elastische

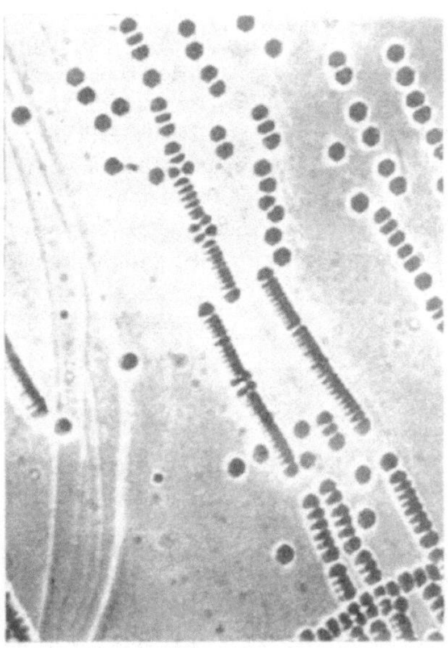

Bild 2. Stufenversetzungen bilden Subkorngrenzen in Siliciumkarbid. Einige Versetzungen in der Anordnung sind Doppelversetzungen. (*Amelinckx* und *Strumane* [2]).

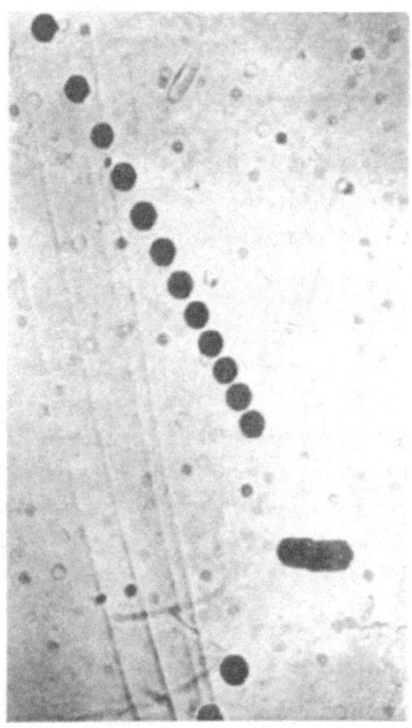

Bild 3. Eine Aufstauung von gleitfähigen Versetzungen in Siliciumkarbid vor einer Gruppe nichtgleitfähiger Versetzungen, die als Schranke wirken. (Nach *Amelinckx* und *Strumane* [2])

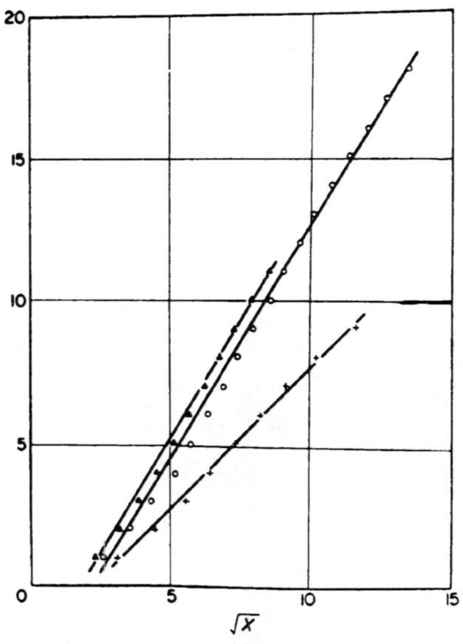

Bild 4. Die Abhängigkeit x von n, der Stellung der Versetzung in der Gruppe ($n = 0$ für die führende Versetzung), wo x den Abstand von dieser führenden Versetzung bedeutet. Die Werte sind Ergebnisse an Siliciumkarbid, ähnlich wie in Bild 3. (*Amelinckx* und *Strumane* [2]).

Theorie die Wechselwirkung von Versetzungen über diese Abstände beschreibt. Für sehr kleine Versetzungsabstände versagt natürlich die Kontinuumstheorie.

2.2 Wie früher ausgeführt wurde, können Versetzungen mit Stufenkomponente nur in einer Ebene gleiten, die durch den Burgers-Vektor und ihr Linienelement bestimmt ist. Die Zufügung oder Wegnahme von Atomen zur Stufe der „extra"-Ebene, die an der Stufenversetzung endet, ermöglicht es ihr jedoch, stückweise in eine andere (parallele) Ebene zu wandern. Dieser Vorgang heißt Klettern. Reine Schraubenversetzungen haben keine derartige „extra"-Ebene und können daher auch nicht klettern. Sie können jedoch, wie bereits gesagt wurde, in andere gleichartige Ebenen übergehen. Dieser Vorgang heißt Quergleitung. Beide Tatsachen sind wohlbegründet, und wir brauchen nicht an ihrer experimentellen Bestätigung zu zweifeln. Der erste Effekt ist durch die Diffusion bestimmt und daher thermisch aktivierbar. Er stellt den wichtigsten Mechanismus für die Erweichung (Erholung) nach vorhergehender Kaltverfestigung dar. Der zweite Effekt ist für vollständige Schraubenversetzungen mechanisch bestätigt. Wir werden sehen, daß ein thermischer Effekt auftritt, wenn solche Versetzungen in Teilversetzungen aufgespalten sind, was unter der Bezeichnung aufgespaltene Versetzung bekannt ist.

Wir können von diesen Grundmöglichkeiten bei der Betrachtung einer Versetzung mit vornehmlich Schraubencharakter ausgehen, die aber eine Stufenkomponente besitzt und daher klettern kann. Wenn wir das Problem des Gleichgewichts zwischen der Linienspannung der Versetzung und einer chemischen Spannung betrachten, die normal zum Burgers-Vektor (als Resultat der Übersättigung an Leerstellen) wirkt, dann kann die Gestalt der Versetzung als Schraubenlinie konstanter Steigung mit konstantem Radius verstanden werden. Die direkte Beobachtung solcher Schraubenlinien im Elektronenmikroskop, insbesondere bei hoher Konzentration von Punktdefekten, stützt die Theorie (Bild 5).

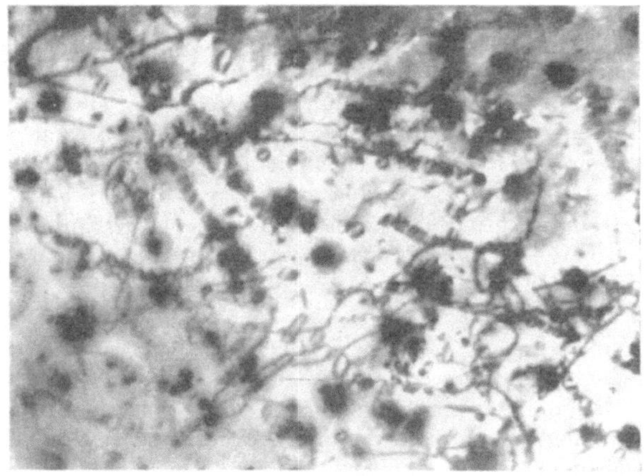

Bild 5. Versetzungsschrauben und Ringe in abgeschreckter Aluminiumlegierung

2.3 Einen weiteren wichtigen Gesichtspunkt der Versetzungsgeometrie bildet die Entstehung und Bewegung von Versetzungsschleifen. Eine Versetzungsschleife mit einem Burgers-Vektor in der Ebene der Schleife dehnt sich unter der Wirkung einer Schubspannung aus (oder zieht sich zusammen), wenn die Spannung eine Komponente in der kristallographischen Gleitrichtung, d. h. in Richtung des Burgers-Vektors, besitzt. Die mögliche Bildung solcher Schleifen durch einzelne Segmente eines allgemeinen Versetzungsnetzwerkes wurde in der klassischen Arbeit von *Frank-Read* vorgeschlagen. Ein solcher Prozeß (die Bildung einer *Frank-Read*-Quelle) findet sicherlich statt, wenn auch, nach Aussage experimenteller Beobachtung, seltener, als man erwarten könnte. Auch hier ist der Mechanismus in den Originalarbeiten gut belegt. Auch der Fall eines Versetzungsringes mit einem Burgers-Vektor, der eine Komponente senkrecht zur Ebene des Ringes besitzt, ist wichtig: solche Ringe können sich z. B. als Ergebnis des Zusammenfallens einer Scheibe von vereinigten Leerstellen bilden. Sie wurden bei bestrahlten und geglühten Metallen beobachtet, ebenso wie in verformten Materialien. Die Verhältnisse, die der Struktur durch die Anwesenheit derartiger Ringe verliehen werden, können den Weg zu einer besseren Beurteilung des verformungsgehärteten Zustandes und der Entwicklung des Bruchbeginnes ebnen. Die Entstehungsweise einer Schleife (auf der Basisebene eines hexagonalen Metalls, Cadmium) ist in Bild 6 ersichtlich. (*Price* [8]). Der Vorgang ist in Bild 7 erläutert. Obwohl solche Schleifen auch durch einachsige Spannung gebildet werden, sind sie doch vornehmlich in stark verformtem Metall sichtbar (*Segall, Partridge* und *Hirsch* [9]). (Vgl. Bild 8.) Sie können auch durch

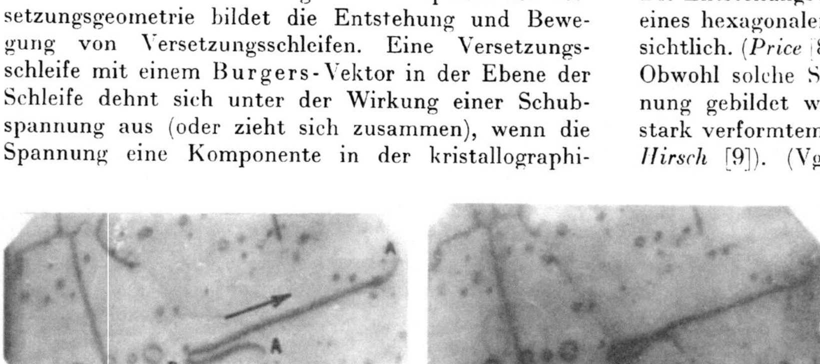

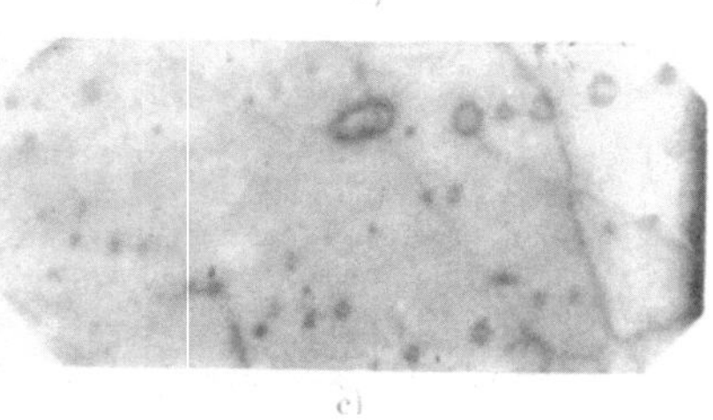

Bild 6. Die Bildung von Ringen in der Basisebene von Cadmium (*Price* [8])

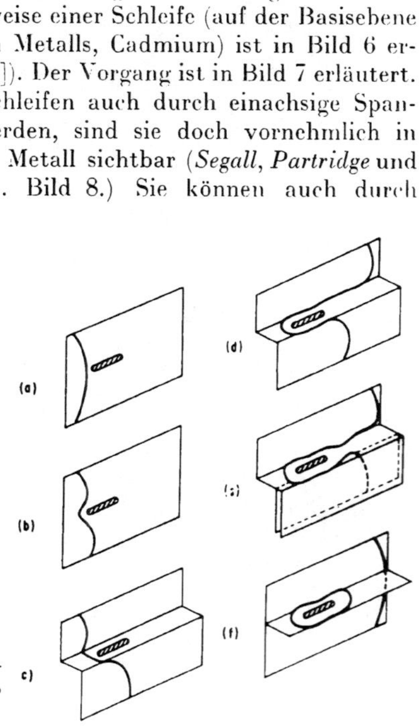

Bild 7 (rechts). Illustration des Bildungsmechanismus von Schleifen nach Bild 6 (*Price* [8])

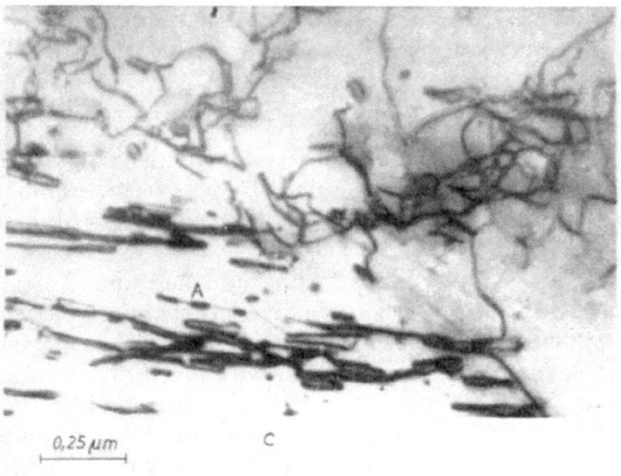

Bild 8. Versetzungen in polykristallinem Nickel nach 1,6 · 10^6 Ermüdungszyklen mit nachfolgender Glühbehandlung

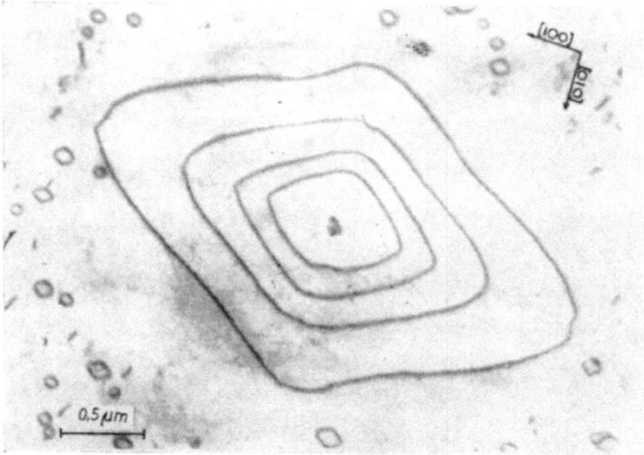

Bild 9. Konzentrische Versetzungsringe in einer Aluminiumlegierung mit 3,5% Kupfer, abgeschreckt in Öl von 550 °C (*Westmacott, Barnes und Smallman* [10])

plastische Deformation vorverformten Materials (zumindest teilweise) vernichtet werden. Es kann angenommen werden, daß für ein bestimmtes Metall bei gegebener Temperatur und Verformungsspannung eine bestimmte konstante, nur von den Bedingungen abhängige Schleifenkonzentration als Gleichgewicht existiert. Die Einführung solcher Schleifen macht eine Abschätzung der möglichen Aushärtung erreichbar (obwohl ein voll befriedigender Mechanismus noch nicht entwickelt wurde), desgleichen der Daten für das Freiwerden der durch die Verformung aufgespeicherten Energie und erklärt die Entstehung geringer *Laue-Asterismen*. Versetzungsringe mit reiner Stufencharakteristik (Burgers-Vektor senkrecht auf der Ebene des Ringes) können sich durch Klettern ausdehnen. Ein festgehaltenes Stück einer solchen Stufenversetzung kann sich dann in geometrisch ähnlicher Weise wie eine *Frank-Read*-Quelle entwickeln, wobei der Vorgang nicht durch Gleitung, sondern durch Diffusion bestimmt wird. Solche Quellen wurden gelegentlich beobachtet und sind in den Bildern 9 und 10 dargestellt; man darf wohl annehmen, daß sie in Verbindung mit gewissen Vorstufen der Ausscheidung stehen (*Guinier-Preston*-Zonen). Die Wechselwirkung einer Folge konzentrischer Ringe mit einem von einer benachbarten Quelle erzeugten Ring läßt vermuten, daß sich die Burgers-Vektoren aufeinanderfolgender Ringe unterscheiden: speziell spaltet sich die Ausgangsversetzung a [001] in (a/2) [011] und (a/2) [0$\bar{1}$1] auf. Übernächste Ringe haben jeweils den gleichen Burgers-Vektor. Wie Bild 11 zeigt, ist die Reaktion mit dem äußeren Ring bei *A* und *B* unterschiedlich. Dies ist ein weiteres Beispiel für Untersuchungen, die durch die Elektronenmikroskopie ermöglicht wurden.

2.4 Spannungen, die durch unterschiedliche Volumenausdehnungen im Gitter entstehen, können ebenfalls Versetzungen erzeugen, indem sie prismatische Versetzungen ausstoßen. Das Abschrecken von Legierungen, die Einschlüsse oder auch Ausscheidungsvorstufen enthalten, kann, wie Bild 12 nahelegt, zu einem ähnlichen Prozeß führen, wobei auch andere Versetzungen erzeugt werden. Der tatsächliche Beginn eines Oberflächenbruches durch Verformungsspannung hat die Aufmerksamkeit auf sich gezogen. Verschiedene plausible Vorstellungen wurden entwickelt, die von einem speziellen Versetzungsring-Modell, das sehr gut die Beobachtung des Ausstoßens (oder Eindringens) von dünnen Metallstreifen im Gleitband beschreibt, bis zur direkten Ker-

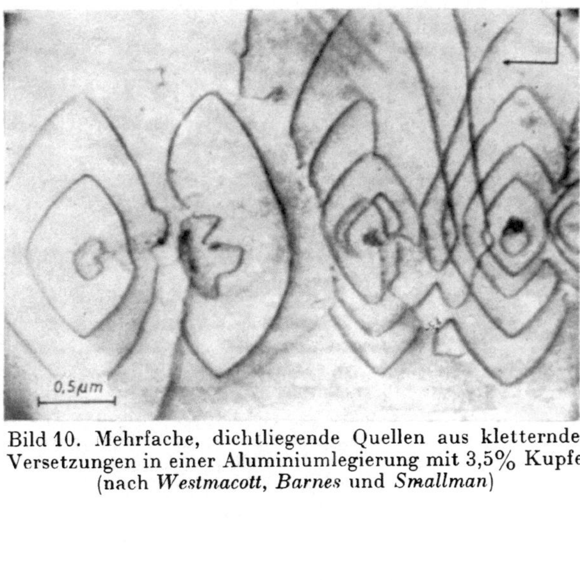

Bild 10. Mehrfache, dichtliegende Quellen aus kletternden Versetzungen in einer Aluminiumlegierung mit 3,5% Kupfer (nach *Westmacott, Barnes* und *Smallman*)

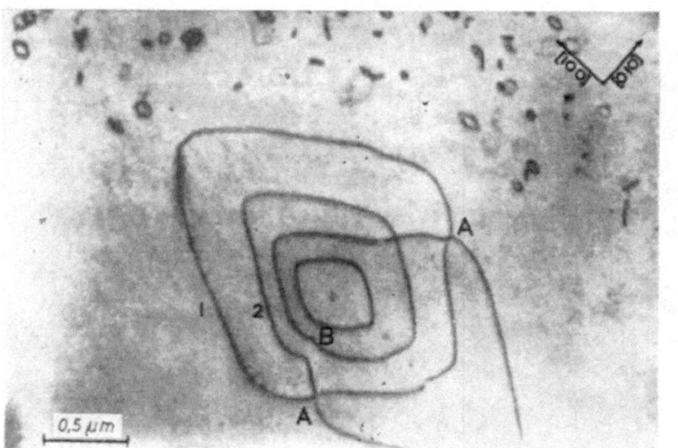

Bild 11. Wechselwirkung zwischen einer Gruppe von konzentrischen Ringen aus einer Quelle mit einem aus einer anderen Quelle stammenden Versetzungsring. Die Wechselwirkung mit einem Ring der Gruppe bei *A* unterscheidet sich von der mit dem nächsten Ring bei *B*, was die Annahme nahelegt, daß der Burgers-Vektor aufeinanderfolgender Ringe unterschiedlich ist (*Westmacott, Barnes* und *Smallman*)

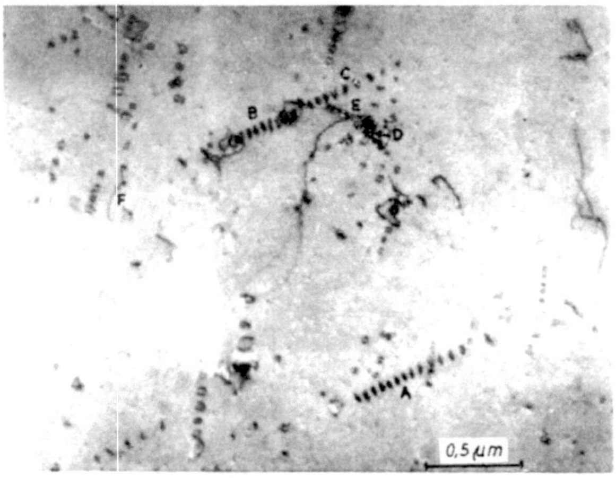

Bild 12. Eine abgeschreckte Kupferfolie zeigt unter dem Elektronenmikroskop den prismatischen Ausstoß von Versetzungsringen mit ⟨110⟩-Richtung als Achse. Die langen Reihen *A*, *B* und *C* liegen in der einzigen ⟨110⟩-Richtung in der Folienebene. *D* ist ein Versetzungshaufen. (*Barnes* und *Mazey* [4])

benbildung durch nicht-umkehrbare Wechselgleitung variieren. Es existiert kein eindeutig bevorzugtes Modell, obwohl gute experimentelle Übereinstimmung des Ermüdungsvorganges mit der leichten Möglichkeit von Versetzungs-Querleitung besteht und weiter, soweit die Ausbreitung von Rissen betrachtet wird, mit den Vorstellungen, die den Umlauf (oder den effektiven Umlauf) einer Schraubenversetzung benutzen.

2.5 Versetzungsnetzwerke sind das natürliche Ergebnis der Theorie. Durch Bild 13 wird ein gekreuztes Gitter von Schraubenversetzungen in Talkum verdeutlicht; Bild 14 gibt einen Ausschnitt wieder. Ein eindrucksvoller Beweis für die Möglichkeit, die die Elektronenmikroskopie bei der Auflösung aufgespaltener Versetzungen bietet, ist in Bild 15 gegeben, das einen Versetzungsring in Graphit zeigt, dessen Burgers-Vektor in der Basisebene liegt. Der Abstand der beiden Teilversetzungen variiert längs des Umfanges mit der Orientierung der Versetzung. Er hat ein Maximum von 1500 Å bei der Stufenorientierung und beträgt 800 Å in der Schraubenorientierung. Diese Werte erlauben eine Abschätzung der Stapelfehlerenergie (in diesem Fall 0,51 erg.cm^{-2}).

2.6 Die Theorie erklärt die Fähigkeit der Versetzungen, Risse hervorzurufen. Einige elementare Möglichkeiten sind in Bild 16 dargestellt. Die Frage ist, welcher der Mechanismen in wirklichen Materialien physikalisch wirksam wird. Es gibt augenscheinliche Beweise für die Bildung von Rissen durch aufgestaute Gruppen von Versetzungen, wie es zum Beispiel in den Bildern 17 und 18 veranschaulicht ist. Die Faktoren, die die Rißausbreitung bestimmen, sind für die Technik von großer Bedeutung. Leider gibt die Versetzungstheorie zur Zeit nur geringe quantitative Hinweise hierfür, obwohl die Mikroprozesse der Rißausbreitung weitgehend geklärt sind.

Wir wollen hier nicht versuchen, die Anwendung der Theorie auf Diffusionswechselwirkung zu besprechen oder auf die Struktur von Korngrenzen, auf Übergitter, Kristallwachstum oder Verfestigung und auch nicht auf elektrische und magnetische Eigenschaften.

3 *Ausdehnung der Versetzungstheorie auf weitere Strukturbereiche*

Die Idee der Versetzung ist anwendbar auf jedes Kristallgitter. In den letzten Jahren wurde viel daran gearbeitet, zumindest einige Eigenschaften auch von Nichtmetallen mit Hilfe der Versetzungsauffassung zu beschreiben. Zum Beispiel wurden Theorien für die Deformation und Zwillingsbildung von Graphit erfolgreich auf der Grundlage der Versetzungstheorie ausgearbeitet. Sie haben ältere Vorstellungen verdrängt, bei denen

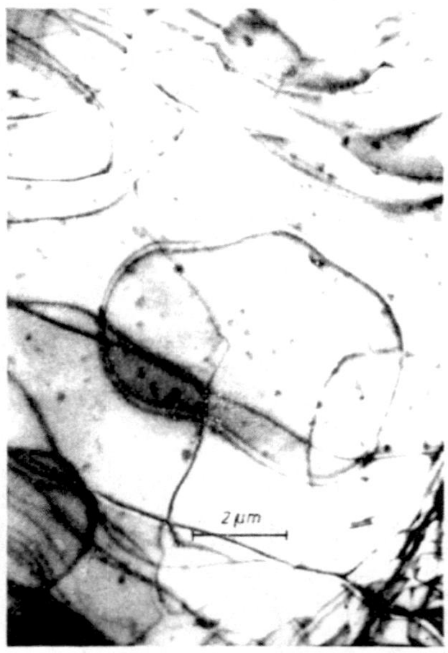

Bild 13 (links). Netzwerk von Schraubenversetzungen in Talkum. Die Streifen sind Stapelfehler

Bild 14 (mitte). Einzelheit des Kontrastes beim Überschneiden von Schraubenversetzungen in Talkum

Bild 15 (rechts). Elektronendurchstrahlungs-Aufnahme von bestrahltem Graphit, die einen Versetzungsring mit Burgers-Vektor in der Basisebene zeigt. Die Aufspaltung der Teilversetzungen an der Stelle, an der die Totalversetzung Stufencharakter besitzt, ist fast doppelt so groß wie an der Schraubenversetzung. (*Baker*, *Chou* und *Kelly* [3])

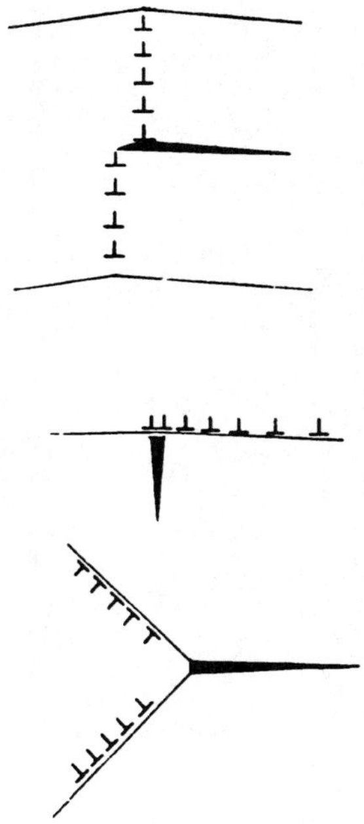

Bild 16. Rißbildungsmechanismen durch Versetzungen

unrealistische Defekte in die Struktur eingeführt werden mußten. Graphit ist ein Material von besonderem Interesse, da der teilweise graphitartige Zustand beim Übergang von Kohle in Graphit durch eine Struktur von gebogenen und teilweise ausgerichteten Gitterebenen gekennzeichnet ist, die sowohl metallische als auch polymere Züge aufweist. Einige Bemerkungen wurden bereits über Versetzungen in Graphit gemacht, die heute gut begründet sind. Das Versetzungsproblem in eigentlichen Polymeren ist jedoch noch wenig geklärt.

Der interessanteste Beitrag ist heute wahrscheinlich der von *Zaukelies* [11], der Experimente an kurzen

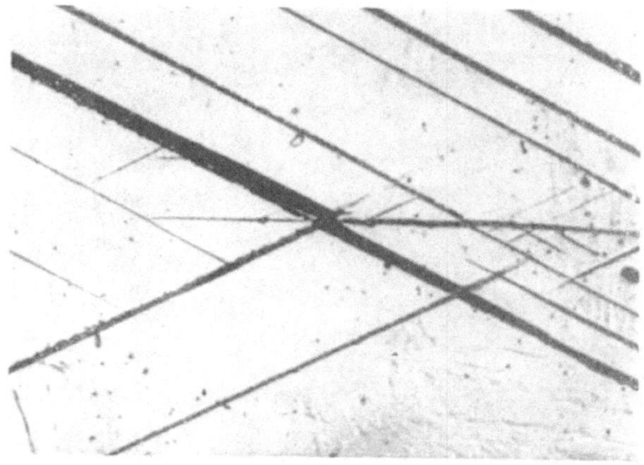

a)

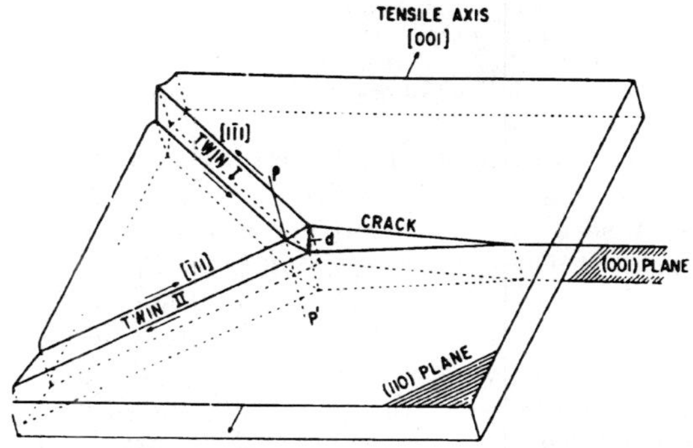

b)

Bild 17. Risse, die beim Schneiden von Gleitbändern in MgO-Einkristallen gebildet werden. Die Pfeile zeigen die Scherung. (*Johnston* [6])

Nylonfäden durchführte, die durch Streckung von gepreßten Stücken bei Temperaturen zwischen 100 und 150 °C orientiert wurden. Doppelt orientierte Proben zeigen Bilder (Bild 19), die an solche erinnern, die bei Metallen erhalten wurden und dort Knickbänder heißen. *Orowan* [7] analysierte als erster den möglichen Mechanismus in Metallen, wobei er zeigte, daß er durch Gleiten in einer zur Orientierungsrichtung parallelen Ebene befriedigt wird mit einer zusätzlichen Rotation des Kristalles selbst. In einfach orientiertem Nylon 66 und 610 ist die Gleitrichtung parallel zur Probenachse, wobei die Moleküle willkürlich um diese Richtung orientiert sind. Die Knickbänder, die bei Nylon beobachtet wurden, haben alle den gleichen Winkel zur Orientierungsachse der Probe. Mittels Polarisationsmikroskop wurde beobachtet, daß die Orientierung des Materials im Band wie erwartet gedreht ist. Unter Verwendung der *Orowan*schen Gleichung, die eine Beziehung zwischen dem Winkel, den die Knickbandebene mit der Gleitebene bildet, und dem Kristallparameter darstellt, wird eine exakte Korrelation mit den tatsächlich beobachteten Rotationswinkeln erhalten. Bei 25 °C war der Knickbandwinkel 43,5°, während er bei 100 °C 35,5° betrug. Diese Beobachtungen können unter der Annahme gedeutet werden, daß die gleitende Lamelle bei 25 °C zwei (010)-Ebenen im Abstand von 7,5 Å umfaßt und bei 100 °C drei (010)-Ebenen im Abstand von 11 Å. Das Spaltbild auf der Bruchoberfläche ist ein weiterer wichtiger Schlüssel zur Versetzungsdeutung. Wenn der Anfangsriß derart erfolgt, daß seine Kante normal zur

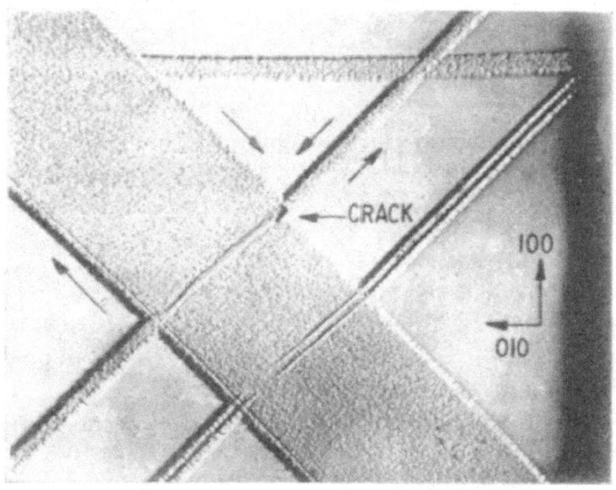

a)

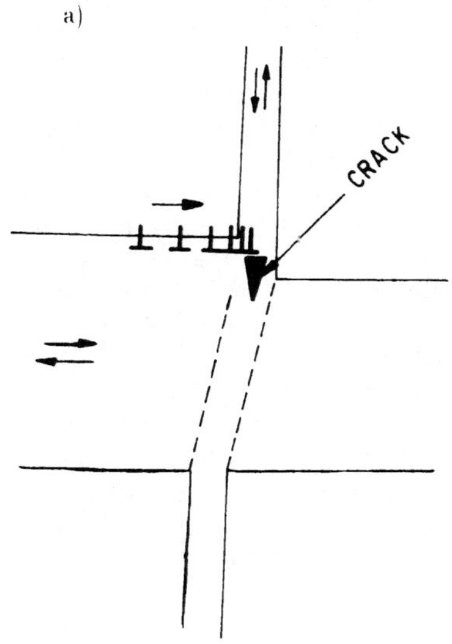

b)

Bild 18. Ein Spaltungsriß, der an der Schnittstelle von Verformungszwillingen in Siliziumeisenkristallen bei 77 °K entstanden ist. (*Hull* [5])

Bild 19. Elektronenmikroskopische Aufnahme der Spaltfläche einer einfach orientierten Borste, die Knickbänder enthält. Der Doppelpfeil zeigt die Kompressionsrichtung und die Richtung der Borstenachse

(010)-Ebene liegt, bricht die Probe spröde mit schneller Rißausbreitung. Das Gleiten ist gehemmt, weil die in der Gleitebene wirkende Spannung verschwindet. Wenn jedoch der Riß derart erfolgt, daß seine Front in der (010)-Ebene bei zweifach orientiertem Nylon fortschreitet, entwickelt sich ein Abgleiten. Ein duktiler Bruch ungefähr 45° zur Probenachse tritt auf, bis eventuell die Probe schließlich spröde bricht. *Zaukelies* zeigte ferner, daß Dichtemessungen, die an Nylon durchgeführt wurden, eine um 7% geringere Dichte ergaben, als es die Rechnung unter der Annahme eines Idealkristalls erwarten ließ. Unter der Annahme, daß dieses Extravolumen von Gitterleerstellen aufgebracht wird, zeigt die Rechnung, daß etwa 3,6 Einzelzellen pro Kette leer sein müssen. Wenn man jedoch eine Doppelschleife pro Kette zugrunde legt, dann werden 1,8 leere Elementarzellen pro Schlaufe und 0,9 leere Einzelzellen pro Kettenende gefordert. Ohne die möglichen Einzelheiten zu verfolgen, durch die solche Defekte in Kristallen entstehen, die aus Ketten in der beschriebenen Weise aufgebaut sind, ist es zumindest möglich zu sagen, daß sie eine plausible Erklärung der beobachteten Dichteabweichung darstellt. *Zaukelies* hat verschiedene spezielle Versetzungstypen für die unter-

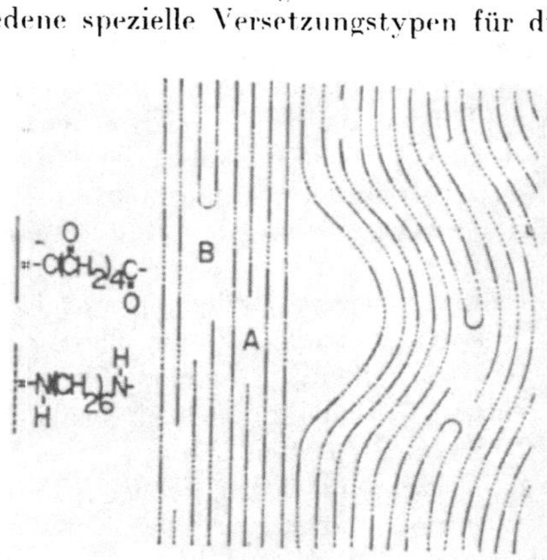

Bild 20. Darstellung einer Stufenversetzung im Kristallgitter von Nylon 66.

················ Hexamethylen-Diamin-Anteil des Materials
——— - Adipinsäure-Anteil des Materials

Bei *A*: Gitterleerstelle durch Kettenende hervorgerufen
Bei *B*: Gitterleerstelle durch Schlaufe hervorgerufen

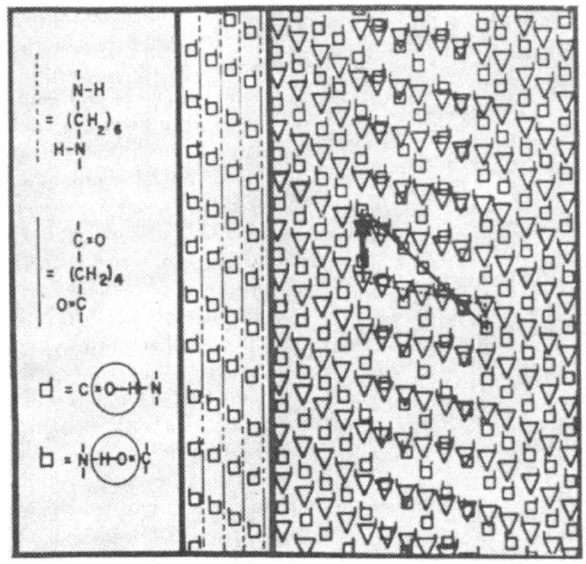

Bild 21. Darstellung einer Schraubenversetzung in einem Nylon-66-Gitter.

a) ················ Hexamethylen-Diamin-Teile des Materials
— — - — Adipinsäure-Teil des Materials

Quadrate und Dreiecke stellen den Ort der Wasserstoffbindung dar. Die Seite mit der Fahne bedeutet die Richtung des Wasserstoffatoms in der Bindung.

b) Darstellung der relativen Lage der Ketten zur Wasserstoffbindung.

c) Schraubenversetzung. Quadrate bedeuten Wasserstoffbindungen in der (010)-Ebene unmittelbar oberhalb der Ebene, deren Wasserstoffbindungen durch Dreiecke dargestellt sind. Ein Burgers-Umlauf ist eingetragen. Der stark ausgezogene Teil des Umlaufs ist der Burgers-Vektor.

suchten Nylonarten vorgeschlagen. Bei Nylon 66 ist die Gleitrichtung als [1, 3, 14]-Richtung identifiziert und in Nylon 610 als [1, 3, 18], wobei beide dichtest gepackte Richtungen in einer (010)-Ebene darstellen. Sein Vorschlag für die Struktur einer Stufen- und einer Schraubenversetzung in Nylon 66 ist in den Bildern 20 und 21 dargestellt.

Weitere Bestimmungen von Versetzungen in Polymeren wurden von anderen Autoren durchgeführt. Sie können durch Moire-Figuren entdeckt werden. Die Möglichkeiten in Polyäthylen, wie sie durch Dunkel- und Hellfeld-Elektronenmikroskopie enthüllt werden, wurden von *Holland* diskutiert. (Die Ergebnisse sind im Druck, wurden aber dem Autor privat mitgeteilt.) Über Teilversetzungen mit Burgers-Vektoren parallel zu nicht-gefalteten (110)-Ebenen wird berichtet. Sie erscheinen ziemlich isoliert, so daß die Stapelfehlerenergie niedrig sein muß. Die Versetzungsdichte, die in gewachsenen Kristallen etwa 10^7 cm^{-2} beträgt, steigt durch Erhitzen in Luft bei 95°C auf 10^{10} cm^{-2} an. Es sollen noch einige Literaturhinweise zu den Einzelheiten dieser Arbeit gegeben werden. Zum Schluß soll noch festgestellt werden, daß zweifellos eine Ausdehnung der Versetzungsauffassung auch auf polymere Kristalle stattfindet.

Literatur

[1] *Amelinckx, S.*, und *Delavignette, P.*, J. appl. Physics **32** (1961) S. 341.
[2] *Amelinckx, S.*, und *Strumane, G.*, Proc. Conf. Silicon Carbide (1959) S. 162, Pergamon Press 1960.

[3] *Baker, C.*, *Chou, Y. T.*, und *Kelly, A.*, Phil. Mag. **6** (1961) S. 149.
[4] *Barnes, R. S.*, und *Mazey, D. J.*, Acta Met. **11** (1963) S. 281.
[5] *Hull, D.*, Acta Met. **8** (1960) S. 11.
[6] *Johnston, W. G.*, Phil. Mag. **5** (1960) S. 407.
[7] *Orowan, E.*, Dislocations in Metals, S. 69. Amer. Inst. Min. (Metall.) Engrs., N. Y. 1954.
[8] *Price, P. B.*, J. appl. Physics **32** (1961) S. 1750.
[9] *Segall, R. L.*, *Partridge, P. G.*, und *Hirsch, P. B.*, Phil. Mag. **6** (1961) S. 1493.
[10] *Westmacott, K. H.*, *Barnes, R. S.*, und *Smallman, R. E.*, Phil. Mag. **7** (1962) S. 1585.
[11] *Zaukelies, D. A.*, J. appl. Physics **33** (1962) S. 2797.

Eingegangen am 23. Juli 1964

Diskussion

Prof. Dr. *R. Hosemann*, Berlin-Dahlem: Welche Möglichkeiten existieren, um direkte Informationen über die Anwesenheit von Versetzungen in Polymeren zu gewinnen?

Prof. *A. J. Kennedy*: Zunächst kann man die Oberfläche direkt mit dem Lichtmikroskop untersuchen. Weiter kann man, wie bei Metallen, auch bei Polymeren Versetzungen durch chemische Angriffe sichtbar machen. Schließlich kann man Fremdatome in die polymere Struktur einbauen, die vornehmlich zu den Versetzungen diffundieren und dann im Elektronenmikroskop nachgewiesen werden können.

Hosemann: Können derartige Versetzungen auch bei Nylon beobachtet werden?

Kennedy: Oberflächenstörungen können durch die elektronenmikroskopische Abdrucktechnik beobachtet werden. Sie befriedigen die Orowanschen Vorstellungen.

Dr. *E. W. Fischer*, Mainz: Ich stimme nicht damit überein, was Sie über Versetzungen in Polymeren sagen. Die Metallphysiker können Gleitbänder, Ringe und Korngrenzen durch Versetzungen erklären. Es ist jedoch gefährlich, diese Schlußweise einfach zu übertragen und Versetzungen zur Erklärung aller sichtbaren Gleitbänder einzuführen.

Kennedy: Bei Kristallen stellt eine Versetzung die geringste Störung des Kristallzustandes dar. Es ist daher unbegründet, die Möglichkeit von Versetzungen in Polymeren zu leugnen.

Bei den beobachteten Zugspannungen wäre ohne Versetzungen kein Gleiten möglich. Natürlich kann man nur bei einem wirklich kristallinen Material von Versetzungen sprechen; in amorphem Material hat der Versetzungsbegriff keinen Sinn.

Über die Abhängigkeit der Kinetik des Kristallisationsprozesses des Polyäthylenglykolterephthalats von dem Molekulargewicht[1)]

Eligia Turska und Władysław Przygocki

Polnische Akademie der Wissenschaften, Institut für Organische Synthese, Laboratorium für Physiko-Chemie der Hochpolymeren, Łódź

DK 678.674'524'420:541.24:548.527

Zur Aufklärung des Einflusses des Molekulargewichts auf die Kinetik der Kristallisation von PÄT wurden Kristallisationsversuche mit Fraktionen in einem breiten Molekulargewichtsbereich bei Temperaturen von 100 bis 255 °C durchgeführt. Die Bestimmung des Kristallisationsgrades erfolgte mit Hilfe der Gradientmethode. Die erhaltenen Ergebnisse wurden auf Grund der Kristallisationskinetik von *Avrami* diskutiert.

О зависимости кинетики процесса кристаллизации полиэтилентерефталата от молекулярного веса полимера

С целью выяснения влияния молекулярного веса полиэтилентерефталата (ПЭТ) были проведены опыты кристаллизации фракций ПЭТ в широком интервале молекулярных весов при температурах от 100 до 255 °C. Степень кристалличности определялась градиентным методом. Полученные результаты обсуждаются на основе теории кинетики кристаллизации, разработанной Аврами.

The Influence of Molecular Weight on the Crystallization Kinetics of Polyethylene Terephthalate.

To explain the influence of molecular weight on the kinetic of crystallization processes of polyethylene terephthalate, crystallization studies of polymer fractions were carried out in a wide range of molecular weight at temperatures from 100 to 255 °C. The degree of crystallinity was measured by a density gradient column method. The results are discussed in terms of *Avrami*'s kinetic equation.

Untersuchungen der Kinetik des Kristallisationsprozesses des Polyäthylenglykolterephthalats waren Gegenstand mehrerer Veröffentlichungen [1 bis 8]. Zur Untersuchung des Kristallisationsprozesses wurden die mikroskopische Methode sowie die Methode der Dichtebestimmung der kristallisierten Proben angewandt. Es wurde festgestellt, daß die Ergebnisse dieser beiden Methoden sich gegenseitig ergänzen. Auf Grund der experimentellen Ergebnisse, die in den Arbeiten von *Keller* und seiner Mitarbeiter beschrieben wurden [2,3], zog *Morgan* [4, 5] die theoretische Schlußfolgerung, daß die Kinetik des Kristallisationsprozesses des Polyäthylenglykolterephthalats durch die *Avrami*-Gleichung [9] gut beschrieben wird.

Die Gleichung von *Avrami* lautet:

$$\theta = e^{-kt^n} \tag{1}$$

(θ — Bruchteil der nichtkristallinen Substanz im Zeitpunkt t,
t — Kristallisationszeit,
k — Konstante der Kristallisation,
n — konstanter Koeffizient).

Für Polyäthylenglykolterephthalat nimmt n, nach *Morgan* in verschiedenen Temperaturbereichen, den Wert von 1, 2, 3, 4 an und hängt von der Art des Nukleations- und Wachstumsprozesses ab.

Nach *Cobbs* und *Burton* [6] stehen die Änderungen der Intensität der Absorptionslinie 972 cm^{-1} in Korrelation mit Dichteänderungen der kristallisierenden Probe. *Cobbs* und *Burton* haben eine deutliche Abweichung von *Avramis* Gesetz sowohl am Anfang (kleine Kristallisationszeiten) wie am Ende (große Kristallisationszeiten) der kinetischen Kurve festgestellt.

Zachmann und *Stuart* [8, 9] untersuchten Prozesse der Nachkristallisation und der Rekristallisation. Sie haben fest-

[1)] Vorgetragen auf dem 2. Erweiterten Colloquium über „Die Feinstruktur der Hochpolymeren", Berlin und Teltow-Seehof, 8. bis 10. Juni 1964, von *W. Przygocki*.

gestellt, daß es notwendig ist, die *Avrami*-Gleichung durch Einführung eines Koeffizienten, der eine Zeitfunktion ist, zu modifizieren, um die experimentellen Kurven der Kinetik für Zeiten, die länger als der dreifache Wert der halben Kristallisationszeit sind, beschreiben zu können.

Keller und seine Mitarbeiter wiesen auf den wesentlichen Einfluß des Molekulargewichtes auf die Kinetik des Kristallisationsprozesses hin [2]. Sie bestimmten die halben Kristallisationszeiten von einigen polydispersen Proben bei der Kristallisationstemperatur von 118 °C.

Ziel unserer Arbeit waren die Untersuchungen des Einflusses des Molekulargewichts auf die Kinetik des Kristallisationsprozesses des Polyäthylenglykolterephthalats.

Vorbereitung des Polymeren

Die größte Schwierigkeit bei der Vorbereitung von Proben lag in der bekannten Erscheinung des Abbaus des Polyäthylenglykolterephthalats während des Schmelzens bei hohen Temperaturen. Nach mehreren Experimenten wurde das Polyäthylenglykolterephthalat von der Folie „Melinex" der Firma ICI für die endgültigen Untersuchungen genommen. Diese Terylenproben, geschmolzen bei der Temperatur von 270 °C in der Zeit bis ca. 20 min, wiesen keinen meßbaren Abbau auf. Das Polymere wurde nach der *Turska-Skwarski*-Methode fraktioniert [10] unter Einteilung in zwei flüssige Phasen im System Phenol-Tetrachloräthan-n-Heptan. Es wurden 16 Fraktionen erhalten vom Polymerisationsgrad 35 bis 265.

Dichtebestimmung

Die Dichte der kristallinen Proben wurde in der Gradientkolonne bestimmt. Es wurde eine Kolonne von 1 m Höhe und $Q = 5$ cm Durchmesser konstruiert und nach der *Tung*schen Methode [12, 13] gefüllt. Die Gradientflüssigkeit wurde aus Äthylenchlorid und Trichloräthylen zubereitet. Die Dichte der Proben in dieser Mischung wies während 15 h keine Änderung auf. Die Kolonne wurde mit dazu speziell vorbereiteten Glasperlen von ca. 4 mm Durchmesser kalibriert.

Apparatur

Die Apparatur für die Durchführung der Kristallisation bestand aus zwei Blockthermostaten aus Messing. Der eine wurde für das Schmelzen der Proben bestimmt. Die Temperatur konnte im Bereich von 60 bis 300 °C geregelt werden. Die Temperaturkonstanz belief sich auf $\pm$ 1 grd. Der zweite Thermostat diente zur Ausführung der Kristallisation. In diesem konnte die Temperatur im Bereich von 80 bis 260 °C geregelt werden. Die Temperaturkonstanz belief sich auf $\pm$ 0,1 grd. Für die Bestimmung und Regulierung der Temperatur in den beiden Thermostaten wurden Widerstandsthermometer aus Platin verwendet. Die Regulierung der Temperatur erfolgte elektronisch.

Vorbereitung der Proben

Jede Terylenprobe wurde in eine Glaskapsel gebracht. Die Proben wurden im Hochvakuum in zwei Etappen entgast, in der zweiten Etappe bei Erhöhung der Temperatur und unter Zugabe von Silikonöl. Zu bestimmten Zeiten wurden die Kapseln mit Polyäthylenglykolterephthalat aus dem Thermostaten herausgenommen und schnell in der Mischung von Trockeneis-Petroläther bei der Temperatur von ca. − 80 °C abgekühlt. Nach Entgasung wurde das Polyäthylenglykolterephthalat bei der Temperatur von 270 °C während 10 min geschmolzen und bei der Kristallisationstemperatur $T_k > 210$ °C in den Kristallisator gebracht. Bei den Temperaturen $T_k < 210$ °C wurden die Proben samt dem Silikonöl in die flüssige Luft eingegossen und eingefroren, dann erst kristallisiert.

Es wurde festgestellt, daß das Silikonöl keinen Einfluß auf den Abbau des Terylens ausübt.

Experimentelle Ergebnisse

Aus den 16 Fraktionen wurden am Anfang zu den Untersuchungen und Berechnungen 5 Fraktionen ausgewählt, die einen deutlich unterschiedlichen Polymerisationsgrad hatten. Es sind dies folgende Fraktionen:

Fraktion Nr. 16 — P = 35,
„ „ 15 — P = 77,
„ „ 9 — P = 142,
„ „ 3 — P = 212,
„ „ 1 — P = 265.

Die Bestimmungen wurden bei verschiedenen Temperaturen im Bereich von 100 bis 255 °C ausgeführt. Die anfänglichen Berechnungen wurden für die Temperaturen 100, 140, 190, 245, 255 °C durchgeführt. Für die oben angegebenen Temperaturen wurden die experimentellen Ergebnisse der Dichte in Abhängigkeit von der Zeit auf den Bildern 1 bis 5 dargestellt. Wie ersichtlich ist, enthielten die Proben im Anfangsstadium einen gewissen Prozentsatz der geordneten Struktur, und zwar ca. 5 bis 10%. Unter den von uns angewendeten Bedingungen des Schmelzens und Abkühlens war es unmöglich, völlig amorphe Proben zu erhalten. Es mußte auch mit der Erscheinung des Kristallisationsgedächtnisses gerechnet werden. Um das zu verhindern, müßte man die Proben bei den Temperaturen höher als 270 °C durch lange Zeit erhitzen. Wie wir schon auf Grund mehrerer Untersuchungen festgestellt haben, verursachen solche Bedingungen, sogar für die widerstandsfähigsten Proben der „Melinex"-Folie, weit fortgeschrittenen Abbau. Bei der Arbeit mit den Fraktionen würde dieser Prozeß die Bestimmungsergebnisse völlig verunstalten. Aus diesem Grunde mußten wir uns auf die Untersuchung der partiell kristallinen Proben begrenzen, unter Annahme eventueller Möglichkeit einer Extrapolation der kinetischen Kurven in ihrem Anfangsstadium.

Auf Grund der experimentellen Ergebnisse wurde der Kristallisationsgrad nach folgender Formel berechnet:

$$x = \frac{V_a - V}{V_a - V_k}$$

(V_a — spezifisches Volumen der amorphen Phase,
V_k — spezifisches Volumen der gänzlich kristallinen Phase,
V — spezifisches Volumen der untersuchten Probe).

Für V_a und V_k wurden nach *Stuart* [7] folgende Werte genommen:

$$V_a = \frac{1}{1{,}331}\ \frac{\text{cm}^3}{\text{g}}; \qquad V_k = \frac{1}{1{,}455}\ \frac{\text{cm}^3}{\text{g}}.$$

Aus $\theta = 1 - \alpha$ wurde $\ln(-\ln\theta)$ berechnet und die gewonnenen Ergebnisse in Abhängigkeit von $\ln t$ in den Bildern 6 bis 10 dargestellt.

Erörterung der Ergebnisse

Auf Grund der gewonenen Ergebnisse, ohne eine ausführliche Analyse, läßt sich feststellen, daß das Molekulargewicht die Kinetik des Kristallisationsprozesses deutlich beeinflußt, da aus den Bildern 1 bis 5 ersichtlich ist, daß man für verschiedene Fraktionen verschiedene kinetische Kurven erhält.

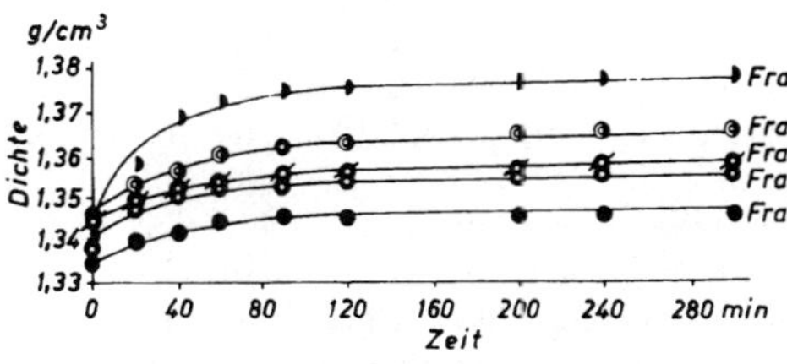

Bild 1. Zunahme der Dichte in Abhängigkeit von der Zeit bei der Kristallisationstemperatur $T_K = 100\,°C$

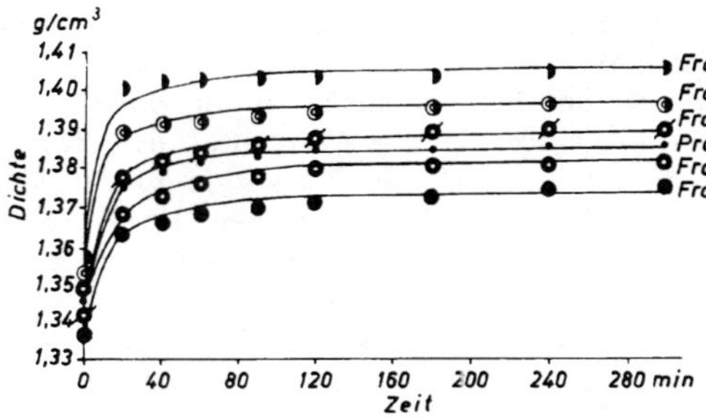

Bild 2. Zunahme der Dichte in Abhängigkeit von der Zeit bei der Kristallisationstemperatur $T_K = 140\,°C$

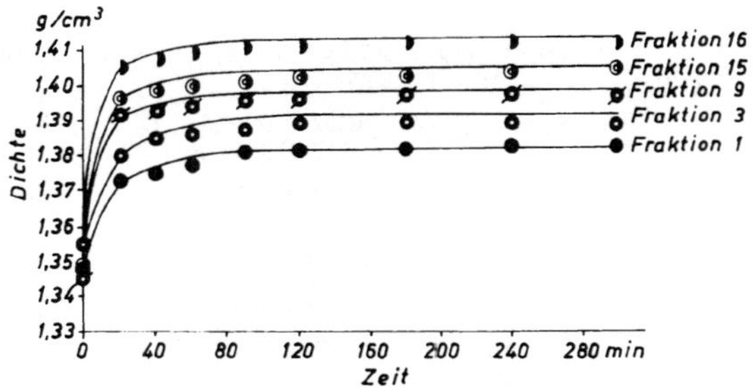

Bild 3. Zunahme der Dichte in Abhängigkeit von der Zeit bei der Kristallisationstemperatur $T_K = 190\,°C$

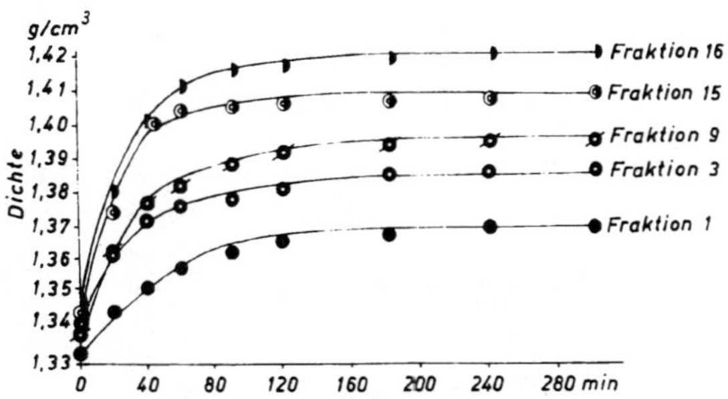

Bild 4. Zunahme der Dichte in Abhängigkeit von der Zeit bei der Kristallisationstemperatur $T_K = 245\,°C$

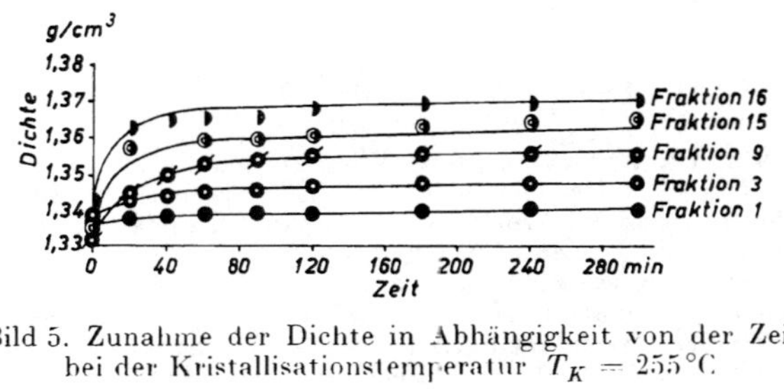

Bild 5. Zunahme der Dichte in Abhängigkeit von der Zeit bei der Kristallisationstemperatur $T_K = 255\,°C$

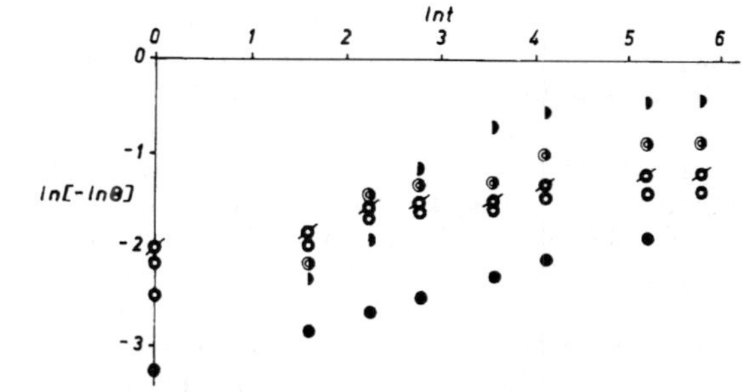

Bild 6. Nichtkristalliner Anteil θ in Abhängigkeit von der Zeit t bei der Kristallisationstemperatur $T_K = 100\,°C$

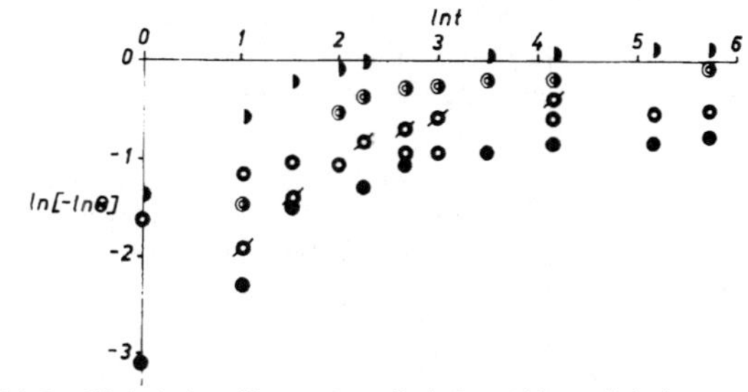

Bild 7. Nichtkristalliner Anteil θ in Abhängigkeit von der Zeit t bei der Kristallisationstemperatur $T_K = 140\,°C$

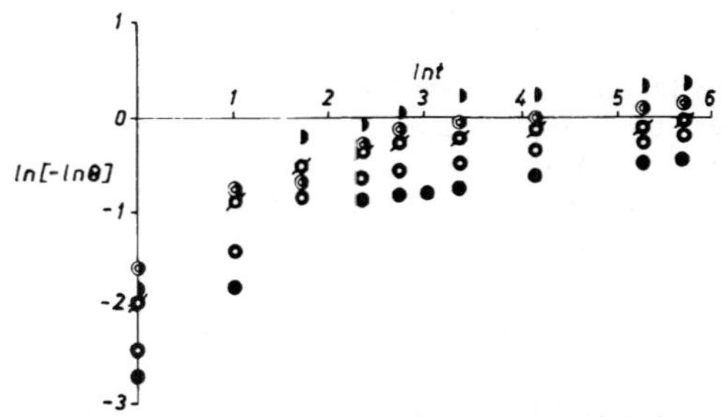

Bild 8. Nichtkristalliner Anteil θ in Abhängigkeit von der Zeit t bei der Kristallisationstemperatur $T_K = 190\,°C$

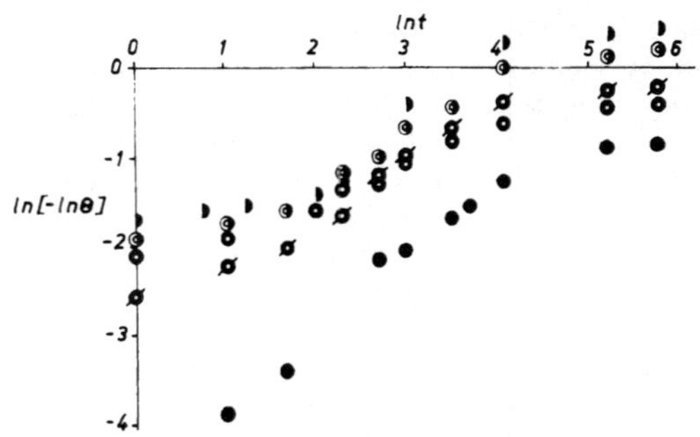

Bild 9. Nichtkristalliner Anteil θ in Abhängigkeit von der Zeit t bei der Kristallisationstemperatur $T_K = 245\,°C$

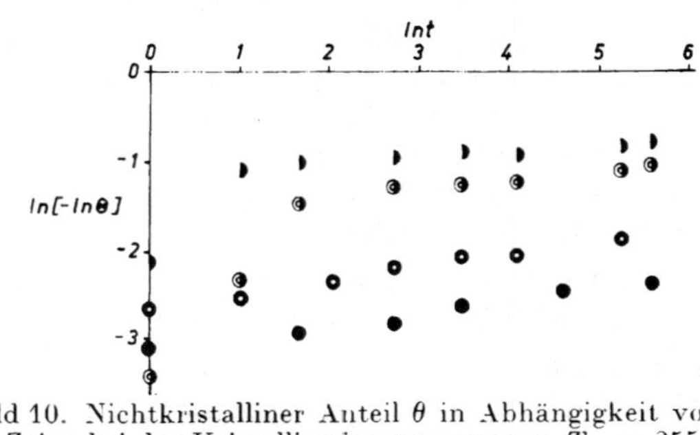

Bild 10. Nichtkristalliner Anteil θ in Abhängigkeit von der Zeit t bei der Kristallisationstemperatur $T_K = 255\,°C$

Aus den Bildern 6 bis 10, die den Wert $\ln(-\ln\theta)$ als Funktion von $\ln t$ darstellen, geht hervor, daß sich der gesamte Prozeß in diesem System nicht durch eine Gerade darstellen läßt; folglich läßt sich für den ganzen Prozeß in dem von uns untersuchten Bereich die *Avrami*-Gleichung nicht anwenden [9]. Diese Beobachtung stimmt mit den Meßergebnissen von *Cobbs* und *Burton* überein sowie mit denen von *Stuart* und seinen Mitarbeitern.

Auf Grund der Literaturangaben und der experimentellen Ergebnisse versuchten wir, die Inkongruenz zwischen unseren Ergebnissen und der Gleichung von *Avrami* sowie den Ergebnissen von *Keller* aufzuklären. Wir sind der Meinung, daß unter den von uns angenommenen Bedingungen der folgende Verlauf des Prozesses als möglich angesehen werden kann:

Da das Gedächtnis der kristallinen Struktur nicht beseitigt wurde, kommt entweder die Nukleation in dem untersuchten Prozeß nicht vor, oder sie spielt nur eine sehr geringe Rolle. Im ersten Zeitabschnitt des Kristallisationsprozesses wird nur das Wachstum der Kristalle beobachtet. Nach dieser Zeit ändert sich der Verlauf der kinetischen Kurven, was auf eine Möglichkeit der Superposition des Wachstumsprozesses der Kristalle und des Prozesses der Nachkristallisation hinweist. Schließlich könnte man den dritten Abschnitt der kinetischen Kurve, der geradlinigen, fast horizontalen Verlauf aufweist, als konform mit den *Stuart*schen Anschauungen ansehen, das heißt als den Bereich der Nachkristallisation.

Auf Grund der einfachen Analyse der Ergebnisse läßt sich annehmen, daß sowohl die erste als auch die dritte Periode im Diagramm $\ln(-\ln\theta)$ als Funktion $\ln t$ sich als Gerade darstellen lassen. Für diese Abschnitte kann man entsprechende Konstanten berechnen, welche für zwei Abschnitte derselben Diagramme verschieden sein werden. Was eine ausführliche mathematische Analyse der vorgeschlagenen Annahme sowie eine Interpretation des mittleren Abschnittes des Diagramms anbelangt, so scheint es uns, daß eine viel größere Anzahl von Experimenten notwendig wäre. Die Arbeiten in dieser Richtung werden jetzt bei uns durchgeführt, und wir hoffen, daß die mathematische Analyse einer größeren Anzahl von Serienbestimmungen uns erlauben wird, mehr konkrete Schlußfolgerungen zu ziehen. Wir haben versucht, unter den von uns angenommenen Voraussetzungen den Kristallisationsprozeß unter den gewählten Bedingungen mittels zweier Geraden darzustellen und nach der Gleichung von *Avrami* die Konstanten k und n für jede Gerade orientierungsweise zu berechnen.

Es soll betont werden, daß bei der begrenzten Anzahl von experimentellen Daten und Berechnungen, die wir zur Verfügung hatten, die gewonnenen Ergebnisse mehr einen Orientierungscharakter haben und eine exakte quantitative Berechnung in der nächsten Arbeit angegeben wird, in der Versuchsergebnisse über 16 Fraktionen besprochen werden.

Auf Grund der durchgeführten Berechnungen kann man folgende *Schlußfolgerungen* ziehen:

1. Kristallisation, vor allem aber Wachstum der Kristalle erfolgt bedeutend schneller für niedrigere Molekulargewichte.
2. Eine Erhöhung der Temperatur beschleunigt den Kristallisationsprozeß, aber nur für den bestimmten Temperaturbereich bis zu ca. 20 °C unter der Schmelztemperatur.
3. Für alle Fälle eines sehr langsamen Verlaufs der Kristallisation lassen sich keine deutlichen Abweichungen von dem *Avrami*-Gesetz beobachten.
4. Für den Fall einer schnellen Kristallisation, d. h. niedriger Fraktionen beziehungsweise höherer Kristallisationstemperaturen, die genügend weit von der Schmelztemperatur liegen, läßt sich eine deutliche Abweichung beobachten, die man auf oben angeführte Weise erklären könnte.
5. Die Orientierungsberechnungen für die Konstanten k und n für die geradlinigen Abschnitte jeder Kurve weisen darauf hin, daß die Konstante n entweder nicht vom Polymerisationsgrad der untersuchten Fraktion abhängt, oder sie hängt nur in einem geringen Grade ab. Die Konstante k gibt dagegen in der Funktion des Polymerisationsgrades eine deutlich abfallende Kurve. Es muß betont werden, daß diese letzten Folgerungen noch eine größere Anzahl von experimentellen Daten verlangen.

Literatur

[1] *Kolb, H. J.*, und *Izard, E. F.*, J. appl. Physics **20** (1949) S. 564–571, 571–575.
[2] *Keller, A.*, *Lester, G. H.*, und *Morgan, L. B.*, Phil. Trans. Roy. Soc. London A **247** (1954) S. 1–12.
[3] *Hartley, F. D.*, *Lord, F. W.*, und *Morgan, L. B.*, ibid. A **247** (1954) S. 23–34.
[4] *Morgan, L. B.*, ibid. A **247** (1954) S. 13–24.
[5] *Morgan, L. B.*, J. appl. Chem. **4** (1954) S. 160–172.
[6] *Cobbs jr. W. H.*, und *Burton, R. L.*, J. Polymer Sci. **10** (1953) S. 275–290.
[7] *Zachmann, H. G.*, und *Stuart, H. A.*, Makromol. Chemie **41** (1960) S. 131–147.
[8] *Zachmann, H. G.*, und *Stuart, H. A.*, Makromol. Chemie **41** (1960) S. 148–173.
[9] *Avrami, M.*, J. chem. Physics **7** (1939) S. 1103; **8** (1940) S. 212; **9** (1941) S. 177.
[10] *Turska, E.*, und *Skwarski, T.*, Mitt.-Bl. Chem. Ges. DDR, Sonderheft 1957, S. 141.
[11] *Juilfs, J.*, Melliand Textilber. **40** (1959) S. 963–966.
[12] *Tung, L. H.*, und *Taylor, W. C.*, J. Polymer Sci. **17** (1955) S. 441–442.
[13] *Tung, L. H.*, und *Taylor, W. C.*, J. Polymer Sci. **21** (1956) S. 144–147.
[14] *Świętosławski, W.*, Chemia i Technika **4** (1949) S. 153.
[15] *Smith, E. R.*, und *Wojciechowski, M.*, Bull. Acad. Sci. Polonaise (1936) S. 123.

Eingegangen am 11. Juli 1964

Diskussion

Dr. *E. Treiber*, *Stockholm*: Sind die einzelnen verwendeten Fraktionen hinsichtlich ihrer Polydispersität — z. B. Uneinheitlichkeit $U = P_w/P_n - 1$ — charakterisiert worden?

Prof. Dr. *E. Turska*, Łódź: Wir haben die Homogenität der Proben leider noch nicht genau untersucht. In dieser Hinsicht ist unsere Arbeit noch nicht ganz zu Ende gebracht. Wenn wir alle unsere Fraktionen untersucht haben werden, können wir bessere Schlußfolgerungen ziehen. Die zur Fraktionierung benutzte Methode liefert sehr gut homogene Fraktionen. Vom theoretischen und thermodynamischen Standpunkt aus können sie aber nicht ganz homogen sein.

Kernresonanzmessungen zur Kettenbeweglichkeit in Polyäthylen-Einkristallen[1)]

Erhard Wolfgang Fischer

Laboratorium für Physik der Hochpolymeren am Institut für physikalische Chemie der Universität Mainz

DK 678.742.2:548.55:543.422.25:548.737

Im gequollenen Zustand tritt im Kernresonanzspektrum von Polyäthyleneinkristallen neben der starren (kristallinen) Komponente eine bewegliche Komponente auf. Die starre Komponente bleibt beim Quellen unverändert. In orientierten Einkristallproben kann noch eine dritte Komponente beobachtet werden.

Снятие спектров ядерного магнитного резонанса с целью определения подвижности цепей в монокристаллах полиэтилена

В спектре ядерного магнитного резонанса монокристаллов полиэтилена в набухшем состоянии кроме подвижного (кристаллического) компонента наблюдается также подвижный компонент. Первый компонент при набухании не изменяется. В ориентированных образцах монокристаллов можно наблюдать кроме того еще и третий компонент.

Nuclear Magnetic Resonance Studies on the Chain Mobility in Polyethylene Single Crystals

In the swollen state appears in the nuclear magnetic resonance spectrum of polyethylene single crystals besides the rigid component a movable component. The rigid component remains unchanged on swelling. In samples with oriented single crystals a third component can be observed.

Über die im Vortrag mitgeteilten Ergebnisse wurde bereits an anderer Stelle[2)] ausführlich berichtet. Daher wird hier nur ein kurzer Bericht über die wesentlichsten Ergebnisse gegeben, um die Diskussion verständlich zu machen.

1 Einführung

In Fortsetzung der Dichte- und Röntgenmessungen, aus deren Ergebnissen auf beträchtliche amorphe Anteile in den sogenannten Einkristallen von Polyäthylen geschlossen werden mußte, wurde die kernmagnetische Resonanzabsorption des aus verdünnten Lösungen kristallisierten Polyäthylens gemessen. Insbesondere wurden der Einfluß von Quellmittel auf die Beweglichkeit der Kettenmoleküle und die beim Tempern der Einkristalle auftretenden Änderungen untersucht. Bisher war an ungetemperten Proben kein oder nur ein geringer beweglicher Anteil gefunden worden. Jedoch hatten *McCall* und *Anderson* [1] festgestellt, daß sich durch Quellung mit protonenfreien Lösungsmitteln eine schmale Komponente im Kernresonanzspektrum der Einkristalle erzeugen läßt.

2 Ergebnisse

Durch Zugabe von Tetrachloräthylen als Quellmittel entsteht in den Kernresonanzkurven der Polyäthylen-Einkristalle eine schmale Komponente. Die Abhängigkeit des scheinbaren beweglichen Anteils A_n von der molaren Konzentration an Quellmittel ist in Bild 1 für Proben mit verschiedener Kristallisationstemperatur wiedergegeben. Da das Tetrachloräthylen frei von Protonen ist, muß die mit zunehmendem Lösungsmittelgehalt herauswachsende enge Komponente durch die erhöhte Beweglichkeit der Protonen des Polyäthylens verursacht werden. Der Effekt ist reversibel.

Die Konzentrationsabhängigkeit des beweglichen Anteils A_n läßt sich ziemlich gut durch den Exponentialansatz

$$A_n = A_s \exp\left[-\frac{\gamma}{c_0 + c}\right]$$

beschreiben. Dabei bedeutet A_s den beweglichen Anteil einer mit Quellmittel gesättigten Probe, γ ist eine Konstante, und c_0 trägt der Tatsache Rechnung, daß bei den meisten Proben auch bei einer Konzentration von $c = 0\%$ Tetrachloräthylen noch ein kleiner beweglicher Anteil A_0 vorhanden ist.

Der Sättigungswert A_s hängt von der Kristallisationstemperatur ab. Der Einfluß der Natur des Lösungsmittels scheint dagegen gering zu sein, da sich für Octan und Tetrachloräthylen ungefähr gleiche Sättigungswerte ergeben, obwohl diese beiden Substanzen sich bezüglich ihrer Güte als Lösungsmittel beträchtlich voneinander unterscheiden.

Das zweite Moment $\overline{\Delta H^2}$ der breiten Komponente schwankte zwischen 23 und 26,5 Gauß². Eine systematische Abhängigkeit von den Kristallisationsbedingungen ließ sich jedoch nicht feststellen. Die Quellung hatte keinen Einfluß auf diese Größe. Die Linienbreite ΔH derselben Komponente, gemessen als Abstand zwischen Maximum und Minimum der differentiellen Resonanzkurve, änderte sich ebenfalls nicht beim Quellen und lag zwischen 14,5 und 16 Gauß. Die Konstanz des zweiten Moments und der Linienbreite ist der direkte Nachweis dafür, daß der Ordnungszustand und die Beweglichkeit der Ketten in den kristallinen Bereichen durch das Anquellen nicht verändert werden. Beim Tempern der Einkristalle dagegen erhöhen sich $\overline{\Delta H^2}$ und ΔH beträchtlich.

Das zweite Moment der durch Quellung erzeugten schmalen Komponente betrug 2 bis 3 Gauß². Es war unabhängig vom Quellungsgrad. Die Linienbreite der schmalen Komponente einer mit Quellmittel gesättigten Probe ist kleiner als 0,2 Gauß.

Die Kristalle setzen sich beim Filtrieren orientiert ab, so daß die Kettenachsen in den dabei entstehenden dünnen Filmen bevorzugt senkrecht zur Filmebene orientiert sind. Die Form der Resonanzkurve hängt dann von der Stellung der Probe im Hochfrequenzfeld ab. Die Orientierung der Kristalle gegenüber dem Magnetfeld wirkt sich erstaunlicherweise nicht nur auf die kristalline Komponente, sondern auch auf die bewegliche Komponente aus. So sieht man aus Bild 2, daß das zweite

[1)] Bericht über einen Vortrag, gehalten auf dem 2. Erweiterten Colloquium „Die Feinstruktur der Hochpolymeren", 8. bis 10. Juni 1964 in Berlin und Teltow-Seehof, verfaßt von *Johannes Dechant.*

[2)] *E. W. Fischer* und *A. Peterlin,* Makromol. Chemie **74** (1964) S. 1–28.

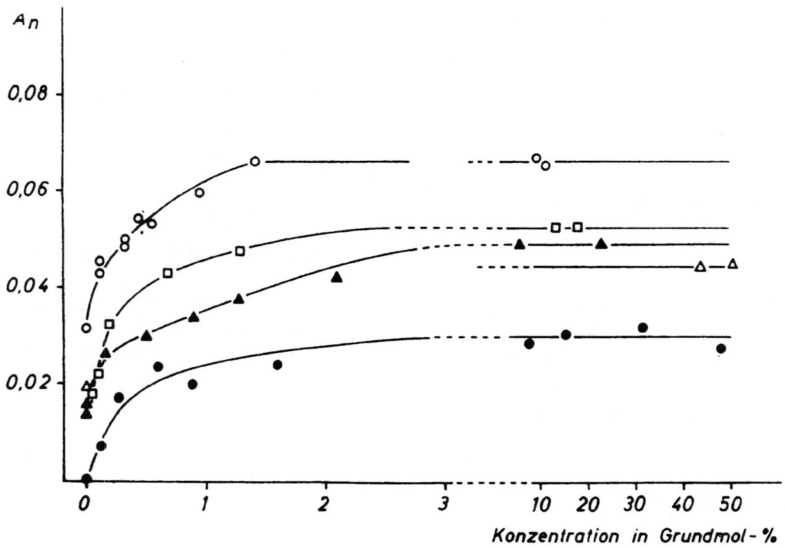

Bild 1. Die Abhängigkeit des scheinbaren beweglichen Anteils A_n von der Konzentration des Quellmittels C_2Cl_4 (in Grundmol-%). Die Kristalle wurden hergestellt aus 0,05-proz. Lösungen.

● bei 85 °C aus Xylol; △ bei 76 °C aus Tetrachloräthylen; ▲ bei 70 °C aus Tetrachloräthylen; □ bei 70 °C aus Octan; ○ bei 40 °C aus Tetrachloräthylen (Aus Makromol. Chemie **74** (1964) S. 6).

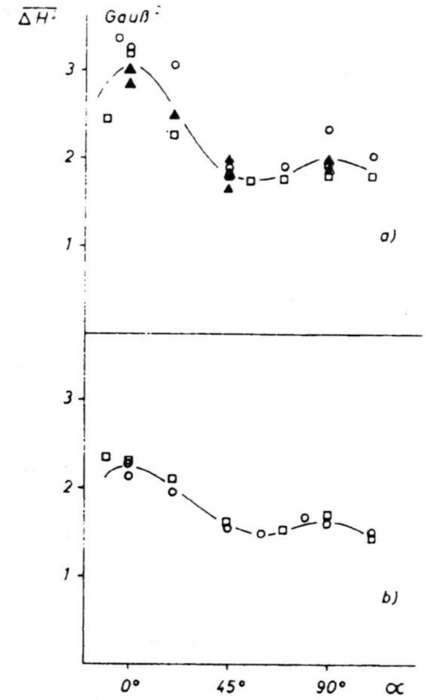

Bild 2. Das zweite Moment der schmalen Komponente in Abhängigkeit von der Orientierung der Kristalle im Magnetfeld

a) ○ Trockene Kristalle, hergestellt aus verd. Tetrachloräthylenlösung bei 40 °C; ▲ dieselben Kristalle mit Zusatz von 0,3 Grundmol-% C_2Cl_4; □ gesättigt mit C_2Cl_4.
b) ○ dieselben Kristalle, getempert 1 h bei 125 °C; □ getempert 1 h bei 130 °C (Aus Makromol. Chemie **74** (1964) S. 12).

Moment dieser Komponente vom Winkel α abhängt. Bei $\alpha = 0°$ ist das Magnetfeld parallel zur Kettenrichtung gerichtet.

Die Linienbreiten der engen Komponente sind schwieriger zu messen. Die scharfen Maxima, die bei einer mit Quellmittel gesättigten Probe auftreten, ändern ihre Lage nicht, wenn die Probe im Magnetfeld gedreht wird. Anders verhält es sich dagegen mit den flachen Maxima, die bei den Proben auftreten, die wenig oder gar kein Quellmittel enthalten. Diese Maxima, die ebenfalls durch Bewegungen von CH_2-Gruppen verursacht werden, verschieben sich bei Änderung von α. Es ist jedoch schwierig, ihre Abhängigkeit von α zahlenmäßig zu erfassen.

Beim Tempern der Einkristalle wird ebenfalls eine schmale Komponente im Kernresonanzspektrum hervorgerufen [2 bis 4], diese Veränderungen sind jedoch irreversibel. Die Abhängigkeit des beweglichen Anteils von der Orientierung im Magnetfeld ist bei getemperten Proben ähnlich wie bei gequollenen Proben (Bild 2b). Diese Übereinstimmung weist darauf hin, daß Art und Orientierung der Fehlstellen, die die schmale Komponente hervorrufen, in beiden Fällen die gleichen sind.

Quellungsversuche an getemperten Einkristallen zeigen, daß der bewegliche Anteil weit weniger stark mit dem Quellmittelgehalt ansteigt als im Falle der ungetemperten Proben.

3 Diskussion der Ergebnisse

Eine Abschätzung der Wechselwirkung der beiden Protonen in einer CH_2-Gruppe zeigt, daß es zur Deutung der Winkelabhängigkeit der breiten Komponente nicht notwendig ist, daß sich die in den Faltungsbögen der Ketten sitzenden Protonen wie ein starres Gitter verhalten und zum zweiten Moment der breiten Komponente beitragen.

Beim Tempern der Einkristalle nehmen ΔH und $\overline{\Delta H^2}$ deutlich zu. Man muß annehmen, daß die Vergrößerung der Linienbreite und des zweiten Moments auf eine Änderung der Struktur des Polyäthylen-Gitters zurückzuführen sind.

Die durch Quellen oder Tempern der Polyäthylen-Einkristalle erzeugte schmale Komponente hat eine Linienbreite, die kleiner oder gleich 0,2 Gauß ist. Derartig niedrige Werte können nur auftreten, wenn eine völlig ungeordnete flüssigkeitsähnliche Bewegung der Methylen-Gruppen vorliegt. Mehrere Gründe sprechen für die Annahme, daß in den gequollenen oder getemperten Einkristallen neben den Bereichen mit flüssigkeitsähnlicher Beweglichkeit der Ketten noch eine andere Phase vorhanden ist, die im Kernresonanzspektrum eine Zwischenkomponente mit einer Linienbreite von 3 bis 5 Gauß verursacht. Eine Betrachtung der Winkelabhängigkeit dieser Zwischenkomponente legt die Annahme nahe, daß diese Komponente durch Torsionsschwingungen von Kettensegmenten um die Kettenachse verursacht wird. Im Falle der Einkristalle müßten die Achsen dieser schwingenden Segmente parallel zu den Kettenachsen im starren Gitter orientiert sein.

Aus den beschriebenen Messungen kann man entnehmen, daß in den Kristallen Bereiche enthalten sein müssen, in denen die Methylengruppen unter dem Einfluß des Quellmittels beweglich werden. Die Frage, an welchen Stellen des Kristalls die beweglichen Einheiten sitzen, läßt sich auf Grund unserer Messungen noch nicht eindeutig beantworten. Es gibt Hinweise dafür, daß die beweglichen Methylengruppen auf den Deckflächen der Kristallamellen lokalisiert sind.

Aus diesen Gründen nehmen wir an, daß die Deckflächen der Kristalle aus amorphen oder stark fehlgeordneten Bereichen bestehen, in denen die Kettenstücke zu stark verspannt sind, um bei Raumtemperatur Torsionsschwingungen ausführen zu können. Durch Zugabe von Quellmittel werden Platzwechselvorgänge in dieser Schicht ermöglicht, die zunächst bei geringer Konzentration zu Torsionsschwingungen der aus dem Kristall bevorzugt senkrecht herausragenden Kettenstücken führen. Bei höherem Quellmittelgehalt kann ein kleiner Teil der in den Schlaufen sitzenden Gruppen auch flüssigkeitsähnliche Bewegungen ausführen.

Literatur

[1] *McCall, D. W.*, und *Anderson, E. W.*, J. Polymer Sci. **1A** (1963) S. 1175–1184.
[2] *Peterlin, A.*, *Krasovoc, F.*, *Pirkmajer, E.*, und *Levstek, J.*, Makromol. Chemie **37** (1960) S. 231–242.
[3] *Peterlin, A.*, und *Pirkmajer, E.*, J. Polymer Sci. **46** (1960) S. 185–193.
[4] *Slichter, W. P.*, J. appl. Physics **31** (1960) S. 1865–1868.

Diskussion

Dr. *W. Wilke*, Berlin-Dahlem: Wie erklären Sie sich die Wirkung der Quellmittel?

Dr. *E. W. Fischer*: Das ist eine Weichmacherwirkung, ich kann darüber noch nichts Näheres sagen.

Wilke: Ich wundere mich, daß sie ohne Quellmittel überhaupt nichts von der beweglichen Komponente sehen.

Fischer: Überhaupt nichts, ist etwas übertrieben. Außer bei der bei hoher Temperatur kristallisierten Probe war immer ein kleiner Prozentsatz der beweglichen Komponente zu sehen, der durch Zugabe des Quellmittels erhöht wurde.

Dipl.-Phys. *Kießling*, Leipzig: Kann man sich das Auftreten der zweiten Komponente bei Einwirkung des Quellmittels durch das Beweglichwerden von Rotationsisomeren erklären, die unabhängig von der Phase auftreten?

Fischer: Das kann man nicht ganz ausschließen. Aber wenn Rotationen im Innern des Kristalls einsetzen, dann würde sich das auf das zweite Moment der breiten, kristallinen Komponente auswirken. Die müßte dann abnehmen, wie man das in Abhängigkeit von der Temperatur als Folge der Zunahme der Beweglichkeit im Gitter findet. Beim Anquellen wird aber, wie wir gesehen haben, das zweite Moment der starren Komponente überhaupt nicht verändert, nur der bewegliche Anteil nimmt zu.

Dr. *H. G. Kilian*, Marburg: Ich möchte noch etwas zu dem „Dreiphasenmodell" sagen. Wir haben an Copolymeren dielektrische Relaxationsmessungen durchgeführt und die in der Literatur reichlich vorhandenen mechanischen Relaxationsmessungen ausgenutzt. Dabei kommen wir zu dem Ergebnis, daß man tatsächlich drei Ordnungsbereiche annehmen muß, wenn man das kinetische Verhalten solcher Proben beschreibt. Es erscheint mir wichtig, wie Ihre Kristalle entstehen, d. h. ob es sich um ein Auffädeln eines *einzelnen Moleküls* aus der Lösung handelt oder ob in der Lösung vor der Kristallisation eine *Entmischung* auftritt, wie es von *Richardson* angenommen wird, und nach der Entmischung eine echte Kristallisation über primäre Keimbildung wie im festen Polymeren eintritt. Eine solche Entmischung würde bedeuten, daß Ihre bei tiefer Temperatur gebildeten Einkristalle abgeschreckt sind. Im normalen Abkühlungsvorgang kann man das beim Polyäthylen nicht realisieren, weil die Keimbildungsgeschwindigkeit und die Wachstumsgeschwindigkeit viel zu hoch sind. Dies erklärt, daß die bewegliche Komponente zunimmt, wenn Sie bei tiefen Temperaturen ausfällen.

Fischer: Es ist auf jeden Fall eine Abschreckung. Ganz gleich, ob Entmischung auftritt oder nicht, haben wir eine sehr starke Unterkühlung. Der Gleichgewichtsschmelzpunkt der Kristalle im Lösungsmittel wird bei Tetrachloräthylen etwa bei 90 °C liegen. Genau weiß man das nicht. Wenn wir bei 40 °C kristallisieren, haben wir eine extreme Unterkühlung. Aus der Anisotropie des beweglichen Anteils haben wir geschlossen, daß der bewegliche Anteil mit den Einkristallen zusammenhängen muß und es sich nicht um irgendwelche Gelteilchen handelt. Die Segmente sind in den abgeschreckten Proben im Gitter beweglicher als bei den getemperten Proben.

Kilian: Ich würde einmal die Gitteraufweitung messen.

Fischer: Das wäre außerordentlich verdienstvoll.

Dr. *E. Treiber*, Stockholm: Wir haben in den Proben einen kontinuierlichen Übergang in der Beweglichkeit. Welcher Grad an Beweglichkeit ist nun notwendig, damit eine scharfe Signalbande auftritt?

Fischer: Man hat ein Beweglichkeitsspektrum mit gewissen Maxima. Die extrem schmale Komponente hat eine Linienbreite von 0,2 Gauß. Das sind Linienbreiten, wie sie etwa bei Glycerin gemessen werden. Man muß also im Polyäthylen im angequollenen Zustand Gruppen haben mit der gleichen Beweglichkeit wie im Glycerin. Es müssen nicht nur Rotationen, sondern auch Translationen stattfinden können.

Treiber: Haben Sie auch NMR-Messungen während des Temperns selbst ausgeführt?

Fischer: Nein. Wir haben nur getemperte Kristalle bei Raumtemperatur untersucht.

Prof. Dr. *R. Hosemann*, Berlin-Dahlem: Weshalb ist es notwendig, die Winkelabhängigkeit zu untersuchen, wenn man die erwähnte dritte Komponente erfassen will?

Fischer: Die Linienbreite der Zwischenkomponente weist eine ausgesprochene Winkelabhängigkeit auf. Bei einer unorientierten Probe erscheint das Maximum auf der Flanke der Flüssigkeitskomponente, und beide Komponenten können nicht mehr getrennt werden. Man kann dann nur aus einer Analyse der Linienform schließen, daß drei Komponenten vorhanden sind, man kann aber nicht drei Maxima im Kernresonanzspektrum aufzeichnen.

Hosemann: Sie beobachten drei Komponenten. Das bedeutet, daß drei Komponenten der Beweglichkeit vorhanden sind, aber nicht, daß drei verschiedene Phasen auftreten.

Man beobachtet auch bei verstrecktem Material eine dritte Komponente. Diese Komponente wurde den gestreckten Ketten in den amorphen Bereichen zugeordnet, die die geordneten Bereiche verbinden. Wie erklären Sie bei Ihren Einkristallen diese wenig beweglichen Kettenanteile? Sind es auch Ketten, die zu einem nächsten Kristall gehen?

Fischer: Nein. Man kann bei vielen Beobachtungen sehen, daß die einzelnen Lamellen der Wachstumspyramiden nicht durch durchlaufende Ketten miteinander verhängt sind. Wir glauben, daß, wenn die Ketten aus dem Kristallgitter heraustreten, kein plötzlicher Übergang vom geordneten zu völlig ungeordnetem Material auftritt. Vielmehr werden, wenn mehrere längere Schlaufen nebeneinander stehen, diese sich gegenseitig versteifen. Wenn wir dann Quellmittel hinzugeben, sind an den Spitzen der Schlaufen Gruppen vorhanden, die eine flüssigkeitsähnliche Beweglichkeit haben. Dieser Quelleffekt ist völlig reversibel. Bei Entzug des Quellmittels geht die Beweglichkeit wieder verloren.

Hosemann: Wenn man bei höherer Temperatur kristallisiert, erfolgt die Rückfaltung der Ketten zum Teil innerhalb von zwei bis drei CH_2-Gruppen. Diese kurzen Segmente sind fast kristallographisch festgelegt. Bei tieferen Kristallisationstemperaturen werden die Schlaufen immer größer und unregelmäßiger. Können Sie durch Tempern die Ordnung der Schlaufen verbessern?

Fischer: Nein. Beim Tempern tritt der entgegengesetzte Effekt ein. Man verbessert zwar das Gitter der Kristalle, aber die beweglichen Anteile an der Deckfläche werden beim Tempern noch beweglicher.

An der Diskussion beteiligte sich ferner Dr. *S. Maričic*, Zagreb.

Neue Bücher

Physical properties of polymers. Von *F. Bueche.* New York-London: Interscience Publishers John Wiley & Sons 1962. X, 354 S. mit 120 Abb. Lwd, 72 s.

F. Bueche hat zahlreiche Arbeiten veröffentlicht, in denen das physikalische Verhalten von Hochpolymeren auf die Eigenschaften des einzelnen Makromoleküls zurückgeführt wird. Im vorliegenden Buch wird ein allgemeiner Überblick über die Vorstellungen und Theorien dieser Betrachtungsweise gegeben.

Die Einführung und das erste Kapitel enthalten die Beschreibung des Einzelmoleküls: Molekülform, Molekulargewichtsverteilung, Molekülgröße, Segmentmodell. In den folgenden Kapiteln werden eine Anzahl mechanischer Eigenschaften der Hochpolymeren betrachtet, wie Elastizität, Diffusion, Viskosität, Glastemperatur, Kriechen, Relaxation, Zugfestigkeit und Reißfestikeit. Dabei wird fast durchweg der gleiche Weg beschritten. Zunächst wird gezeigt, wie durch das unabhängige Einzelmolekül das physikalische Verhalten erklärt werden kann. In weiteren Abschnitten wird die Theorie durch Berücksichtigung des Einflusses von Kettenenden, Vernetzungen und Verschlingungen verfeinert. Einen wesentlichen Teil nimmt jeweils die Platzwechseltheorie ein. Das Relaxationsverhalten wird mit Hilfe des *Kelvin-Voigt*-Modells und des *Maxwell*-Modells beschrieben. In einem dem dielektrischen Verhalten und der magnetischen Kernresonanz gewidmeten Kapitel werden die dielektrischen Eigenschaften an Hand der Platzwechseltheorie gedeutet, während die Kernresonanz nur qualitativ betrachtet wird. In einem weiteren Kapitel wird die Kristallisation vom thermodynamischen Standpunkt betrachtet. Ein Abschnitt dieses Kapitels befaßt sich mit den notwendigen molekularen Voraussetzungen zur Faserbildung.

Bei den Anwendungen und praktischen Beispielen stehen gummielastische Polymere im Vordergrund. Meist sind die Betrachtungen jedoch so allgemein gehalten, daß sie sich auf alle anderen Polymeren übertragen lassen.

Schwierige Rechnungen und längere Ableitungen werden in einem dem betreffenden Kapitel beigegebenen Anhang aufgeführt, so daß der fortlaufende Text nicht durch mathematischen Ballast unterbrochen wird und die Exaktheit trotzdem gewährleistet ist.

Das Buch wendet sich, wie im Vorwort gesagt wird, an den Anfänger; es hat den Charakter eines Lehrbuches. Der noch nicht mit der Vorstellungswelt der Hochpolymeren Vertraute wird jedoch viel Mühe aufwenden müssen, um den oft knapp gehaltenen Kapiteln zu folgen. Das Buch kann auch jedem, der sich schon intensiver mit den physikalischen Eigenschaften von Hochpolymeren befaßt hat, viel Neues bieten, wozu nicht zuletzt das umfangreiche Literaturverzeichnis beiträgt.

Die Kapitel bauen teilweise aufeinander auf, so daß man viel zurückblättern muß, wenn man das Buch als Nachschlagewerk benutzen will. An jedes Kapitel sind zur Vertiefung des Stoffes einige Aufgaben für den Leser angefügt (insgesamt 102). Obwohl die Aufgaben nicht übermäßig schwierig sind, wird eine Zusammenstellung der Lösungen vermißt. Dies würde nicht nur die Kontrolle über die richtige Erfassung des gebotenen Stoffes erleichtern, sondern auch den Reiz erhöhen, sich an die Aufgaben zu wagen.

J. Dechant

Configurational statistics of polymeric chains (Konfigurationsstatistik polymerer Ketten). Von *M. V. Volkenstein.* Englische Übersetzung von *S. N. Timasheff* und *M. J. Timasheff,* (High Polymers, Band 17). New York — London: Interscience Publishers, J. Wiley & Sons 1963. X, 562 S., 8°, 111 Abb., 38 Tab. Lwd. 150 s.

Wie vom Verfasser im Vorwort zur englischen Ausgabe angegeben wird, wurde das Buch 1958 geschrieben und gibt dementsprechend nicht mehr in allen Fragen den modernsten Stand wieder. Es wird deshalb auf 35 neuerschienene Arbeiten verwiesen. Außerdem soll demnächst in der UdSSR eine Monographie unter dem Titel „Die Konformation von Makromolekülen" herausgegeben werden, die als Fortsetzung dieses Buches gedacht ist.

In dem vorliegenden Werk wird ausgehend von dem Konzept der Rotationsisomerie die statistische Theorie polymerer Ketten entwickelt. Einleitend wird kurz auf die speziell bei Hochpolymeren auftretenden Probleme eingegangen und etwas über die mechanischen Eigenschaften, die Struktur der Polymeren und über Lösungen von Makromolekülen gesagt. Das nächste Kapitel behandelt die innere Rotation in niedrigen Kohlenstoffverbindungen. Es wird gezeigt, daß ein Vergleich der quantenmechanisch berechneten thermodynamischen Größen mit den experimentellen Ergebnissen zur Annahme gehemmter Rotationen um die Bindungen führt. Diese Vorstellung dient als Basis der in den folgenden Kapiteln entwickelten statistischen Theorie der Polymerketten. Sie ermöglicht ein Herausarbeiten der vielen Hochpolymeren unabhängig von ihrer speziellen Struktur gemeinsamen Eigenschaften und eine weitgehende mathematische Bearbeitung des Gebietes.

Das folgende Kapitel geht ausführlich auf die Rotationsisomerie und ihren Einfluß auf die Moleküleigenschaften ein.

Anschließend wird die Konfigurationsstatistik von Kettenmodellen entwickelt. Es werden das Segmentmodell und das Valenzwinkelmodell mit freier und behinderter Drehbarkeit behandelt und die Theorie *Markoff*'scher Ketten auf Polymerketten mit Rotationsisomerie angewendet. Vor einer Betrachtung zur Statistik realer Ketten werden noch die Eigenschaften kristalliner Polymere und die Stereochemie von Polymerketten betrachtet. In dem Kapitel über reale Polymerketten geht der Verfasser auf die Korrelation der inneren Rotationen, die Verzweigung und den Volumeneffekt ein. Die letzten Kapitel beschäftigen sich mit der optischen Anisotropie von Polymerketten, speziell der anisotropen Polarisierbarkeit, dem photoelastischen Effekt und dem *Kerr*effekt in Lösungen, und der Theorie des Verstreckung von Ketten und Netzwerken.

Das Buch ist überwiegend theoretischer Natur und wegen der klaren mathematischen Formulierung, der genauen Angabe der dabei benutzten Voraussetzungen, der Reichhaltigkeit des behandelten Stoffes und der umfangreichen Literaturzitate besonders zu empfehlen. *H. Dautzenberg*

Characteristic Frequencies of Chemical Groups in the Infrared. Von *M. St. C. Flett.* Amsterdam — London — New York: Elsevier Publishing Co. 1963. IX, 98 S. mit 1 Abb. und 15 Tab. 25 s. Dfl. 12.50

Die qualitative Analyse durch Ultraspektroskopie ist auf zwei Wegen möglich: Entweder geht man von den beobachteten Absorptionsbanden aus und sucht die dafür verantwortlichen chemischen Gruppen, oder man kennt bzw. vermutet die in der untersuchten Substanz vorhandenen Verbindungen und sucht zur Bestätigung nach den charakteristischen Frequenzen.

Dem ersten Weg wird das Buch von *Flett* durch eine umfangreiche graphische Zuordnungstafel gerecht. Je vollständiger eine solche Tafel ist, um so unübersichtlicher wird sie. Es scheint, daß im vorliegenden Buch ein günstiger Mittelweg zwischen Vollständigkeit und Übersichtlichkeit gefunden wurde. Dazu trägt bei, daß durch graphische Mittel die besonders charakteristischen Spektralbereiche hervorgehoben werden, während die für die Analyse weniger wertvollen zurücktreten.

Im zweiten, umfangreicheren Kapitel werden die charakteristischen Frequenzen chemischer Verbindungen angegeben. Die Verbindungen sind alphabetisch geordnet. Auch hier kann Vollständigkeit angestrebt, aber nicht erreicht werden. Da nur in Stichworten das für die Ultraspektroskopie Notwendige geschrieben wird, werden bei dem geringen Umfang des Buches erstaunlich viel Verbindungstypen behandelt. In anderen, größeren Büchern wird das spektroskopische Verhalten ausführlicher beschrieben, dafür kann man sich in diesem Buch sehr schnell einen Überblick über die auftretenden Absorptionsbanden verschaffen. Teilweise wird die Zuordnung durch die Angabe relativer oder absoluter Intensitäten erleichtert. Erfreulich ist, daß in dem an jede Verbindungsklasse angefügten kleinen Literaturverzeichnis neuere Arbeiten dominieren. Im Stichwortverzeichnis sind nicht nur die Namen, sondern auch die chemischen Formeln angegeben, wodurch das Auffinden einer Gruppe beträchtlich erleichtert wird.

Prof. Dr.-Ing. habil. *W. Bobeth* Nationalpreisträger

Der Mitherausgeber unserer Zeitschrift, Herr Prof. Dr.-Ing. habil. *Wolfgang Bobeth*, wurde aus Anlaß des 15. Jahrestages der Gründung der Deutschen Demokratischen Republik „für seine wissenschaftlichen Leistungen auf dem Gebiet der Prüfung der Faserstoffe, insbesondere der Glasfaserstoffe, die zu einer systematischen Gebrauchswertgestaltung und zur erheblichen Steigerung der Qualität und der Anwendung einheimischer Faserstoffe führten," mit dem

Nationalpreis für Wissenschaft und Technik

ausgezeichnet. Wir sprechen Herrn Prof. Dr. *Bobeth*, der über seine Arbeiten laufend in unserer Zeitschrift berichtet hat, unsere herzlichsten Glückwünsche zu seiner Auszeichnung aus.

Neue Bücher (Fortsetzung)

In zwei anschließenden kurzen Kapiteln werden Angaben über Spektrensammlungen und Literatur zur Interpretation von Ultrarotspektren organischer Substanzen gemacht.

Das Buch ist durch seine handliche und übersichtliche Form besonders wertvoll, weil dadurch der unmittelbare Gebrauch im Spektrometerlabor erleichtert wird. Es kann jedem empfohlen werden, der sich mit der praktischen Ultrarotspektroskopie befaßt. *J. Dechant*

Infrared Spectroscopy of High Polymers. Von *Rudolf Zbinden*. New York — London: Academic Press 1964. XII, 264 S. mit 97 Abb. Lwd. $ 9,50.

Im Gegensatz zu anderen Monographien über die Spektroskopie von Hochpolymeren ist das Buch von *Zbinden* keine Spektrensammlung und keine Beschreibung der spektroskopischen Eigenschaften der verschiedenen Hochpolymeren. Das Thema des Buches sind die methodischen und theoretischen Grundlagen der Infrarotspektroskopie makromolekularer Substanzen.

Im ersten Kapitel „Charakteristische Eigenschaften der Spektren von Polymeren" wird ein allgemeiner Überblick über die Besonderheiten der Infrarotspektren von Hochpolymeren im Vergleich zu niedermolekularen Verbindungen gegeben. Einige dieser Aspekte werden in den vier folgenden Kapiteln ausführlicher behandelt.

Das zweite Kapitel ist den Auswahlregeln bei Kettenmolekülen gewidmet. Die Grundlagen der Gruppentheorie werden dargestellt, soweit sie für die exakte Behandlung des Stoffes erforderlich sind. Es schließen sich die Methoden zur Berechnung der möglichen Normalschwingungen für einfache vielatomige Moleküle und kristalline Systeme und der Auswahlregeln für die verschiedenen Symmetriegruppen an.

Im dritten Kapitel werden numerische Berechnungen der Schwingungen von Kettenmolekülen behandelt. Als Modelle liegen diesen Betrachtungen das ein- und zweiatomige lineare Gitter und die ebene Zickzackkette zugrunde. Den Methoden zur Berechnung der Skelettschwingungen folgen im vierten Kapitel die Schwingungswechselwirkungen in Kettenmolekülen, also die Beeinflussung der Gruppenschwingungen durch die benachbarten Monomereinheiten. Die Ergebnisse werden mit den bei Kohlenwasserstoffen beobachteten Spektren verglichen.

Das fünfte Kapitel „Orientierungsmessungen" ist das umfangreichste des Buches. Hier werden außer den theoretischen Grundlagen dichroitischer Untersuchungen und der Orientierung von Hochpolymeren auch die experimentelle Technik und die apparative Seite besprochen. Einen breiten Raum nehmen die bei dichroitischen Messungen möglichen Fehlerquellen ein. Eine solche Zusammenstellung ist sehr nützlich, kommt aber nach dem vorwiegend theoretischen Inhalt der vorangegangenen Kapitel etwas unerwartet.

In einem Anhang wird ein Literaturüberblick für die verschiedenen Polymere gegeben. Trotz der großen Zahl von 332 Zitaten kann ein solcher Überblick nur unvollständig sein. So werden für Nylon 6 nur vier Zitate genannt.

Das Buch wird seiner im Vorwort gestellten Aufgabe, dem Spektroskopiker bei der Interpretation der Spektren polymerer Substanzen und dem Polymerwissenschaftler bei der Anwendung der Infrarotspektroskopie zu helfen, gerecht. Es zeigt, welche Möglichkeiten und welche Grenzen die Infrarotspektroskopie von Hochpolymeren hat. Als Nachteil wird das Fehlen eines Kapitels über intermolekulare Wechselwirkungen empfunden. Übermolekulare Struktur und Ordnungsgrad sind wesentliche Eigenschaften von Hochpolymeren, die auch im Infrarotspektrum zum Ausdruck kommen. *J. Dechant*

Patentschau

Auszug aus Lieferung 15/16/1964 der Patentschau „Faserstoffe und Textiltechnik", Ausgabe A: Faserstoffe einschl. Kunststoffe und organ. Grundsubstanzen, zusammengestellt von der Abteilung Wissenschaftliches Berichtswesen des Instituts für Faserstoff-Forschung der DAW, Teltow-Seehof, Kantstr. 55

Die Patentschau ist nach der deutschen Patentklasseneinteilung gegliedert. Es bedeuten: DDP = DDR-Patent; DBP = Deutsches Bundespatent; DAS = (West)-Deutsche Auslegeschrift; OeP = Österreichisches Patent; PoP = Polnisches Patent; SzP = Schweizer Patent; FrP = Französisches Patent; GBP = Britisches Patent; SvP = Schwedisches Patent; SUP = Sowjetisches Patent; ČSP = Tschechisches Patent; USP = Amerikanisches Patent; — A = Anmelde-, B = Bekanntmachungs-, E = Erteilungsdatum.

Klasse 29a

DDP 27064. Spinndüse zur Herstellung von Hohlfäden, Schläuchen u. dgl. aus dem Schmelzfluß. Erf. u. Inh.: *W. Behm*, Oberpreilipp. A. 11. 3. 57, Ausg. 15. 2. 64. Kl.: 29a, 6/04. A.-Z.: WP 29a/47834.

ČSP 109991. Verfahren zur Herstellung von hohlen Fasern, Bändern, Schläuchen u. ä. sowie eine Düse zur Durchführung dieses Verfahrens. Erf.: *W. Behm*, 25. 1. 58/15. 8. 63/15. 2. 64. Kl.: 29a, 6/04. A.-Z.: 418/58.

DAS 1170578. Vorrichtung zur Herstellung von Stapelfasern aus organischen Stoffen. Erf.: *R. P. Foster* u. *D. E. Till*. Anm.: FMC Corp., Philadelphia, Pa (US). A. 17. 4. 56, B. 21. 5. 64. Kl.: 29a, 6/05. A.-Z.: A 24717. Prior.: 18. 4. 55 (US; A.-Z.: 501932).

USP 3123972. Noppengarn. Erf.: *W. E. Stamps*, *A. R. Merril* u. *M. R. Livingston*. Inh.: Celanese Corp. of America, New York, N. Y. A. 19. 12. 61, E. 10. 3. 64. Kl.: 57—140. 8 Anspr. A.-Z.: 160547.

DAS 1171556. Herstellung feintitriger verstreckter Fäden aus der Schmelze synthetischer linearer Hochpolymerer. Erf.: *F. Bolland*. Anm.: VEB Chemiefaserwerk Schwarza „Wilhelm Pieck", Rudolstadt (Thür.). A. 4. 3. 54, B. 4. 6. 64. Kl.: 29a, 6/06. A.-Z.: V 6953.

USP 3022132. Vorrichtung und Verfahren zum Orientieren und Mischen synthetischer Fasern. Erf. u. Inh.: *Gilbert Shaw*, Box 151. Middlebury, Vt. A. 25. 2. 57, E. 20. 2. 62. Kl.: 18—54, 1 Anspr. A.-Z.: 642210.

USP 3124844. Zus. z. Pat. m. A.-Z.: 35157. Vorrichtung zur Weiterverarbeitung von Fasern in Kabel- oder Vliesform. Erf.: *Th. T. Constantine* u. *R. D. Wells*. Inh.: Crompton & Knowles Corp., Worcester, Mass. A. 29. 12. 60, E. 17. 3. 64. Kl.: 19—155, 19 Anspr. A.-Z.: 79360.

USP 3132462. Verfahren und Vorrichtung zur Herstellung von begrenzt verstrecktem Bauschgarn. Erf.: *Ch. W. Kim*, *E. H. Shattuck*, u. *P. W. Langway*. Inh.: Joseph Bancroft & Sons Co., Rockford, Wilmington, Del. A. 9. 2. 62, E. 12. 5. 64. Kl.: 57—34, 12 Anspr. A.-Z.: 172269.

OeP 235459. Verfahren und Vorrichtung zur Behandlung eines laufenden Multifilamentkunstgarnes mit einem Gasstrahl. Inh.: N. V. Onderzoekingsinstituut Research, Arnhem (Nd), 26. 9. 62/15. 1. 64/15. 7. 64. Kl.: 29a, 7/08. A.-Z.: 7656/62. Prior.: 28. 9. 61 (Nd).

FrP 1358939. Verfahren und Vorrichtung zur Behandlung von Seide aus synthetischem Material. Inh.: Tematex S. a. S. di E. Reynaud & Co.

A. 11. 6. 63, E. 9. 3. 64. Int. Kl.: D 01d. A.-Z.: 937723. Prior.: 3. 11. 62 (It; A.-Z.: 21652/62).

USP 3123891. Streckvorrichtung für Textilfäden. Erf.: *E. P. Brignac* u. *R. T. Wright*. Inh.: Monsanto Chemical Co. A. 10. 4. 61, E. 10. 3. 64. Kl.: 28–71, 3, 3 Anspr. A.-Z.: 102053.

USP 3124859. Vorrichtung zur Garnverstreckung. Erf.: *P. J. Corbiere* u. *P. J. Terra*. Inh.: Societé Rhodiaceta, Paris (Fr). A. 17. 10. 60, E. 17. 3. 64. Kl.: 28–59, 5, 9 Anspr. A.-Z.: 63031. Prior.: 3. 11. 59 (Fr).

USP 3131438. Verstreckungswalze zur Faserbehandlung und Verfahren zur Anwendung. Erf.: *N. E. Klein*. Inh.: Deering Milliken Research Corp., Spartanburg, S. C. A. 1. 3. 61, E. 5. 5. 64. Kl.: 19–288, 18 Anspr. A.-Z,: 92605.

DAS 1171106, Spinndüse zur Gewinnung von Kunstfäden mit unrundem, insbesondere strahlenförmigem Querschnitt und Verfahren zu ihrer Herstellung. Erf.: *H.-J. Dietzsch* u. *O. Dietzsch*. Anm.: Trikotfabriken J. Schiesser AG, Radolfszell (Bodensee). A. 23. 5. 57, B. 27. 5. 64. Kl.: 29a, 6/10. A.-Z.: T 13632.

OeP 235461. Als elektrische Widerstandsplatte ausgebildete und am Ende eines Austragrohres anbringbare Düse zum Schmelzspinnen. Inh.: Canadian Celanese Ltd., Montreal (Ca). 15. 6. 60/15. 1. 64/15. 7. 64. Kl.: 29a. 7/09. A.-Z.: 4590/60.

USP 3032813. Vorrichtung zur Herstellung und Verarbeitung von Seide. Erf.: *Ch. J. Stalego*. Inh.: Owens-Corning Fiberglas Corp. A. 9. 7. 57, E. 8. 5. 62. Kl.: 18–8, 2 Anspr. A.-Z.: 670731.

USP 3131427. Spinndüse. Erf.: *J. P. Mika* u. *C. E. Bishop*. Inh.: Celanese Corp. of America, New York, N. Y. A. 17. 10. 58, E. 5. 5. 64. Kl.: 18–8. 3 Anspr. A.-Z.: 767806.

USP 3131429. Trichter zum Streckspinnen von Kupferoxidammoniak-Stapelfasern. Erf.: *O. Okamura*. Inh.: Asahi Kasei Kogyo Kabushiki Kaisha, Osaka (Ja). A. 6. 2. 61. E. 5. 5. 64. Kl.: 18–8, 1 Anspr. A.-Z.: 87256. Prior.: 24. 5. 60 (Ja).

OeP 235462. Vorrichtung zum Rückspulen von gekräuseltem Filamentgarn. Inh.: N. V. Onderzoekingsinstituut Research, Arnhem (Nd). 5. 4. 62/15. 1. 64/15. 7. 64. Kl.: 29a, 7/12. A.-Z.: 2803/62. Prior.: 6. 4. 61 (Nd).

SUP 162279 (Urheberschein). Fadenablegemechanismus an Spinnmaschinen für Chemiefasern. Erf.: *A. G. Jas'kov* u. *G. K. Morgunov*. A. 8. 4. 63, B. 16. 4. 64. Kl.: 29a, 6/15. A.-Z.: 829655/28–12.

SUP 162278 (Urheberschein). Vorrichtung zur Be- und Entlüftung von Spinnmaschinen für Viskosecordfaser. Erf.: *I. Z. Guslizer, V. D. Krancfel'd, S. L. Dič, A. Kazymov, L. M. Fukson, S. L. Zak, M. M. Giršgorn. K. G. Birkenfel'd* u. *G. K. Stambolidi*. A. 19. 2. 63, B. 16. 4. 64. Kl.: 29a, 6/14. A.-Z.: 820648/28–12.

USP 3032829. Spinnbandbehandlung. Erf.: *W. R. Mahoney, R. E. St. Pierre* u. *D. T. Dunlap*. Inh.: Celanese Corp. of America, New York, N. Y. A. 11. 2. 58, E. 8. 5. 62. Kl.: 19–65, 26 Anspr. A.-Z.: 714634.

USP 3123858. Erhitzte Spinnmasse zur Herstellung von Fäden. Erf.: *H. J. McDermott*. Inh.: FMC Corp., San Jose, Calif. A. 21. 2. 61, E. 10. 3. 64. Kl.: 18–8, 3 Anspr. A.-Z.: 90683).

Klasse 29b

OeP 235463. Verfahren zur Herstellung von künstlichen Stapelfasern aus regenerierter Cellulose. Inh.: N. V. Onderzoekingsinstituut Research, Arnhem (Nd). 29. 3. 62/15. 1. 64/15. 7. 64. Kl.: 29b, 8/01. A.-Z.: 2553/62. Prior.: 30. 3. 61, 14. 2. 62 (Nd).

USP 3031255. Zus. z. Pat. m. A.-Z.: 550855. Herstellung von Viskosekunstseide mit reiner Oberfläche. Erf.: *M. R. Lytton*. Inh.: American Viscose Corp., Philadelphia, Pa. A. 16. 9. 59, E. 24. 4. 62. Kl.: 18–54. 9 Anspr. A.-Z.: 840233.

USP 3031320. Spinnen von Viskose. Erf.: *B. N. Baer. J. D. Brandner, J. W. le Maistre*. Inh.: Atlas Chemical Industries, Inc., Wilmington. Del. A. 22. 8. 55. E. 24. 4. 62. Kl.: 106–165, 7 Anspr. A.-Z.: 529949.

USP 3033696. Herstellung von Viskosekunstseide. Erf.: *A. Buurman. P. C. Limburg* u. *R. A. Vroom*. Inh.: American Enka Corp., Enka, N. C. A. 18. 2. 59, E. 8. 5. 62. Kl.: 106–165, 10 Anspr. A.-Z.: 793967. Prior.: 18. 3. 58 (Nd).

USP 3034910. Herstellung von Regeneratcellulosefäden aus Holzzellstoff. Erf.: *W. L. Dean, A. M. Doweil jr.* u. *J. S. James jr.* Inh.: The Buckeye Cellulose Corp., Cincinnati, Ohio. A. 31. 7. 59, E. 15. 5. 62. Kl.: 106–165. 6 Anspr. A.-Z.: 830889, entspr. DAS 1166973.

USP 3017237. Cellulosederivat und Verfahren zur Herstellung desselben. Erf.: *A. L. Bullock* u. *J. D. Guthrie*. Inh.: United States of America, Secretary of Agriculture. A. 13. 9. 60, E. 16. 1. 62. Kl.: 8–120, 9 Anspr. A.-Z.: 55808.

USP 3019119. Celluloseacetat-Spinnlösungen. Erf.: *H. A. Hoffmann jr.* u. *L. A. Sherbeck*. Inh.: E. I. du Pont de Nemours & Co., Wilmington, Del. A. 29. 8. 58, E. 30. 1. 62. Kl.: 106–169, 6 Anspr. A.-Z.: 757934.

USP 3033698. Celluloseacetatspinnlösungen und Verfahren zum Spinnen von Fäden mit niedriger Fadenstärke. Erf.: *J. E. Kiefer* u. *G. P. Toney*. Inh.: Eastman Kodak Co., Rochester, N. Y. A. 23. 10. 59, E. 8. 5. 62. Kl.: 106196, 3 Anspr. A.-Z.: 848187.

USP 3037835. Verfahren zur Verbesserung der Anfärbbarkeit von Textilfasern, Filmen und gepreßten Gegenständen. Erf.: *A. Bonvicini* u. *C. Caldo*. Inh.: Montecatini Soc. Gen. per l'Industria Mineraria e Chimica, Milan (It). A. 30. 6. 59, E. 5. 6. 62. Kl.: 8–55, 12 Anspr. A.-Z.: 823841. Prior.: 2. 7. 58 (It).

FrP 1359178 (Aj.). Synthetische Fasern auf Basis von Polyvinylchlorid. Inh.: Société Rhovyl. A. 12. 2. 63, E. 16. 3. 64. Int. Kl.: C 08f, D 01f. A.-Z.: 924506.

GBP 949085. Katalysatorsystem für die Herstellung von linearen faser- und filmbildenden Polyestern. Inh.: Imperial Chemical Industries Ltd. A. 7. 3. 62, E. 12. 2. 64. Kl.: C 3.R. Int. Kl.: C 08g. A.-Z.: 8671/61.

GBP 952638. Verfahren zur kontinuierlichen Herstellung von hochwertigen Acrylfasern bei niedrigem Preis. Inh.: Toho Rayon Kabushiki Kaisha. A. 18. 10. 60, E. 18. 3. 64. Kl.: B 5.B, Int. Kl.: D 01f. A.-Z.: 35643/60. Prior.: 5. 12. 59 (Ja; A.-Z.: 38112).

ČSP 109400. Verfahren zur Herstellung von Acrylfasern. Erf.: *V. Hurt, M. Benický, A. Stoy* u. *P. Hrivnák*. 12. 8. 61/15. 7. 63/15. 1. 64. Kl.: 29b, 3/65. A.-Z.: 4964/61.

USP 3017238. Verfahren zum Lösungsspinnen von Polyolefinen. Erf.: *M. Levine* u. *B. M. Kuhn*. Inh.: Hercules Powder Co., Wilmington, Del. A. 7. 4. 60, E. 16. 1. 62. Kl.: 18–54, 8 Anspr. A.-Z.: 20568.

USP 3019077. Kristalline isotaktische Polystyrolfasern. Erf.: *R. J. Carey* u. *A. T. Walter*. Inh.: Union Carbide Corp. A. 9. 2. 60, E. 30. 1. 62. Kl.: 18–54, 7 Anspr. A.-Z.: 7555.

USP 3023182. Polyvinylalkoholfasern mit verbesserter Anfärbbarkeit. Erf.: *K. Tanabe* u. *Y. Ohno*. Inh.: Kurashiki Rayon Co. Ltd., Okayama Prefecture (Ja) u. Air Reduction Co. Inc. New York, N. Y. A. 19. 1. 59. E. 27. 2. 62. Kl.: 260–29,6, 6 Anspr. A.-Z.: 787386. Prior.: 18. 1. 58 (Ja).

USP 3031428. Spinnlösungen eines Vinylidencyanid-Mischpolymeren und Verfahren zu ihrer Herstellung. Erf.: *J. J. Shipman*, u. *G. L. Smith*. Inh.: The B. F. Goodrich Co., New York, N. Y. A. 19. 11. 56, E. 24. 4. 62. Kl.: 260–32,6, 12 Anspr. A.-Z.: 622776, entspr. SzP 377535.

USP 3033813. Gemische von Acrylnitrilpolymerisaten mit Polypyrrolidon und daraus hergestellte Faser. Erf.: *J. Werner*. Inh.: General Aniline & Film Corp., New York, N. Y. A. 22. 6. 59, E. 8. 5. 62. Kl.: 260–45,5, 19 Anspr. A.-Z.: 821687.

USP 3019509. Zus. z. Pat. m. A.-Z.: 431576. Gekräuselte Regeneratcellulosefasern. Erf.: *N. L. Cox* u. *W. D. Nicoll*. Inh.: Beaunit Mills, Inc. A. 25. 2. 58, E. 6. 2. 62. Kl.: 28–82, 10 Anspr. A.-Z.: 717319.

USP 3022565. Verfahren zum Texturieren von Garnen. Erf.: *P. F. Fitzgerald*. Inh.: The Chemstrand Corp., Decatur, Ala. A. 4. 9. 58, E. 27. 2. 62. Kl.: 28–72, 6 Anspr. A.-Z.: 758932.

USP 3034196. Alternierend gekräuselte Faser. Erf.: *B. M. Bohmfalk*. Inh.: E. I. du Pont de Nemours and Co., Wilmington, Del. A. 18. 3. 60. E. 15. 5. 62, Kl.: 28–82, 6 Anspr. A.-Z.: 15988.

Klasse 39c

ČSP 111309. Verfahren zur Herstellung von alkalischem, unter Zusatz von Weichmachern polymerisiertem ε-Caprolactam. Erf.: *H. Schade* u. *F. W. Beckhaus*. 29. 4. 61/15. 1. 64/15. 6. 64. Kl.: 39c, 15. A.-Z.: 2669/61.

USP 3017391. Herstellung von Polycaprolactam mit N-Acyl-Aktivatoren. Erf.: *E. H. Mottus, R. M. Hedrick* u. *J. M. Butler*. Inh.: Monsanto Chemical Co., St. Louis. Mo. A. 13. 12. 56, E. 16. 1. 62. Kl.: 260–78, 13 Anspr. A.-Z.: 627984.

USP 3017392. Polymerisation höherer Lactame. Erf.: *J. M. Butler, R. M. Hedrick* u. *E. H. Mottus*. Inh.: Monsanto Chemical Co., St. Louis, Mo. A. 5. 8. 57, E. 16. 1. 62. Kl.: 260–78, 14 Anspr. A.-Z.: 676419.

USP 3017394. Verfahren zur Polykondensation von Diaminen und Dicarbonsäuren. Erf.: *W. Muench, C. Maderno, L. Notarbartolo* u. *G. Messina*. Inh.: Snia Viscosa Società Nazionale Industria Applicazzioni Viscosa S. p. A. Milan (It). A. 25. 8. 58, E. 16. 1. 62. Kl.: 260–78, 3 Anspr. A.-Z.: 757126. Prior.: 28. 8. 57 (It).

USP 3035000. Kondensationsprodukte aus einem epoxydierten Fettöl und aus einem Alkylenpolyamin. Erf.: *R. W. Fulmer*. Inh.: General Mills, Inc. A. 17. 3. 60, E. 15. 5. 62. Kl.: 260–18, 6 Anspr. A.-Z.: 15546.

USP 3035028. Alkenylierte lineare Polyamide. Erf.: *Ch. E. Wheelock*. Inh.: Phillips Petroleum Co. A. 18. 12. 57, E. 15. 5. 62. Kl.: 260–78, 3 Anspr. A.-Z.: 703504.

USP 3033829. N-Vinyl-5-phenyl-2-oxazolidinonverbindungen und Polymerisate. Erf.: *W. W. Bakke*. Inh.: The Dow Chemical Co., Midland, Mich. A. 6. 2. 58, E. 8. 5. 62. Kl.: 260–77,5, 6 Anspr. A.-Z.: 713567.

DDP 27131. Verfahren zur kontinuierlichen Herstellung von Polyäthylenterephthalat. Erf. u. Inh.: *H. Viehweg*, Leipzig u. *E. Penther*, Leipzig. A. 30. 9. 59, Ausg. 15. 2. 64. Kl.: 39c, 16. A.-Z.: WP 39c/63590.

USP 3033830. Ringsubstituierte N-Allyl-2-oxazolidinonverbindungen und Polymerisate davon. Erf.: *W. F. Tousignant* u. *W. E. Walles*. Inh.: The Dow Chemical Co., Midland, Mich. A. 19. 5. 58, E. 8. 5. 62. Kl.: 260–77,5.

SzP 378539. Verfahren zur Herstellung von neuen ungesättigten Polyestern. Erf.: *H. Batzer, E. Nikles, H. Pfannmüller* u. *G. Widmer*. Inh.: Ciba AG., Basel. A. 30. 10. 58, E. 30. 6. 64. Kl.: 39c, 16. A.-Z.: 65589/58.

PoP 48424. Verfahren zur Herstellung von thermostabilem Polyäthylenterephthalat. Erf.: *H. Krzystek* u. *Z. Tóbora*. Inh.: Instytut Włokien Sztucznych i Syntet tetycznych, Łódź (Po). A. 26. 10. 62, E. 15. 6. 64. Kl.: 39c, 16.

USP 3033 827. Lineare Polyester des 1,4-Cyclohexandimethanols mit Aminoalkoholen. Erf.: *Ch. J. Kibler, A. Bell* u. *J. G. Smith*. Inh.: Eastman Kodak Co., Rochester, N. Y. A. 29. 6. 59, E. 8. 5. 62. Kl.: 260–77, 19 Anspr. A.-Z.: 823296.

USP 3035020. Verfahren zur Herstellung von Polycarbonatharzen. Erf.: *J. S. Fry*. Inh.: Union Carbide Corp. A. 6. 4. 59, E. 15. 5. 62. Kl.: 260–47, 5 Anspr. A.-Z.: 804092.

USP 3035021. Phthalidsubstituierte Phenolphthaleinpolycarbonatharze. Erf.: *J. H. Howe*. Inh.: The Dow Chemical Co., Midland, Mich. A. 24. 8. 60, E. 15. 5. 62. Kl.: 260–47, 11 Anspr. A.-Z.: 51509, entspr. GBP 946879.

USP 3035024. Sulfonpolyester. Erf.: *D. M. Young, Ch. F. Horn* u. *F. Hostettler*. Inh.: Union Carbide Corp. A. 7. 10. 57, E. 15. 5. 62. Kl.: 260–75, 19 Anspr. A.-Z.: 688411.

USP 3132118. Lineare Polycarbonate aus Bisphenolalkancarbonsäureestern. Erf.: *R. Butterworth* u. *J. A. Parker*, Inh.: Armstrong Cork Co., Lancaster, Pa. A. 22. 4. 59, E. 5. 5. 64. Kl.: 260–47, 6 Anspr. A.-Z.: 808010.

USP 3133044. Kontinuierliches Verfahren zur Polymerisation von Bisphenolen und Phosgen. Erf.: *Ch. F. H. Allen, W. J. Humphlett*. Inh.: Eastman Kodak Co., Rochester, N. Y. A. 16. 3. 59, E. 12. 5. 64. Kl.: 260–47, 11 Anspr. A.-Z.: 799436.

DAS 1170642. Verfahren zur Herstellung von Polyvinylalkohol. Erf.: *T. Kominami, S. Yamane, K. Harada* u. *Y. Nishimatsu*. Anm.: Kurashiki Rayon Co. Ltd., Kurashiki (Ja). A. 27. 9. 61, B. 21. 5. 64. Kl.: 29c, 25/01. A.-Z.: K 44801. Prior.: 28. 11. 60 (Ja; A.-Z.: 46419).

DAS 1171157. Verfahren zur Herstellung von Pfropfpolymerisaten von Vinylestern. Erf.: *W. Ehmann*. Anm.: Farbwerke Hoechst AG vorm. Meister Lucius & Brüning, Frankfurt/M. A. 15. 11. 62, B. 27. 5. 64. Kl.: 39c, 25/01. A.-Z.: F 38320.

SzP 378540. Verfahren zur Herstellung eines festen, löslichen und schmelzbaren Diallylphthalat-, -isophthalat- oder -terephthalat-Vorpolymerisats. Erf.: *Ch. A. Heiberger* u. *J. L. Thomas*. Inh.: FMC Corp., Chrysler Building East, 161, East 42nd Street, New York (US). A. 2. 4. 58, E. 30. 6. 64. Kl.: 39c,25/01. A.-Z.: 57868/58.

FrP 1359982. Olefincopolymere und Verfahren zu ihrer Herstellung. Erf.: *G. Natta, G. Mazzanti, A. Valvassori, G. Sartori* u. *V. Turba*. Inh.: Montecatini Soc. Gen. per l'Industria Mineraria e Chimica. A. 16. 4. 63, E. 23. 3. 64. Int. Kl.: C 08f. A.-Z.: 931595. Prior.: 18. 4. 62 (It; A.-Z.: 7632/62).

FrP 1361252. Verbessertes Verfahren zur Polymerisation von Olefinen. Inh.: Solvay & Cie. A. 1. 7. 63, E. 6. 4. 64. Int. Kl.: C 08f. A.-Z.: 939983. Prior.: 18. 7. 62 (Be; A.-Z.: 495533).

GBP 949422. Copolymerisation von Äthylen oder α-Olefinen mit fluorhaltigen ungesättigten Monomeren. Inh.: Sicedison S. p. A. A. 6. 3. 62.

E. 2. 1. 64. Kl.: C 3.P. Int. Kl.: C 08f. A.-Z.: 8595/62. Prior.: 10. 3. 61 (It; A.-Z.: 4527).

SUP 162315 [Urheberschein]. Verfahren zur Herstellung von wasserbeständigem Polyvinylalkohol und Erzeugnissen daraus. Erf.: *K. E. Perepelkin*, *L. E. Uterskij* u. *S. S. Belen'kova*. A. 18. 1. 63, B. 16. 4. 64. Kl.: 39c, 25/01. A.-Z.: 814588/28 - 12.

USP 3017396. Copolymere aus Vinylchlorid und Alkoxyalkylestern. Erf.: *L. H. Arond*, *W. J. Salem*, *H. Wechsler* u. *S. Makower*. Inh.: The Borden Co. A. 29. 4. 58, E. 16. 1. 62. Kl.: 260 – 78,5, 2 Anspr. A.-Z.: 731627.

USP 3017403. Äthylenpolymerisation. Erf.: *W. R. Wszolek*. Inh.: W. R. Grace & Co. A. 14. 4. 59, E. 16. 1. 62. Kl.: 260 – 94,9. 7 Anspr. A.-Z.: 806225.

USP 3020265. Acrylnitrilpolymerisationsverfahren. Erf.: *R. F. Tietz*. Inh.: E. I. du Pont de Nemours and Co., Wilmington, Del. A. 4. 11. 57, E. 6. 2. 62. Kl.: 260 – 79,3, 10 Anspr. A.-Z.: 694109.

USP 3020267. Fluorierte organische Verbindungen und Polymere daraus. Erf.: *J. T. Barr*. Inh.: Pennsalt Chemicals Corp. A. 17. 11. 55, E. 6. 2. 62. Kl.: 260 – 92,1, 13 Anspr. A.-Z.: 547538.

USP 3022253. Harzartige, unlösliche, stickstoffhaltige Polymere, die von Vinylbenzylchlorid und Vinylpyridinen abgeleitet sind. Erf.: *E. L. McMaster*. Inh.: The Dow Chemical Co., Midland, Mich. A. 24. 3. 58, E. 20. 2. 62. Kl.: 260 – 2,1, 16 Anspr. A.-Z.: 723134.

USP 3022280. Verfahren zur Herstellung von Vinylätherpolymeren. Erf.: *J. G. Shukys*. Inh.: Air Reduction Co. Inc., New York, N. Y. A. 9. 5. 58, E. 20. 2. 62. Kl.: 260 – 91,1, 2 Anspr. A.-Z.: 734129.

USP 3031437. Vinylidenfluorid-Polymere und Copolymere. Erf.: *H. Iserson*. Inh.: Pennsalt Chemicals Corp., Philadelphia, Pa. A. 13. 5. 59, E. 24. 4. 62. Kl.: 260 – 87,7, 5 Anspr. A.-Z.: 812797.

USP 3124562. Herstellung von Polyvinylalkohol. Erf.: *R. Naito* u. *S. Yamane*. Inh.: Kurashiki Rayon Co., Ltd., Okayama Prefecture (Ja). A. 20. 4. 60, E. 10. 3. 64. Kl.: 260 – 91,3, 4 Anspr. A.-Z.: 23365. Prior.: 23. 4. 59 (Ja).

USP 3127370. Verfahren zur Herstellung eines Polyäthylens von Faserqualität über einem Chromoxidkatalysator. Erf.: *A. J. Head*. Inh.: Phillips Petroleum Co. A. 28. 5. 58. E. 31. 3. 64. Kl.: 260 – 45,5, 6 Anspr. A.-Z.: 738486.

USP 3133041. Aus Pfropfcopolymeren von N-Vinyl-3-morpholinon auf Polyacrylnitrilgrundlage bestehende Kompositionen. Erf.: *G. W. Stanton* u. *T. G. Traylor*. Inh.: The Dow Chemical Co., Midland, Mich. A. 7. 1. 59, E. 12. 5. 64. Kl.: 260 – 45,5, 6 Anspr. A.-Z.: 785379.

Klasse 42k, 50

SzP 378565. Faden-Kontrollvorrichtung. Erf.: *H. Spühler*. Inh.: Aktiengesellschaft Fr. Mettler's Söhne Maschinenfabrik, Arth (Sz). A. 6. 7. 60. E. 30. 6. 64. Kl.: 42k, 50. A.-Z.: 7685/60.

USP 3126579. Vorrichtung zur Messung und Regelung des Elastizitätsmoduls von Fadenstrukturen. Erf.: *A. A. Janszen*. Inh.: KLH Research and Development Corp., Cambridge, Mass. A. 2. 1. 62. E. 31. 3. 64. Kl.: 18 – 8, 5 Anspr. A.-Z.: 163805.

Literaturschau

Auszug aus Lieferung 15 und 16/1964 des Dokumentationsdienstes „Faserstoffe und Textiltechnik", zusammengestellt von der Abteilung Wissenschaftliches Berichtswesen des Instituts für Faserstoff-Forschung der DAW, Teltow-Seehof, Kantstr. 55

I. Wissenschaftliche Grundlagen

Physik und Chemie der Hochpolymeren

Ripa, O., *Schneider, W. C.*, Scheinbare Dichte von Polyacrylnitril in Flüssigkeiten und Flüssigkeitsmischungen. J. Polymer Sci., Part B **2** (1964) 4, S. 471 – 474.

Powers, J., *van Valkenburg, A.*, Polymerkompression: Visuelle Beobachtungen an belastetem biaxial orientiertem Nylon 66. J. Polymer Sci. Part B **2** (1964) 5, S. 533 – 536.

Fischer, E. W., *Peterlin, A.*, Kernresonanzmessungen zur Untersuchung der Kettenbeweglichkeit in Polyäthylen-Einkristallen. Makromol. Chemie **74** (1964) S. 1 – 28.

Larin, P. P., *Musaev, U. N.*, *Tašpulamov, Ju. T.*, *Tillaev, R. S.*, *Usmanov, Ch. U.*, UR-Spektren von Acrylnitril-α-Methylfuran-Copolymeren. Vysokomol. Soed. (Hochmol. Verbind.) **6** (1964) 6, S. 997 – 1000.

Beresford, D. R., *Bevan, H.*, Der Einfluß von Spannung und Tempern auf die Röntgenstrahlbeugungs-Aufnahmen von gestrecktem Polyamid 6.6. Polymer, London **5** (1964) 5, S. 247 – 256.

Prati, G., Moderne Gesichtspunkte zur Struktur der Wollfasern. Panorama tessile, Milano **1** (1964) 4, S. 2 – 6.

Zachmann, H. G., Der Einfluß der Kristallinität auf das Quellverhalten von Polyäthylenterephthalat in Aceton. Makromol. Chemie **74** (1964) S. 29 bis 38.

Dine-Hart, R. A., *Moore, B. J. C.*, *Wright, W. W.*, Aromatische Polyamide. J. Polymer Sci., Part B **2** (1964) 4, S. 369 – 373.

Sakurada, I., *Sakaguchi, Y.*, *Shiiki, Z.*, *Nishino, J.*, Verseifung von Polyvinylacetaten, die nach verschiedenen Verfahren erhalten wurden. Kobunshi Kagaku, Tokyo (Chem. High Polymers) **21** (1964) 228, S. 241 bis 245 (jap.; engl. Zusammenfass.).

Malinskij, Ju. M., *Guzeev, V. V.*, *Zubov, Ju. A.*, *Kargin, V. A.*, Untersuchung der Deformationsthermodynamik von orientierten Fasern. I. Temperaturabhängigkeit der Länge der Kapronfaser. Vysokomol. Soed. (Hochmol. Verbind.) **6** (1964) 6, S. 1116 – 1119.

Włochowicz, A., Einflüsse der durch Thermofixierung verursachten Feinstrukturänderungen auf die mechanischen Eigenschaften von Polyäthylenterephthalat-Fasern beim Strecken. Zesz. nauk. Politechn. Łódźkiej (Wiss. H. Politechn. Łódź (1964) 57, Włókiennictwo (Textilind.) 11. S. 11 – 64.

Kasai, N., *Kakudo, M.*, Feintextur in den Einschnürungsstellen von kaltverstrecktem Polyäthylen. J. Polymer Sci., Part A **2** (1964) 4, S. 1955 bis 1976.

Okuda, K., Strukturen von Vinylidenchlorid/Vinylchlorid-Copolymeren. J. Polymer Sci., Part A **2** (1964) 4, S. 1749 – 1764.

Dick jr., W. E., *Whistler, R. L.*, Polyester und Polyurethane von Dihydroxymethylxylit und Glycit. J. Polymer Sci., Part A **2** (1964) 4. S. 1833 bis 1838.

Polymerisation

Koršak, V. V., *Vinogradova, S. V.*, *U Ban'juan'*, Über Polyester mit Heteroketten. Mitt. 49. Untersuchung der Gesetzmäßigkeiten der Bildung von Polyamidoarylaten unter Bedingungen der Interphasen-Polykondensation. Izv. Akad. Nauk SSSR, Serija chim. (Nachr. Akad. Wiss. UdSSR, Chemie) (1964) 5. S. 897 – 904.

Saotome, K., *Miyata, S.*, Polycaproamid ohne ε-Caprolactam-Stufe. J. Polymer Sci., Part B **2** (1964) 5, S. 491 – 493.

Umezawa, M., *Hirota, K.*, Pfropfcopolymerisation durch Anwendung sekundärer-γ-Strahlung. IV. Pfropfcopolymerisation von Polypropylen durch Vorbestrahlung. Kobunshi Kagaku, Tokyo (Chem. High Polymers) **21** (1964) 228, S. 222 – 224 (jap., engl. Zusammenfass.).

Suzuki, K., *Kido, I.*, *Takeuchi, H.*, *Nakazawa, S.*, *Yoshida, T.*, *Hata, S.*, Pfropfung von Vinylmonomeren auf Viskosekunstseide in der Dampfphase durch Cer-Initiator. Sen-i Gakkaishi (J. Soc. Fiber Sci. Technol., Japan) **20** (1964) 5, S. 311 – 318 (jap., engl. Zusammenfass.).

Muromova, R. S., *Demidova, T. V.*, *Ovakimjan, G. B.*, Polyamide auf der Basis von Perfluoradipinsäure und 2, 2, 3, 3, 4, 4, 5, 5-Octafluorhexandiamin-1,6. Vysokomol. Soed. (Hochmol. Verbind.) **6** (1964) 6, S. 1145 bis 1149.

North, A. M., *Postlethwaite, D.*, Die Copolymerisation von Methylmethacrylat und Maleinsäureanhydrid. Polymer, London **5** (1964) 5, S. 237 – 245.

Yanagisawa, K., Styrolcopolymere. I. IR-Untersuchung an Styrolcopolymeren durch Radikalpolymerisation. Kobunshi Kagaku, Tokyo (Chem. High Polymers) **21** (1964) 229, S. 312 – 319 (jap., engl. Zusammenfass.).

Yanagisawa, K., *Ashikari, N.*, *Kanemitu, T.*, *Nishioka, A.*, Styrolcopolymere. II. Styrol/Propylen-Copolymeres. Kobunshi Kagaku, Tokyo (Chem. High Polymers) **21** (1964) 229, S. 319 – 322 (jap., engl. Zusammenfass.).

Atarashi, Y., Polymerisation von 4-Methylpenten-1 mit $TiCl_3$-$(C_2H_5)_3Al$ als Katalysator. Kobunshi Kagaku, Tokyo (Chem. High Polymers) **21** (1964) 228, S. 264 – 269 (jap., engl. Zusammenfass.).

Bailey, jr., F. E., *Henry, J. P.*, *Lundberg, R. D.*, *Whelan, J. M.*, Herstellung von „Kopf-Kopf-Polyvinylchlorid". J. Polymer Sci., Part B **2** (1964) 4. S. 447 – 451.

Vasil'eva, E. I., *Keda, B. I.*, *Frejdlin, R. Ch.*, Telomerisation von Vinylacetat mit Chlorcyan. Dokl. Akad. Nauk SSSR (Ber. Akad. Wiss. UdSSR) **156** (1964) 3, S. 601 – 603.

Sakurada, I., *Iwagaki, T.*, *Sakaguchi, Y.*, Polymerisation von Methacrylsäureanhydrid. Kobunshi Kagaku, Tokyo (Chem. High Polymers) **21** (1964) 228, S. 270 – 273 (jap., engl. Zusammenfass.).

Fischer, H., ESR von kurzlebigen freien Radikalen während der Polymerisation in flüssiger Phase. III. Über die ESR-Spektren der Polymerisationsradikale von Methacrylderivaten. J. Polymer Sci., Part B **2** (1964) 5. S. 529 – 532.

Teyssie, Ph., *Dauby, R.*, Polymerisation durch Übergangsmetallderivate. II. Stereospezifische Polymerisation von Butadien durch Rhodiumsalze und -komplexe. J. Polymer Sci., Part B **2** (1964) 4, S. 413 – 416.

Kwei-Ping Shen Kwei, *T. K. Kwei*, Polymerisation von Styrol mit Natrium als Katalysator. J. Polymer Sci., Part B **2** (1964) 5, S. 557 – 560.

Asai, H., *Imoto, T.*, Hochdruckcopolymerisation von Styrol mit Methylmethacrylat in verschiedenen Lösungsmitteln. J. Polymer Sci., Part B **2** (1964) 5, S. 553 – 555.

Lipatova, T. E., *Budnikova, V. A.*, *Siderko, V. M.*, Über den Mechanismus der Carboniumpolymerisation von ungesättigten Polyestern. Dokl. Akad. Nauk SSSR (Ber. Akad. Wiss. UdSSR) **156** (1964) 2. S. 379 – 382.

II. Faserstoffe. Ausgangsstoffe usw.

Barts, G., Rückblick und Ausblick auf die Entwicklung von Fasern, Farbstoffen und Färbeverfahren. Z. ges. Textilind. **66** (1964) 5, S. 394 – 395; 6, S. 500 – 504.

Naturfaserstoffe

Pflanzenfaserstoffe

Lerin, V. B., Elemente einer theoretischen Analyse des Verfeinerungsprozesses einer Flachsstrohschicht. Izv. vysšich uč. Zav. Technol. tekstil. Prom. (Hochschulnachr. Technol. Textil-Ind.) (1964) 1, S. 39 – 45.

Landyševa, V. A., *Radčeenko, G. O.*, *Spirina, L. S.*, *Černov, E. N.*, Ausarbeitung des Prozesses der Oberflächenacetylierung von Textilfasern. Ž. prikl. Chimii (Z. angew. Chemie) **37** (1964) 5. S. 1087 – 1092.

Tierische Faserstoffe

Nash, C. E., Die Beurteilung von Vliesen des N-Types. I. Züchtung der Herden und Eigenschaften der Wolle. J. Textile Inst. **55** (1964) 5, S. T299 bis T306.

Dorset, B. C. M., Die physikalische Form von Wollfasern usw. Textile Manuf. **90** (1964) 1074, S. 239 – 244.

Bartulovich, J. J., Die Zerkleinerung von Wolle bei tiefer Temperatur und ihre Fraktionierung auf Grund der Dichtedifferenz. Textile Res. J. **34** (1964) 5, S. 461 – 463.

Kägi, B., Tierische Haare und ihre Verwendung. Z. ges. Textilind. **66** (1964) 7, S. 550 – 554.

Chemiefaserstoffe

Köb, H., Gedanken zur Weiterentwicklung der Chemiespinnfasern. Teil I Z. ges. Textilind. **66** (1964) 6, S. 453 – 457; 7, S. 545 – 550.

Wallenberger, F. T., Die Chemie neuer hitzebeständiger Filme und Fasern. Angew. Chemie **76** (1964) 11, S. 484 – 494.

Kramer, H. O., Chemiefasern im Dienste der Heimtextilien-Industrie von heute und morgen. Chemiefasern **14** (1964) 6, S. 392, 394 – 396.

Regeneratfaserstoffe

Murakami, E., Untersuchungen über den Spinnmechanismus von Viskose. V. Querschnitt von superfesten Kunstseidefäden. VI. Diskussion über die Bedeutung der Zinkionen im Spinnbad. VII. Die Modifikatoreinflüsse auf die Faserbildung von Viskosekunstseide. VIII. Die Diskussion über die Bildung der kolloidalen halbdurchlässigen Modifikatormembran. Sen-i Gakkaishi (J. Soc. Fiber Sci. Technol., Japan) **20** (1964) 4, S. 223 bis 228; 5, S. 289–296; 289–290. 296–300; 290, 301–305 (jap., engl. Zusammenfass.).

Die neuesten Reyonfasern gehen gut in der Industrie. Skinner's Rec. **38** (1964) 6, S. 483–484.

Jankowski, J., Einsatz von Viskosefasern für die Produktion von gummierten Geweben, die für technische Gummischläuche vorgesehen sind. Technik włókienn. (Textiltechn.) **13** (1964) 3, S. 75–77.

Synthetische Faserstoffe

Kuriyama, I., Kawai, T., Untersuchung des thermischen Schrumpfverhaltens von erwärmten Polyäthylenterephthalatfasern. 1. Temperaturabhängigkeit der thermischen Kontraktion im Gleichgewicht. Sen-i Gakkaishi (J. Soc. Fiber Sci. Technol. Japan) **20** (1964) 4, S. 215–222 (jap., engl. Zusammenfass.).

Größere Einsatzmöglichkeiten für Terylene/Wollmischungen. Textile Rec. **82** (1964) 975, S. 62–63.

Kurilenko, A. I., Smetanina, L. B., Aleksandrova, L. B., Sirjaeva, G. V., Karpov, V. L., Modifizierung der Oberfläche-Eigenschaften der Kapronfasern durch Pfropfung von Polystyrol. Dokl. Akad. Nauk SSSR (Ber. Akad. Wiss. UdSSR) **156** (1964) 2, S. 372–374.

Nylon in Großbritannien. Skinner's Rec. **38** (1964) 6, S. 485–490.

Zwick, M. M., van Bochove, C., Naßspinnen von hochfesten Polyvinylalkoholfasern mit geringer Dehnbarkeit. Textile Res. J. **34** (1964) 5, S. 417 bis 430.

Sherwood, P. W., Synthetische Fasern in der Teppichindustrie. Textile Rec. **82** (1964) 976, S. 61–62.

Malinskij, Ju. M., Guzeev, V. V., Kargin, V. A., Untersuchung der Deformationsthermodynamik von orientierten Fasern. II. Beitrag der Entropie und der inneren Energie zu der Gleichgewichtsspannung bei der Verstreckung von Kapronfasern. Vysokomol. Soed. (Hochmol. Verbind.) **6** (1964) 6, S. 1120–1124.

von Hornuff, G., Jänsch, M., Modifizierung der Eigenschaften von Polycaprolactamfaserstoffen durch Benzoylierung. Melliand Textilber. **45** (1964) 7, S. 768–775.

III. Spinnerei (Verspinnen)

Spinnereivorbereitung

Neubart, S., Die Mischungen in der Wollspinnerei. Ind. textile, Paris (1964) 924, S. 373–400.

Quarmby, J. B., Fasermischung in der Streichgarnspinnerei. Teil IV. Textile Rec. **82** (1964) 975, S. 59, 68.

Herrmann, F., Townend, P. P., Der Einfluß von Schwankungen im Mischungsverhältnis auf das Aussehen von Textilien. Textile Rec. **82** (1964) 975, S. 52–54.

Zaorski, M., Neuigkeiten in den Prozessen der vorstufigen Wollaufbereitung. Przegl. włókienn. (Textil-Rdsch.) **18** (1964) 2, S. 64–67.

Sanuki, H., Untersuchungen über die Lösungsmittel zum Entfetten von Rohwolle. Teil 2. Sen-i Gakkaishi (J. Soc. Fiber Sci. Technol., Japan) **20** (1964) 5, S. 331–337 (jap., engl. Zusammenfass.).

Poncelet, I. V., Was soll man über die letzten Neuheiten auf dem Gebiet der Wollwäsche denken? Melliand Textilber. **45** (1964) 7, S. 727–732.

Riesen, W., Optimale Einstellung an Putzereimaschinen. Dt. Textiltechnik **14** (1964) 7, S. 353–357.

Jabłoński, W., Möglichkeiten der Leistungssteigerung von Baumwollkarden. Przegl. włókienn. (Textil-Rdsch.) **18** (1964) 4/5, S. 172–180.

Spinnerei

Ogden, A. J., Einige Zukunftstendenzen in der Kammgarnspinnerei. Textile Manuf. **90** (1964) 1074, S. 222–224.

Streichgarnspinnerei — optimale Garnkörpergröße. Textile Manuf. **90** (1964) 1074, S. 225–228, 231.

Milić, D., Verarbeitung der Polyacrylnitrilfaser „Malon" in der Kammgarnspinnerei. Hemijska Vlakna, Loznica/Jugoslaw. (Chem. Fasern) **4** (1964) 1, S. 7–11.

Geßner, W., Zusammenhänge zwischen Faserfeinheit, Stapeldiagramm und Spinngrenze in der Kammgarnspinnerei. – Reutlingen, Stuttgart: Institut für Textiltechnologie (d.) Deutsche(n) Forschungsinstitute f. Textilindustrie 1963. 71 S. gr. 8° = Dt. Wollforschungsinstitut an d. Techn. Hochsch. Aachen. Schriftenreihe. **40.** Gekürzte Diss. Ref.: Dt. Nationalbibliogr., Reihe B (1964) 10, S. 950, Nr. 715.

Der technische Stand der Baumwollspinnerei im Ostblock. 2. Teil. Textil-Praxis **19** (1964) 7, S. 670–676.

Ormerod, A., Zukunftsaussichten der Baumwollindustrie, gezeigt am britischen Beispiel. 2. Teil. Textil-Praxis **19** (1964) 7, S. 686–692.

Stutz, H., Ansatzpunkte zur Automatisierung in der Baumwoll-Feinspinnerei. Textil-Praxis **19** (1964) 7, S. 676–685.

Erzeugnisse der Spinnerei

Die moderne Textilproduktion verlangt anpassungsfähige Methoden. Textile Manuf. **90** (1964) 1074, S. 218–221.

Konjukov, P. M., Efros, B. E., Einsatz von verfestigten Viskose- und Kapronfasern in Mischung mit Baumwolle bei der Herstellung von Garn hoher Nummern für Trikotagen. Izv. vysšich uč. Zav. Technol. tekstil Prom. (Hochschulnachr. Technol. Textil.-Ind.) (1964) 1, S. 66–71.

IV. Materialvorbereitung. Texturfadenherstellung. Textilverbundstoffe

Materialvorbereitung

Stefănescu, I., Marchis, A., Marchis, O., Filip, E., Oancea, M., Der Einfluß der Spannung der Kettfäden aus Baumwolle während des Schlichtens auf einige physikalisch-mechanische Kenndaten des Gewebes. Ind. textilă, Bucureşti **15** (1964) 5, S. 240–243.

Ivanov, J. G., Ebrus, E. E., Erhöhung der Geschwindigkeit des Schlichtens von Viskosefasergarn Nm 40. Tekstil. Prom., Moskva (Textil-Ind.) **24** (1964) 6, S. 38–39.

Texturfadenherstellung

Wray, G. R., Mech, G. I., Herstellungsprinzipien für Bauschgarne. 2. Teil. Textil-Praxis **19** (1964) 6, S. 627–632.

Rozmarynowska, K., Herstellung von texturiertem Garn nach dem pneumatischen Verfahren. Biul. Inst. Włókienn. (Bull. Inst. Textilind.) **16** (1964) 1, S. 1–3.

Textilverbundstoffe

Dietrich, H., Der technische Entwicklungsstand der Wollfilzindustrie. Melliand Textilber. **45** (1964) 6, S. 614–619.

V. Weberei

Weberei

Burnip, M. S., Textilherstellung nach Web-, Wirk- und Strickverfahren — Gesamtübersicht. Textile Rec. **82** (1964) 975, S. 56–58.

Moderne Webereivorbereitungsgeräte, insbesondere Fadeneinzieh- und Lamellensetzmaschinen. Bull. Inst. Textile France **18** (1964) 111, S. 301 bis 316.

Tybor, I. W., Grundlegende Probleme bei der Automatisierung von Webereien. Przegl. włókienn. (Textil-Rdsch.) **18** (1964) 2, S. 75–84.

Erzeugnisse der Weberei

Fox, K. R., Backer, L. N., Die Entwicklung von Elastik-Geweben durch Anwendung des FRL-Compactors. Amer. Dyestuff Rep. **53** (1964) 11, S. 44(P 412)–49(P 417).

Hall, A. J., Neue Methoden zur Steigerung von Wärmerückhaltevermögen und Bauschgrad von Baumwollerzeugnissen. Textile Rec. **82** (1964) 975, S. 64–66.

Riesnert, W., Gewebefehler, die in der Weberei entstehen – Ursache und Verhütung. Teil 14. Textil-Praxis **19** (1964) 6, S. 598–600.

Phelon, G. R., Die Herstellung von Axminsterteppichen auf Crabtree-Greifer-Jacquardwebmaschinen. Melliand Textilber. **45** (1964) 6, S. 624 bis 626.

Salivanov, G. I., Aufbau der Gewebeelemente. Textil-Praxis **19** (1964) 7, S. 701–706.

Skljannikov, V. P., Über den Koeffizienten der Oberflächenfüllung von Geweben. Tekstil. Prom., Moskva (Textil-Ind.) **24** (1964) 6, S. 32–36.

Osswald, H., Der gewebte Teppich. XXVI. Planung einer Teppichweberei. Melliand Textilber. **45** (1964) 7, S. 760–762.

Mannchin, A. S., Wege zur Verminderung der Kettfadenbruchhäufigkeit (Breithalter neuen Typs). Tekstil. Prom., Moskva (Textil-Ind.) **24** (1964) 6, S. 36–38.

VI. Wirkerei. Stickerei. Konfektionstechnik. Sonstige Technologien

Canzler, R., Hiemann, K. H., Herstellung regulärer Ober- und Unterbekleidung auf Flachkulierwirkmaschinen. Wirk.- u. Strick.-Technik **14** (1964) 7, S. 320–326.

Wirkerei und Strickerei

Genot, J., Verarbeitung von Acrylfasern in der Wirkerei. Chemiefasern **14** (1964) 6, S. 418–424.

Konfektionstechnik

Heßland, D., Die Verarbeitung von Maschenwaren in der Bekleidungsindustrie. Wirk.- u. Strick.-Technik **14** (1964) 6, S. 266–269.

Cloşca, S., Neues bei der Herstellung der Herrenhemden aus Geweben. Ind. textilă, Bucureşti **15** (1964) 4, S. 187–188.

Automatisierung der Produktion von nahtlosen Strümpfen. Textile Rec. **82** (1964) 976, S. 60–61.

VII. Textilveredlung

Wagner, R. E., Färben und Ausrüsten der das Spandex-Garn Lycra enthaltenden Gewebe. Amer. Dyestuff Rep. **53** (1964) 10, S. 40(P 376) bis 43(P 379).

Zacharova, T. D., Ščegoleva, R. M., Über den Einbadprozeß des Färbens und Ausrüstens von Baumwollgeweben. Tekstil. Prom., Moskva (Textil-Ind.) **24** (1964) 4, S. 54–56.

Schwindt, W., Grundlagen und Anwendung der Pigmentfärbe- und -drucktechnik. II. Melliand Textilber. **45** (1964) 6, S. 668–671.

Stamm, O. A., Das Reaktivprinzip in der Baumwollveredlung. Textil-Rdsch., St. Gallen **19** (1964) 5, S. 245–264.

Conrad, H. G., Verfahrenstechnische Hinweise bei Hochveredlungsprozessen unter besonderer Berücksichtigung der wash-and-wear-Ausrüstung. Z. ges. Textilind. **66** (1964) 7, S. 603–605.

Farbstoffe, Textilhilfsmittel

Thoma, J., Prüfmethoden für Textilhilfsmittel und deren Bedeutung für die technische Kontrolle der Qualität. Textil, Praha **19** (1964) 6, S. 222 bis 223.

Schulzen, H., Die Carragheenate und ihre große Anwendungsbreite. Spinner. Weber. Textilveredlung **82** (1964) 6, S. 576–580.

Fencl, A., Beitrag zum Studium von Egalisiermitteln beim Färben von Polyacrylnitrilfasern mittels Kationfarbstoffen. Textil. Praha **19** (1964) 6, S. 220–222.

Katayama, A., Kuroki, N., Konishi, K., Verteilung von Dispersionsfarbstoff zwischen den Phasen Wasser und Benzol. Sen-i Gakkaishi (J. Soc. Fiber Sci. Technol., Japan) **20** (1964) 4, S. 256–261 (jap., engl. Zusammenfass.).

Neue Farbstoffe zum einbadigen Färben von Polyester/Baumwolle u. Polyester/Wolle. Chemischreiniger u. Färber/Färber-Ztg. **17** (1964) 5, S. 229.

Möck, W., Reaktivfarbstoffe auf Basis aromatischer Chlormethylverbindungen. Melliand Textilber. **45** (1964) 6, S. 652–655.

Schober, E. R., Buchholz, S., Die Bedeutung der den Verbraucherwünschen angepaßten Farbstoffe und Hilfsmittel für das Thermosol-Färben von Polyester und Polyester/Baumwolle-Mischungen. Amer. Dyestuff Rep. **53** (1964) 11, S. 50(P 418)–52(P 420).

Eibl, J., Über die Anwendung der Phthalogenfarbstoffe. Melliand Textilber. **45** (1964) 7, S. 789–796.

Theimer, K., Die Auswaschbarkeit von Netz- und Reinigungsmitteln in den Vorreinigungsoperationen für Cellulosefasern. Textil-Rdsch., St. Gallen **19** (1964) 5, S. 301–307.

Acryptol CU und Acryptoperle N für die Verrottungsfestausrüstung von Textilien. SVF Fachorgan Textilveredl., Basel **19** (1964) 5, S. 379.
Schweisheimer, W., Antibakterielle Seifen und synthetische Waschmittel. Fette, Seifen, Anstrichmittel/Ernährungsind. **66** (1964) 5, S. 384–385.
Kleb, K. G., Siegel, E., Sasse, K., Über neue Reaktivfarbstoffe. Angew. Chemie **76** (1964) 10, S. 423–431.

Bleicherei. Sonstige Vorbehandlungsarbeiten der Textilveredlung

Ney, P., Die Kontinue-Bleiche von Baumwollgeweben auf dem Druckdämpfer, Textil-Praxis **19** (1964) 7, S. 707–711.
Herzberg, J. J., Zur Frage der Hautverträglichkeit von optischen Aufhellern. Fette, Seifen, Anstrichmittel/Ernährungsind. **66** (1964) 5, S. 374–377.
Mestrovich, E., Die Verbesserung des Kochvorgangs der Baumwollgewebe beim Dämpfen in Autoklaven. Ind. textilă, Bucureşti **15** (1964) 5, S. 263 bis 264.

Färberei

Sidneva, K. M., Plencova, S. A., Bojno-Rodzevič, V. P., Über den Einfluß des pH-Wertes der Färbeflotte auf die mechanische Festigkeit von gefärbter Wolle. Tekstil. Prom., Moskva (Textil-Ind.) **24** (1964) 4, S. 58–61.
Denton, M. J., Die Durchlässigkeit von Baumwollgarnpackungen auf Kreuzspulen. J. Textile Inst. **55** (1964) 4, S. T228–T242.
Nishida, K., Tanaka, R., Akimoto, T., Kamata, T., Direktfärben von Cellulose. Teil X. Charakteristische Ausbleichkurven von Zambesi Black D und Anilin→p-Cresidin→γ-Säure. Sen-i Gakkaishi (J. Soc. Fiber Sci., Technol., Japan) **20** (1964) 4, S. 250–255 (jap., engl. Zusammenfass.).
Jones, F., Seddon, R., Die Dampfphasen-Färbung von Celluloseacetat. Teil I. Sättigungswerte und Absorptionsthermen im Gleichgewicht. Textile Res. J. **34** (1964) 5, S. 373–380.
Bhatt, N. J., Daruwalla, E. H., Untersuchungen über den Färbemechanismus von Polyamidfasern mit Säurefarbstoffen. Textile Res. J. **34** (1964) 5, S. 435–444.
Janoušek, J., Gröner, P., Sorption von 1,4-Diaminanthrachinon durch hydrophobe Fasern im Quellzustand. Textil, Praha **19** (1964) 6, S. 218 bis 220.
Heid, Ch., Chemismus und Anwendung der wasserlöslichen Schwefelfarbstoffe. Melliand Textilber. **45** (1964) 6, S. 648–652.
Kirst, W., Das Verhalten von Naphtol AS beim kontinuierlichen Imprägnieren auf dem Foulard. Fibre e Colori, Milano **14** (1964) 5, S. 165–176.
Möck, U., Zum Nachweis der chemischen Bindung von Trichlorpyrimidylfarbstoffen an Cellulose. Melliand Textilber. **45** (1964) 6, S. 655–657.
Einsele, U., Über die Aminierung von Cellulosefasern und deren physikalisches und chemisches Verhalten bei der Textilveredlung. Melliand Textilber. **45** (1964) 6, S. 641–647.
Curtis, R. G., Dellis, D. D., Bryant, G. M., Färbbares Polypropylen. Amer. Dyestuff Rep. **53** (1964) 10, S. 44(P380)–50(P386).
Parkinson, R. H., Durch Knitterfestausrüstungsharze verursachtes erhöhtes Ausbleichen von Farbstoffen. J. Soc. Dyers Colourists **80** (1964) 5, S. 255.
Suda, Y., Ujigawa, H., Grundlegende Untersuchungen über das Färben mit Dispersionsfarbstoffen. XI. Untersuchung der Wechselwirkung zwischen Aminoanthrachinon-Dispersionsfarbstoffen und Alkoholen mit Hilfe der Papierchromatographie. Sen-i Gakkaishi (J. Soc. Fiber Sci. Technol., Japan) **20** (1964) 5, S. 324–330 (jap., engl. Zusammenfass.).
Borsten jr., H., Der Einfluß der Badzirkulation auf die Gleichmäßigkeit der Spulenfärbung mit Küpenfarbstoffen. Textile Rec. **82** (1964) 976, S. 56–59.
Rattee, J. I., Einige Untersuchungen über die Fixierung von Reaktivfarbstoffen auf Baumwolle in der Apparatfärberei. Melliand Textilber. **45** (1964) 7, S. 782–788.
Keaton, J., Preston, D. T., Thermofixierung von Farbstoffen auf synthetische Fasern und ihre Mischungen. J. Soc. Dyers Colourists **80** (1964) 6, S. 312–322.
Nakahara, Y., Färben von mit Glycidylmethacrylat pfropfpolymerisierter Kupferseide. Sen-i Gakkaishi (J. Soc. Fiber Sci. Technol., Japan) **20** (1964) 5, S. 319–323 (jap., engl. Zusammenfass.).
Stöckigt, H., Färben von Wolpryla-Premnitz-61 in der Kleiderfärberei. Wäscherei **11** (1964) 7, S. 214–215.

Druckerei

Habermalz, F., Pester, W., Versuche über den Filmdruck mit Küpenfarbstoffen auf Cellulosematerialien. Melliand Textilber. **45** (1964) 6, S. 673 bis 679.
Finn, D. B., Die charakteristischen Kennwerte der Verarbeitung und Gebrauchsfähigkeit der Acrylfaser Acrilan von Chemstrand in Teppichen. Amer. Dyestuff Rep. **53** (1964) 12, S. 49(P464)–52(P467).
Schulzen, H., Zur Problematik der Wasser-in-Öl-Emulsion. Melliand Textilber. **45** (1964) 7, S. 796–800.

Ausrüstung. Trocknung

Reid, J. D., Bruno, J. S., Kullman, R. M. H., Blanchard, E. J., Laborgerät zum Strecken von Geweben in zwei Richtungen. Amer. Dyestuff Rep. **53** (1964) 11, S. 29(399)–33(403).
Pentz, R. M., Die Mischphasenwalke — ein neues Verfahren zum Walken von Maschenware. Wirk.- u. Strick.-Technik **14** (1964) 6, S. 285–288.
Filatov, M. S., Semak, B. D., Hochqualitative Ausrüstung von Sommerkleiderstoffen. Tekstil. Prom., Moskva (Textil-Ind.) **24** (1964) 4, S. 57–58.
Wannow, H. A., Über die Absäuerungsbeständigkeit von Ausrüstungen mit stickstoffhaltigen Harzen und Reactants. Melliand Textilber. **45** (1964) 6, S. 681–684.
Gallagher, D. M., Phosphorylierung von Baumwolle mit anorganischen Phosphaten. Amer. Dyestuff Rep. **53** (1964) 10, S. 23(361)–25(363).
Swanepoel, O. A., Veldsman, D. P., Die Aufhellung von Witterungseinflüssen ausgesetzter Wolle, die einer Schrumpffestbehandlung nach dem Permanganat-Salzlaugen-Verfahren unterworfen wurde. Textile Res. J. **34** (1964) 5, S. 457–458.
Solomon, I., Iancu, F., Wagner, I., Über die Behandlung der Wolle gegen Verfilzung. Ind. textilă, Bucureşti **15** (1964) 4, S. 189–196.
Pittman, A. G., Wasley, W. L., Fluorhaltige Polymere zur Anwendung auf Wolle. Amer. Dyestuff Rep. **53** (1964) 10, S. 30(P366)–33(P369).
Bahra, M., Filzfreie Ausrüstung mit synthetischen Polymeren. Z. ges. Textilind. **66** (1964) 6, S. 519–522.
Kamper, P., Beschichtete und gummierte Gewebe — Basis für flexible Behälter. Z. ges. Textilind. **66** (1964) 6, S. 495–500; 7, S. 563–566.
Klein, J., Schaumstoff verändert unsere Kleidung. Textil-Praxis **19** (1964) 6, S. 603–605.
Hauser, K., Über weitere Erfahrungen mit Schaumstofflaminaten. Z. ges. Textilind. **66** (1964) 6, S. 492–495.
Stommel, K., Blix, H., Untersuchungen an „Vestan"-Geweben. 2. Mitt. Ausrüstungsverfahren. Melliand Textilber. **45** (1964) 7, S. 800–801.
Dietel, A., Neuartige Gewirkeoberfläche durch Velourieren. Dt. Textiltechnik **14** (1964) 7, S. 366–367.
Havas, M., Der Einfluß des Dämpfens auf die Haupteigenschaften von knitterarm-harzausgerüsteten Viskosegeweben. Magyar Textiltechn. **16** (1964) 6, S. 263–271.
Hausam, W., Die keimwidrige Ausrüstung von Textilien. SVF Fachorgan Textilveredl., Basel **19** (1964) 5, S. 380–384.
Bundesmann, H., Bemerkungen zur pilz- und bakterienfeindlichen Ausrüstung von Textilien zum Schutz von Mensch und Textilgut. SVF Fachorgan Textilveredl., Basel **19** (1964) 5, S. 341–347.
Gehret, E. Ch., Antiseptikum DH 2 Bakterizid und Fungizid. Seine Eigenschaften und seine Verwendung in der Konservierung von Textilien. SVF Fachorgan Textilveredl., Basel **19** (1964) 5, S. 375–378.
Frieser, E. P., Die hygienische Ausrüstung von Textilien mit Sanitized. SVF Fachorgan Textilveredl., Basel **19** (1964) 5, S. 384–387.
Ruperti, A., Bigler, N., Aenishänslin, R., Baumwollkonservierung mit Arigal. SVF Fachorgan Textilveredl., Basel **19** (1964) 5, S. 348–356.
Frieser, E. P., Die Verrottungsfestausrüstung von Textilien. SVF Fachorgan Textilveredl., Basel **19** (1964) 5, S. 326–340.
Pauli, O., Schutz von Textilien gegen Stockflecken und Verrottung und ihre Prüfung. SVF Fachorgan Textilveredl., Basel **19** (1964) 5, S. 372–374.
Paul, A., Katalysatoren für die verrottungsechte Ausrüstung von Cellulosefasern mit Arigal C. SVF Fachorgan Textilveredl., Basel **19** (1964) 5, S. 357–365.
Meier-Windhorst, C. A., Neuentwicklung der Gewebetrocknung und Gewebefixierung. Dt. Textiltechnik **14** (1964) 7, S. 368–373.

Wäscherei. Chemische Reinigung

Beschichtete Gewebe in der Chemischreinigung. Chemischreiniger u. Färber/Färber-Ztg. **17** (1964) 5, S. 230–231.
Bergs, H., Pflege und Reinigung schaumstoffkaschierter Textilien. Z. ges. Textilind. **66** (1964) 6, S. 488–492.
Richter, M., Zuber, S., Moderne Technologie für die Fertigstellung in Chemischreinigungen. III. Wäscherei, Teil IV. Wäscherei **11** (1964) 6, S. 187 bis 189; II: 5, S. 136–138; 7, S. 201–204.
Riel, F., Immer wieder Garderobe mit Fischgeruch. Wäscherei **11** (1964) 7, S. 206–207.

VIII. Werkstoffprüfung. Meß- und Prüftechnik. Standardisierung

Eigenschaften und Fehler der Textilmaterialien u. a.

Hoge, H. J., Fonseca, G. F., Die Wärmeleitfähigkeit einer mehrschichtigen Probe von Unterkleidungsmaterial unter verschiedenen experimentellen Bedingungen. Textile Res. J. **34** (1964) 5, S. 401–410.
Sereda, P. J., Feldman, R. F., Elektrostatische Aufladung auf Geweben bei verschiedenen Feuchtigkeiten. J. Textile Inst. **55** (1964) 5, S. T288 bis T298.
Prakash, J., Iyengar, R. L. N., Beziehung zwischen der beim Trennen der Fasern von Baumwollsamen durch Schlagbehandlung geleisteten Arbeit und den Eigenschaften sowie Entkörnungsverhalten der Faser. Textile Res. J. **34** (1964) 5, S. 444–455.
Sakai, Ch., Untersuchungen über das Schrumpfen von Handstrickgarnen. Sen-i Gakkaishi (J. Soc. Fiber Sci. Technol., Japan) **20** (1964) 4, S. 243 bis 249 (jap., engl. Zusammenfass.).
Denby, E. F., Faserbewegung in schrumpffest ausgerüsteten Kammgarngeweben. Textile Res. J. **34** (1964) 5, S. 464–465.
Ponchel, P., Mazingue, G., van Overbèke, M., Das Schrumpfvermögen von Mischungen aus Wolle und Polyamid 66 „Nylon". Bull. Inst. Textile France **18** (1964) 111, S. 239–247.
Voskresenskij, V. A., Fridland, S. V., Orlova, E. M., Byl'ev, V. A., Über einige Wege zur Erhöhung der Beständigkeit von plastifizierten Systemen. Izv. vysšich uč. Zav. Chimija chim. Technol. (Hochschulnachr. Chemie chem. Technol.) **7** (1964) 1, S. 132–136.
Jones, L. T., Oliva, E. C., Krasny, J. F., Der Einfluß des pH-Wertes eines Gewebes auf die „wash-and-wear"-Eigenschaften von fixierten Wollgeweben. Amer. Dyestuff Rep. **53** (1964) 10, S. 21(359)–22(360).
Moser, V. J., Die Eigenschaften der mit Acrylatemulsionspolymerisaten gebundenen nichtgewebten Stoffe. Amer. Dyestuff Rep. **53** (1964) 11, S. 38(P406)–43(P411).
Howorth, W. S., Der Griff von Anzug-, Kostüm- und Kleiderstoffen und von Damenunterwäsche. J. Textile Inst. **55** (1964) 4, S. T251–T260.
Woods, H. J., Die optischen Eigenschaften von gedrehten Fasern. J. Textile Inst. **55** (1964) 4, S. T243–T250.
Derbyshire, A. N., Lemin, D. R., Die Lichtechtheit vergilbter Wolle. J. Soc. Dyers Colourists **80** (1964) 5, S. 243–248.
Takemura, T., Nakamura, T., Untersuchungen über die Vergilbung von Tyrosin, Tryptophan und ihrer gemischten Lösungen bei Einwirkung von Licht. Teil II. Sen-i Gakkaishi (J. Soc. Fiber Sci. Technol., Japan) **20** (1964) 4, S. 238–242 (jap., engl. Zusammenfass.).
Aleskerov, F., Resultate der Prüfung von bügelfreien Popelinen. Textil, Praha **19** (1964) 6, S. 224–226.
Behmann, F. W., Meissner, H. D., Bewegung von Wasser in Wolle. I. Versuchsweise Bestimmung der Koeffizienten der dampfförmigen und nichtdampfförmigen Feuchtigkeitsübertragung. II. Versuch der theoretischen Einschätzung der nichtdampfförmigen Feuchtigkeitsübertragung im Bereich der Sorptionsisotherme. J. Textile Inst. **55** (1964) 3, S. T205 bis T213; 4, S. T217–T227.
Sajdenov, G. B., Zur Begründung der Formel für die Luftdurchlässigkeit von Geweben. Izv. vysšich uč. Zav. Technol. tekstil. Prom. (Hochschulnachr. Technol. Textil-Ind.) (1964) 1, S. 9–15.
Lokša, B. K., Veršinina, V. V., Elektrisches Viskosimeter mit kontaktlosem Wechselstrom-Triebwerk. Zavodsk. Labor., Moskva (Betriebslabor) **30** (1964) 6, S. 757–758.
Sadov, F. I., Balašova, T. D., Untersuchung des Desorptionsprozesses der hydrolysierten Reaktivfarbstoffe von gefärbten Cellulosefasern. Tekstil. Prom., Moskva (Textil-Ind.) **24** (1964) 4, S. 61–63.

Bunkall, P. R., Farbmessung an sehr kleinen Proben. J. Soc. Dyers Colourists **80** (1964) 5, S. 255–256.

Fargues, A., Bonte, E., Praktische Bestimmung des Weißgrades von Textilien mit Hilfe des Spektrophotometers. Versuch einer wissenschaftlichen Definition von Weiß-Standards. Bull. Inst. Textile France **18** (1964) 111, S. 249–264.

Rowlands, R. J., Gebrauchseigenschaften von Decken. Teil II. Wärmerückhaltevermögen einiger typischer Decken. Textile Res. J. **34** (1964) 5, S. 459–461.

Nettelnstroth, K., Mikroskopische Studien an Baumwollfasern. Wäschereitechnik u. -chemie **17** (1964) 7, S. 425–430.

Thinius, K., Thater, R., Richter, K., Einwirkung von Strahlungswärme auf Plastwerkstoffe. Plaste u. Kautschuk **11** (1964) 7, S. 398–407.

Victory, E. L., Verhalten von Textilien und folienähnlichem Material bei Kompression mit hoher Geschwindigkeit. J. appl. Polymer Sci. **8** (1964) 1, S. 297–306.

Milovidov, N. N., Die Widerstandsfähigkeit des Garns bei wiederholter Dehnung und ihr Zusammenhang mit der Fadenbruchhäufigkeit im Webprozeß. Izv. vysšich uč. Zav. Technol. tekstil. Prom. (Hochschulnachr. Technol. Textil-Ind.) (1964) 2, S. 77–82.

Wessling, R. A., Transformation von mechanischen Modelldarstellungen der Viskoelastizität zu Operatorgleichungen. J. Polymer Sci., Part A **2** (1964) 4, S. 2001–2009.

Larose, P., Donovan, R., Die Sorption von Säuren durch Wolle aus Säuremischungen. IV. Die Sorption der Farbstoffsäure „Orange II" aus Mischungen mit Salzsäure und Trichloressigsäure. J. Soc. Dyers Colourists **80** (1964) 6, S. 322–326.

Hayashi, S., Nakano, Ch., Motoyama, T., Die Schutzkolloideigenschaften von teilverseiftem Polyvinylacetat. I. Die Oberflächenspannung der wäßrigen Polyvinylalkohol-Lösung. II. Lösekraft von Gelb OB und die Schutzeinflüsse auf Goldkolloid. Kobunshi Kagaku, Tokyo (Chem. High Polymers) **21** (1964) 229, S. 300–304; S. 304–311 (jap., engl. Zusammenfass.).

Iznairskaja, N. N., Il'čenko, P. A., Martynov, M. A., Šueninova, N. V., Über den Einfluß des Erhitzens auf die Struktur und Eigenschaften nichtplastifizierter Filme von Cellulosetriacetat. Plastičeskie Massy, Moskva (Plast. Massen) (1964) 6, S. 67–68.

Zivuchin, S. M., Tolstoguzov, V. B., Kireev, V. V., Thermomechanische Eigenschaften von Phosphonitrilpolymeren. Vysokomol. Soed. (Hochmol. Verbind.) **6** (1964) 6, S. 1111–1115.

Gerber, W., Egelkraut, W., Untersuchung der Fehler und Verunreinigungen in den verschiedensten Mischungsverhältnissen bzw. Gespinstgruppen sowjetischer Baumwolle. Dt. Textiltechnik **14** (1964) 7, S. 350–353.

Meß- und Prüftechnik

Dubach, P., Ein praktisches Hilfsmittel zur Vereinfachung der Berechnung des Mittelwertes und der mittleren quadratischen Streuung einer Stichprobe. Melliand Textilber. **45** (1964) 6, S. 608–610.

Scheier, S. C., Lyons, W. J., Untersuchungen über die Oberflächengeometrie von Fasern. Teil II. Verbesserte Geräte für u. repräsentative Ergebnisse über Kamelhaar und Dacron. Textile Res. J. **34** (1964) 5, S. 410 bis 416.

Kuze, E., Takagi, K., Sakai, T., Furushima, T., Über die Beziehung zwischen Reibung und Steifheit eines Fadens. Sen-i Gakkaishi (J. Soc. Fiber Sci. Technol., Japan) **20** (1964) 4, S. 207–214 (jap. engl. Zusammenfass.).

Gerthsen, T., Nachweis einer chemischen Fixierung an Wolltuchen. Z. ges. Textilind. **66** (1964) 6, S. 515–519.

Kratzsch, E., Hendrix, H., Zur Oberflächenverfestigung von Füllvliesen aus Diolen-fill. Z. ges. Textilind. **66** (1964) 6, S. 485–487.

Kresta, V., Koubík, M., Abtrennen von Waschmitteln aus Abwässern durch Adsorbieren des Niederschlags. Chem. Pru., Praha (Chem. Ind.) **14** (**39**) (1964) 6, S. 287–290.

Fiehn, G., Elektrometrische pH-Messung bei hohen Temperaturen und Drücken während der Zellstoffkochung. Dissertation/Dresden, T.U., F. f. Math. u. Naturwiss./v. 18. Dez. 1963 (nicht f. d. Aust.). Dresden 1963. 166 gez. Bl. mit z. T. eingekl. Abb. 4 [Maschinenschr. vervielf.] Ref.: Dt. Nationalbibliogr., Reihe B (1964) 9, S. 827, Nr. 558.

Šmid, M., Chromatographische Bestimmung einiger Kationen, die bei den Textilmaterialien eine Rolle spielen. Textil, Praha **19** (1964) 6, S. 228 bis 229.

Wood, C., Die Reaktion von Bisulfit mit Wolle. I. Analyse von sulfitierter Wolle mit einer Bemerkung über die bei mit Monoäthanolaminsulfit behandelten Geweben anwendbaren Verfahren. J. Textile Inst. **55** (1964) 5, S. T 261–T 271.

Josephy, A., Technologische Untersuchungen beim Bleichen von Cellulosefasern. Textil-Rdsch., St. Gallen **19** (1964) 5, S. 257–263.

Bornet, G. M., Die Klassierung von Garnen hinsichtlich der Ungleichmäßigkeit bei kleinen Längen. Textile Res. J. **34** (1964) 5, S. 381–400.

Beck, H., Chemische Fasertrennung von Zweikomponenten-Mischgespinsten aus der Sicht laufender Mischungskontrollen in der Dreizylinderspinnerei. Teil 1. Textil-Praxis **19** (1964) 6, S. 619–623.

Flekser, L. A., Danilova, L. I., Der Einfluß des Zusammenhanges zwischen der Anzahl der Baumwollfasern in den Gruppen und deren Lichtdurchlässigkeit. Izv. vysšich uč. Zav. Technol. tekstil. Prom. (Hochschulnachr. Technol. Textil-Ind.) (1964) 1, S. 16–18.

Schneider, G., DXX – Fadenspannungsmesser mit Zusatzeinrichtung für Reißfestigkeitsprüfungen. Wirk.- u. Strick.-Technik **14** (1964) 6, S. 281 bis 283.

Wegener, W., Schuler, B., Beitrag zur Grundlagenermittlung des Reibungskoeffizienten von Fäden. Z. ges. Textilind. **66** (1964) 6, S. 458–463.

Dimov, K., Minkov, St., Draganov, T., Zum Thema: Messen der Knitterfestigkeit von Geweben. Über den Unterschied der Methoden von Quehl und DKD. Spinner, Weber, Textilveredlung **82** (1964) 6, S. 563–564.

Paffrath, H. W., Dauerschwingversuche an weich-elastischen Polyurethan-Schaumstoffen. Kautschuk u. Gummi **17** (1964) 6, S. 310–313.

Furno, F. J., Webb, R. S., Cook, N. P., Hochgeschwindigkeitsdurchlochungsprüfung von Thermoplasten. J. appl. Polymer Sci. **8** (1964) 1, S. 101–110.

Clamroth, R., Palla, H., Mikroskopische Untersuchung von Vulkanisaten mit hellen Verstärkerfüllstoffen. Kautschuk u. Gummi **17** (1964) 5, S. 253–262.

Polák, V., Papáček, D., Prüfung von Verarbeitungsmöglichkeiten von Mischgarnen aus Polyesterfasern und Viskosefasern. Textil, Praha **19** (1964) 6, S. 209–210.

Otten, H. G., Wasch- und Trageversuche an filzfest ausgerüsteten wollenen Strickwaren. Z. ges. Textilind. **66** (1964) 6, S. 508–515.

Henning, H.-J., Standardverfahren zur Prüfung des Filzverhaltens von Wollgarnen durch einen Waschtest. Z. ges. Textilind. **66** (1964) 6, S. 485.

Wood, G. F., Ein Waschbarkeitstest für Schaf-Markierflüssigkeiten. Textile J. Australia **39** (1964) 5, S. 11–13.

Henning, H.-J., Töpert, G., Weitere Ergebnisse mit dem Waschtest an Strickstücken und Vergleiche mit der Beanspruchung bei der Wäsche in der Waschmaschine. Z. ges. Textilind. **66** (1964) 6, S. 480–484.

Zakrzewski, J., Zuverlässigkeitstest. Przegl. włókienn. (Textil-Rdsch.) **18** (1964) 4/5, S. 166–172.

Solov'ev, A. N., Bestimmung des Dickegradienten von Textilien. Izv. vysšich uč. Zav., Technol. tekstil. Prom. (Hochschulnachr., Technol. Textil-Ind.) (1964) 2, S. 8–12.

Haase, J., Löbel, W., Erfahrungen beim Einsatz von Flächengewichtsmeßgeräten aus Jena in der Textilindustrie. Jenaer Rdsch. **9** (1964) 3, S. 156–159.

Meister, G., Thiemer, R., Lenski, G., Ein automatisch messendes und registrierendes lichtelektronisches Feinmeßgerät zur Vermessung der Teilung von Präzisionsdrahtgeweben und sonstigen Gittern. Jenaer Rdsch. **9** (1964) 3, S. 143–147.

Alpár, B., Über die Untersuchung der bei der Funktion der Ladeprelle auftretenden Webladen-Vibrationen. Magyar Textiltechn. **16** (1964) 6, S. 241–245.

Proskurjakova, L. V., Optische Untersuchung der faktischen Füllung von Trikotagen und Geweben. Tekstil. Prom., Moskva (Textil-Ind.) **24** (1964) 6, S. 44–46.

Guščina, K. G., Vergleichende Untersuchungen der Wärmeschutzeigenschaften von Geweben auf Geräten mit stationärer und regulärer Arbeitsweise. Izv. vysšich uč. Zav. Technol. tekstil. Prom. (Hochschulnachr. Technol. Textil-Ind.) (1964) 2, S. 25–30.

Blankenburg, G., Keller, W., Zusammenhänge zwischen dem Filzvermögen loser Wolle, ermittelt mit dem „Aachener Filztest" und der Waschschrumpfung von Wolltextilien in einer Trommelwaschmaschine. Z. ges. Textilind. **66** (1964) 7, S. 590–595.

Wagner, E. F., Sorptionsverhalten von Pigmenten an Baumwolle in wäßrigem Medium. 3. Mitt.: Kinetik der Desorption. Textil-Rdsch., St. Gallen **19** (1964) 6, S. 317–322.

Goldstein, H. B., Untersuchung der Trocknung und Erhitzung von Textilien und deren Wirkung auf das nachfolgende Färben und Ausrüsten. Textil-Rdsch., St. Gallen **29** (1964) 6, S. 308–317.

Mžourek, Z., Smělý, Z., Über die Adhäsion zwischen Polyamidtextilien und Gummi. Plaste u. Kautschuk **11** (1964) 7, S. 410–414.

Lord, J., Ein Zentrifugensystem zur Messung der Saugfähigkeit von Textilfasern. Teil I. Die Entwicklung eines Zentrifugenverfahrens zur Bestimmung der Saugfähigkeit gewaschener Fasern. Teil II. Die Abhängigkeit des Wasserrückhaltevermögens auf die Faserfeinheit und ihre Beziehung zum Sättigungswert. J. Textile Inst. **55** (1964) 5, S. T 272–T 277; S. T 278–T 287.

Hoffmann, W., Meß- und Regelmethoden zur Automatisierung in der Textilindustrie. Teil II: Industrielle Meß- und Regelsysteme in der Naßveredlung. Z. ges. Textilind. **66** (1964) 7, S. 595–599.

Molnár, I., Die Anwendung von Isotopen in der Textilindustrie. Einige einheimische Ergebnisse der nuklearen Technik. Magyar Textiltechn. **16** (1964) 6, S. 256–258.

Miller, J., Bestimmung von drei- und sechswertigem Chrom im Frischwasser und in Abwässern. Przegl. włókienn. (Textil-Rdsch.) **18** (1964) 2, S. 84 bis 89.

Krazer, B., Anleitung für die Kontrolle von Arigal-Ausrüstungen. SVF Fachorgan Textilveredl., Basel **19** (1964) 5, S. 365–371.

Swanepoel, O. A., Slinger, R. I., Louw, D. F., Verfahren zur Beurteilung der Haltbarkeit von Falten in Wolltextilien. Textile Rec. **82** (1964) 976, S. 54–55.

Torkunova, Z. A., Über die Methoden zur Prüfung von Kapronkräuselgarn Elastik. Tekstil. Prom., Moskva (Textil-Ind.) **24** (1964) 6, S. 60–63.

Vladut, N., Der Uster-Variometer, ein Kontrollgerät für Massenveränderungen in Bändern. Ind. textilă, Bucureşti **15** (1964) 5, S. 244–246.

Wegener, W., Ein neues Gerät zur Ermittlung der Weiterreißkraft. Z. ges. Textilind. **66** (1964) 7, S. 556–563.

Stein, H., Zugprüfungen an Fasern und Fäden nach dem Prinzip der konstanten Verformungsgeschwindigkeit. Chemiefasern **14** (1964) 6, S. 403 bis 412.

Toth, E., Vergleich von Bastfaser-Strang-Reißmethoden. Magyar Textiltechn. **16** (1964) 6, S. 259–262.

Higson, G. R., Neue Fortschritte der Dehnungs-Meßstreifen. J. sci. Instruments **41** (1964) 7, S. 405–414.

Bochmann, R., Prüfverfahren zur Ermittlung der Formbeständigkeit von Gestrickrändern für Trainingsbekleidung. Dt. Textiltechnik **14** (1964) 7, S. 363–366.

Martin, H., Untersuchungen zur Beurteilung standardisierter Drehungsprüfverfahren. Dt. Textiltechnik **14** (1964) 7, S. 375.

Snowden, K. C., Ermüdungsprüfer, der unter einstellbarem Luftdruck arbeitet. J. sci. Instruments **41** (1964) 7, S. 470–471.

Kottas, H., Das Resonanzverfahren zur Messung mechanischer Schwingungen und Materialeigenschaften. Z. Instrumentenkunde **72** (1964) 7, S. 199 bis 204.

Kuncewicz, L., Sikora-Cybulowa, K., Cybula, S., Untersuchung der porösen Struktur von Geweben. Melliand Textilber. **45** (1964) 7, S. 757–760.

Fedotov, I. P., Javorskij, B. M., Messung des spezifischen Widerstandes von metallisierten Geweben. Izv. vysšich uč. Zav. Technol. tekstil. Prom. (Hochschulnachr. Technol. Textil-Ind.) (1964) 2, S. 13–17.

IX. Betriebstechnik. Ökonomie. Tagungsberichte u. dgl. Sonderfragen

Betriebstechnik

Shiloh, M., Fuchs, A., Netter, Z., Eine Rechenmaschine zur Bewertung des Kräuselungsdurchmessers von Textilfasern. Textile Res. J. **34** (1964) 5, S. 430–434.

Ökonomie

Überblick über Chemiefasern im Weltmaßstab. Textile Organon **35** (1964) 6, S. 81–104.

FSC
www.fsc.org
MIX
Papier | Fördert gute Waldnutzung
FSC® C083411

Zeitfracht Medien GmbH
Ferdinand-Jühlke-Straße 7
99095 Erfurt, Deutschland
produktsicherheit@kolibri360.de